住房城乡建设部土建类学科专业"十三五"规划教材
"十二五"普通高等教育本科国家级规划教材

高校土木工程专业指导委员会规划推荐教材
（经典精品系列教材）

特种基础工程

（第二版）

浙江大学　谢新宇　俞建霖　主编
广西大学　梅国雄　主审

U0172587

中国建筑工业出版社

图书在版编目（CIP）数据

特种基础工程/谢新宇，俞建霖主编. —2版. —北京：
中国建筑工业出版社，2020.4
住房城乡建设部土建类学科专业"十三五"规划教材
"十二五"普通高等教育本科国家级规划教材　高校土木
工程专业指导委员会规划推荐教材
ISBN 978-7-112-24816-2

Ⅰ.①特…　Ⅱ.①谢…②俞…　Ⅲ.①基础(工程)-高
等学校-教材　Ⅳ.①TU47

中国版本图书馆 CIP 数据核字(2020)第 022541 号

本书根据高校土木工程专业指导委员会组织制定的教学大纲编写。本书主要内
容包括：绪论、弹性地基梁板、高层建筑箱形基础、沉井基础、动力机器基础、高
层建筑桩箱、桩筏基础设计理论等。

本书可作为高校土木工程专业特种基础工程课程教材，也可供从事地基施工的
工程技术人员参考使用。

本书配有多媒体教学课件，有需要的读者可发送邮件至 jiangongkejian@
163.com 索取。

* * * *

责任编辑：仕　帅　吉万旺　王　跃
责任校对：党　蕾

住房城乡建设部土建类学科专业"十三五"规划教材
"十二五"普通高等教育本科国家级规划教材
高校土木工程专业指导委员会规划推荐教材
（经典精品系列教材）

特种基础工程

（第二版）

浙江大学　谢新宇　俞建霖　主编
广西大学　梅国雄　主审
*
中国建筑工业出版社出版、发行(北京海淀三里河路9号)
各地新华书店、建筑书店经销
北京红光制版公司制版
北京京华铭诚工贸有限公司印刷
*
开本：787×1092毫米　1/16　印张：13½　字数：337千字
2020年4月第二版　2020年4月第二次印刷
定价：**42.00**元（赠课件）
ISBN 978-7-112-24816-2
（35377）

第 二 版 前 言

本书主要作为高等学校土木工程专业特种基础工程课程的教材，是高等学校土木工程专业指导委员会的规划推荐教材之一。该课程是土木工程专业岩土工程课群组的一门选修课，本书按照新修订的"特种基础工程"课程教学大纲要求编写，内容主要包括三个部分：一是弹性地基梁板的计算方法；二是箱形基础、沉井基础以及动力机器基础的设计与施工；三是桩箱、桩筏基础设计理论的基本概念。

本书由浙江大学谢新宇和俞建霖主编，由广西大学梅国雄教授主审。编写人员具体分工如下：第1章由浙江大学谢新宇、郑凌逶编写；第2章由浙江大学胡安峰、谢新宇编写；第3章由汉嘉设计集团股份有限公司叶军、杭萧钢构股份有限公司方鸿强编写；第4章和第6章由浙江大学俞建霖编写；第5章由浙江大学胡安峰编写（其中例题由东北电力设计院谈志春提供）。其中第3章和第5章在第一版基础上做了较多的修改。浙江大学宁波理工学院徐浩峰对各章节内容做了大量修订与校对工作。

在编写过程中，得到浙江大学龚晓南院士的大力支持，特此表示感谢。

最后，编者向本书的主审梅国雄教授、中国建筑工业出版社的编辑，以及本书参考文献的所有作者和同行表示感谢。

由于编者水平等因素的限制，书中肯定存在不少的缺点甚至错误之处，恳请读者批评指正！

第 一 版 前 言

本书主要作为高等学校土木工程专业特种基础工程课程的教材，是高等学校土木工程专业指导委员会的规划推荐教材之一，主编单位、主审单位均由专业指导委员会确定。该课程是土木工程专业岩土工程课群组的一门选修课，本书按照新修订的"特种基础工程"课程教学大纲要求编写，内容主要包括三个部分：一是弹性地基梁板的计算方法；二是箱形基础、沉井基础以及机器基础的设计与施工；三是桩箱、桩筏基础设计理论的基本概念。

本书由浙江大学谢新宇和俞建霖主编，由南京工业大学宰金珉教授主审。编写人员具体分工如下：第 1 章由浙江大学谢新宇编写；第 2 章由浙江大学胡安峰编写；第 3 章由浙江科技学院王伟堂编写；第 4 章和第 6 章由浙江大学俞建霖编写；第 5 章由杭州市抗震办公室钱国桢编写（其中例题由东北电力设计院谈志春提供）。

在编写过程中，得到浙江大学龚晓南教授的大力支持，特此表示感谢。

最后，编者向本书的主审宰金珉教授、中国建筑工业出版社的编辑，以及本书参考文献的所有作者和同行表示感谢。

由于编者水平等因素的限制，书中肯定存在不少的缺点甚至错误之处，恳请读者批评指正！

目　　录

第1章 绪 论

1.1 特种基础工程的内容和特点

基础工程是土木工程学科中的一个重要分支，在整个建设工程中占有重要的地位。对于建筑物或构筑物来说，受结构物荷载作用的地层称为地基，而直接与地基接触并将上部结构荷载传递给地基的那部分结构物称为基础。基础工程技术是指运用岩土力学和结构力学的基本理论和方法解决地基基础的设计和施工问题，以改变或改善地基的天然条件，使之符合建筑物的功能要求所采取的工程措施。基础工程技术需要解决的主要问题包括：地基基础选型、地基基础设计参数确定、基础结构内力分析方法、基础结构可靠性设计、天然地基不满足的地基处理技术、基础施工的基坑支护和环境保护技术等。

基础的设计与施工，不仅要考虑上部结构具体情况和要求，还要注意地层的具体条件。基础和地基相互关联，基础设计与施工必须考虑土层原有状态的变化以及可能产生的影响。基础的功能决定了基础必须满足以下 3 个基本要求：

1. 强度要求

通过基础而作用在地基上的荷载不能超过地基的承载能力，保证地基不因地基土中的剪应力超过地基土的强度而破坏，并且应有足够的安全储备。

2. 变形要求

基础的设计还应保证基础沉降或其他特征变形不超过建筑物的允许值，保证上部结构不因沉降或其他特征变形过大而受损或影响正常使用。

3. 上部结构的其他要求

基础除满足以上要求外，还应满足上部结构对基础结构的强度、刚度和耐久性要求。

当前我国基础工程技术面临的形势包括：

1. 城市化进程带来新的需求

为了增加城市容量和人类的活动空间，缓解交通堵塞，不占或少占可用耕地，开发利用地下空间将成为必然的选择。解决大城市住房用地紧张的另一措施是建造高层、超高层建筑。我国地下空间资源丰富，开发地下空间是节省土地资源、提高利用率、缓解城市压力、减少环境污染、改善生态环境的有效途径。我国的主要城市已经进入地下空间高速开发的时期。

2. 城市化进程带来新的问题

（1）深、大基础带来的地基基础设计问题；（2）深基坑施工带来的环境安全问题；（3）深、大地下建筑建设造成已有周边建筑设计条件以及使用条件改变引起的基础设计评价问题；（4）地下交通线路施工或穿越工程以及地下使用功能实现引起的有关基础工程问题。

3. 建设资源节约型和环境友好型社会对基础工程的要求

在保证安全的基础上，追求基础工程技术与经济的统一，也是我们应该追求的目标。因此在基础工程中研究新的设计方法，新材料、新工艺、新设备的使用，以及绿色施工技术的研发等仍是基础工程技术的重点内容。

4. 基础工程的耐久性

近年来我国主要大城市地下水位均在下降，雨水渗透区、地下水位变化范围也在变化。对于这些情况以及腐蚀性环境的基础工程结构耐久性设计以及维护仍应加以重视和研究。

面对人类生存环境恶化及可供使用资源有限等提出的可持续发展理念、"绿色"理念等，对于基础工程的耐久性设计、面向未来基础功能可改造性以及投入地下的材料更有效利用等提到了该技术领域应解决问题的日程中。随着人类开发地下空间的需求，以及地铁车站、地下商场、地下道路等地下结构物的衔接等功能要求，使得地基基础形式及作用在基础上的荷载类型均发生了较大变化，使得传统基础类型的工程经验需要更进一步的工程实践总结。此外，包括贮气、贮液、贮料等贮藏构筑物，电视塔、微波塔、输电构筑物、烟囱、水塔等高耸构筑物，各种管道、管廊，地下停车库等。这类构筑物大多属于公用设施，加上结构特殊、荷载复杂，不仅投资巨大、影响深远，而且要求质量等级高，对基础工程提出特殊、复杂的要求，为国内外工程界所重视。国内外大量工程实践表明，地基基础造价通常约占整个工程造价的1/4，地基基础工程工期为整个工程工期的1/3左右。据统计，世界各国的工程事故中，以地基基础事故居多，对工程整体质量影响很大，且事故发生后补救非常困难。对于以上特种结构构筑物的地基基础，通常是把竖向体系传来的荷载传给地基，由于地基或荷载的条件不同而采用不同的基础结构形式。

特种基础结构的形式很多，主要包括梁板式基础、箱形基础、沉井基础、动力基础和桩箱、桩筏基础等。建筑物通常由上部结构、基础和地基三部分组成，它们之间互为条件，相互依存，因此，在进行基础设计和施工时，应该从上部结构与地基基础共同作用的概念出发，从整体上全面加以考虑。对于具体工程的基础设计，应该根据上部结构的特点和地基条件选择技术合理的方案，同时还要注意经济性的要求，以免造成浪费。由于建设场地工程地质条件复杂性和多样性，相对于上部结构而言，基础工程具有更大的可选择性，在设计中应该做到多种方案的技术经济比较，避免生搬硬套。

1.2　本课程的目的和基本要求

本课程是土木工程专业岩土工程课群组的一门选修课。在系统学过"土力学""基础工程设计原理"和"钢筋混凝土结构"等课程的基础上，培养学生独立分析和解决基础工程设计问题的能力。通过本课程的教学，使学生加深和拓宽基础设计领域内的知识，掌握几种弹性地基梁板的计算方法，掌握高层建筑箱形基础设计与施工、沉井基础计算与施工、动力基础设计计算方法，并熟悉高层建筑桩箱、桩筏基础设计理论的基本概念，具备进行一般工程基础设计规划的技能，以便今后能更加全面地从事基础工程设计、施工、管理工作。

特种基础工程在高层建筑、市政工程、交通工程、水利工程等都有广泛的应用，是一门具有较强理论性和实践性的课程。由于目前我国各行业标准、规范具有一定的差异性，在理解基础设计基本原理的前提下，应当在学习中注重理论与实际的紧密联系。通过课程学习与课程设计，对特种基础工程设计内容和过程进行较全面地了解和掌握，熟悉设计规范、规程、手册和工具书。

习题与思考题

1-1　简述特种基础工程与一般基础工程之间的区别和联系。

1-2　本课程的目的和基本要求是什么？

第 2 章 弹性地基梁板

2.1 概　述

梁板式基础又可被称为连续基础，属于浅基础的一种。通常是指柱列或柱网之下的单向或双向条形（交叉）基础，以及整片连续设置于建筑物之下的筏板基础和箱形基础。采用此类基础，有的是为了满足结构物（如干船坞、贮液库等）的特定用途，而大多数则是为了通过扩大基础底面面积以达到满足地基承载力的要求。同时，采用梁板式基础可以显著增大基础的刚度，有利于调整不均匀沉降，改善建筑物的抗震性能。

弹性地基梁、板的分析理论，是工程界的一个重要课题，其研究已有一百多年的历史。从本质上讲，弹性地基梁、板的挠曲特征、基底反力和截面内力分布都与地基、基础以及上部结构的相对刚度特征有关，因此，应该从三者相互作用的观点出发，采用适当的方法进行设计，但是由于计算复杂，目前还没有得到广泛应用。本章主要讨论考虑基础与地基相互作用的计算方法，首先介绍不同的地基计算模型，如文克勒地基模型、弹性半空间模型、有限压缩层模型等线弹性地基模型以及反映地基土应力-应变关系非线性和弹塑性特征的地基模型，然后再详细介绍地基上梁、板的计算、分析方法。

2.2　地基计算模型

当土体受到外力作用时，土体内部就会产生应力和应变，地基模型就是描述这种地基土应力和应变关系的数学表达式。地基上梁和板的分析，首先必须选用某种理想化的地基模型。所选用的模型应尽可能准确地反映土体在受到外力作用时的力学性状，并且便于利用已有的数学方法和计算手段进行分析。随着认识的发展，曾经提出过不少计算模型，如文克勒地基模型、弹性半空间模型、有限压缩层模型等线弹性地基模型以及反映地基土应力-应变关系非线性和弹塑性特征的地基模型。然而，由于土体本身性状的复杂性，目前还很难有哪一种模型能够反映地基工作性状的全貌，因此，各种地基模型实际上都具有一定的局限性。下面只介绍几种较常用的地基模型。

2.2.1　文 克 勒 模 型

早在 1867 年，捷克工程师文克勒（E. Winkler）提出了一种最简单的地基计算模型，假定地基上任一点所受的压力强度 p 与该点的地基沉降 s 成正比，即：

$$p = ks \tag{2-1}$$

式中　k ——基床反力系数，简称基床系数（MN/m³）。

根据这个假设，地面上某点的沉降与作用于其他点上的压力无关。因此，地基在实际上就被视为由无数侧面无摩擦的土柱组成的体系（图 2-1a），进一步，用一根根弹簧来代替土柱，则又变成一群不相连的弹簧体系（图 2-1b）。由式（2-1）可知，此种模型的基底压力分布图与基础的竖向位移分布图是相似的。如果基础是刚性的，那么基底压力就按直线分布（图 2-1c），这也就是常规设计中所采用的基底反力简化算法所依据的计算模式。

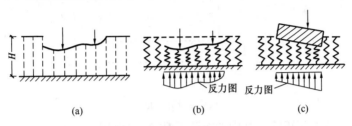

图 2-1 文克勒地基模型示意图
（a）侧面无摩擦的土柱体系；（b）弹簧模型；（c）刚性基础

按照文克勒模型，地基的沉降只发生在基底范围以内，但这与实际情况是不符的。这是由于此种模型忽略了地基中的剪应力，而正是由于这种剪应力的存在，才使得附加应力能得以向外扩散，进而使基底以外的地表发生沉降。

然而，文克勒模型仍具有其适用性。凡力学性质与水接近的地基，例如抗剪强度极低的半液态土（如淤泥、软黏土等）地基或基底下塑性区开展相对较大时，采用文克勒模型就比较合适。另外，厚度不超过基底短边之半的薄压缩层地基，由于其压力面积大，薄层竖直面剪应力较小，也适合采用这种模型。再加上文克勒模型形式简单、参数少，因此其至今仍得到广泛应用。

2.2.2 弹性半空间地基模型

弹性半空间模型是将地基视作均匀的、各向同性的弹性半空间，地基上任意点的沉降 $s(x,y)$ 与整个基底反力以及邻近荷载的分布有关，他们之间的关系可通过弹性力学知识用积分方法得到。但在一般情况下，这种积分只可能以数值方法求得近似解答。

当基底受荷面积为矩形时，首先把基底平面划分为 n 个矩形网络（图 2-2），作用于各网格面积 $(f_1, f_2, \cdots\cdots, f_n)$ 上的基底反力 $(p_1, p_2, \cdots\cdots, p_n)$ 可以近似地认为是均布的，其合力 $R_j = p_j f_j$ 作用于矩形网格的形心。如果以沉降系数 δ_{ij} 表示网格 i 的中点由作用于网格 j 上的均布压力 $p_j = 1/f_j$（此时面积 f_j 上的总压力 $R_j = 1, R_j = p_j f_j$ 称为集中基底反力）引起的沉降，则按叠加原理，网格中点的沉降应为所有 n 个网格上的基底压力分别引起的沉降之总和，即：

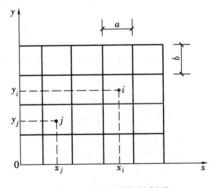

图 2-2 基底网格的划分

$$s_i = \delta_{i1} p_1 f_1 + \delta_{i2} p_2 f_2 + \cdots\cdots + \delta_{ij} p_j f_j + \cdots\cdots + \delta_{in} p_n f_n = \sum_{j=1}^{n} \delta_{ij} R_j (i=1,2,\cdots\cdots,n)$$

(2-2)

上式可以写成矩阵的形式如下：

$$\{s\} = \begin{Bmatrix} s_1 \\ s_2 \\ \vdots \\ s_i \\ \vdots \\ s_n \end{Bmatrix} = \begin{bmatrix} \delta_{11}\delta_{12} \cdots\cdots\cdots\cdots\cdots \delta_{1n} \\ \delta_{21}\delta_{22} \cdots\cdots\cdots\cdots\cdots \delta_{2n} \\ \cdots\cdots\cdots\cdots\cdots\cdots\cdots\cdots \\ \delta_{i1}\delta_{i2} \cdots \cdots \delta_{ij} \cdots\cdots \delta_{in} \\ \cdots\cdots\cdots\cdots\cdots\cdots\cdots\cdots \\ \delta_{n1}\delta_{n2} \cdots\cdots\cdots\cdots\cdots \delta_{nn} \end{bmatrix} \begin{Bmatrix} R_1 \\ R_2 \\ \vdots \\ R_j \\ \vdots \\ R_n \end{Bmatrix} \qquad (2-3)$$

简写为:

$$\{s\} = [\delta]\{R\} \qquad (2-4)$$

式中　$[\delta]$——地基柔度矩阵。其中的沉降系数 δ_{ij} 可以用下述方法求得。

（1）当 $i = j$ 时,可由布西奈斯克（Boussinesq）公式通过积分求得:

$$\delta_{ij} = \frac{(1-\mu^2)}{\pi E_0 a}F \qquad (2-5)$$

式中　E_0——地基变形模量;

　　F——形状系数,由式（2-6）确定。

$$F = 2\frac{a}{b}\left\{\ln\left(\frac{b}{a}\right) + \frac{b}{a}\ln\left[\frac{a}{b} + \sqrt{\left(\frac{a}{b}\right)^2 + 1}\right] + \ln\left[1 + \sqrt{\left(\frac{a}{b}\right)^2 + 1}\right]\right\} \qquad (2-6)$$

式中　a、b——分别为 i 网格的边长。

（2）当 $i \neq j$ 时,简化计算方法是把作用在 j 网格上的均布荷载按单位集中力计算,然后用布西奈斯克公式求解,即:

$$\delta_{ij} = \frac{(1-\mu^2)}{\pi E_0 r} \qquad (2-7)$$

弹性半空间模型虽然具有能够扩散应力和变形的优点,但是它的扩散能力往往超过地基的实际情况,所以计算所得的沉降量和地表的沉降范围,常较实测结果为大。这与它具有无限大的压缩深度（沉降计算深度）有关。尤其是它未能考虑到地基的成层性、非均质性以及土体应力-应变关系的非线性等重要因素。

2.2.3　有限压缩层地基模型

为了克服上述两种模型存在的问题,可以用沉降计算的分层总和法来求沉降系数 δ_{ij},地基沉降则等于沉降计算深度内各计算分层在侧限条件下的压缩量之和,如图 2-3 所示。

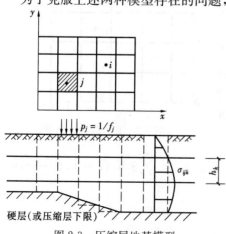

为了简化计算过程,假定土在完全侧限条件下的压缩应变与附加应力 σ_z 成正比。这样,地基就被看作线性变形体,因而可以应用叠加原理把基底压力与沉降之间的关系依然写成式（2-3）的形式。因此,可以首先计算在 $p_i = 1/f_i$ 作用下在 i 点之下引起的附加应力,然后用分层总和法计算 i 点的沉降系数 δ_{ij}。

图 2-3　压缩层地基模型

$$\delta_{ij} = \sum_{k=1}^{m}\sigma_{ijk}h_k/E_{sk} \qquad (2-8)$$

式中 σ_{ijk} ——在 j 点作用单位力时，在 i 点处土中第 k 层中产生的附加应力；

　　　 h_k ——第 k 层土的厚度；

　　　 E_{sk} ——第 k 层土的压缩模量；

　　　 m ——计算压缩层范围内的分层数。

该模型能够较好地反映地基土扩散应力和变形的能力，而且能够考虑土体沿深度方向的不均匀性和分层。诸多计算表明，这一模型的计算结构与实际情况较为符合，但是，同其他弹性模型一样，该模型仍未能考虑土体的非线性以及基底反力的塑性重分布。

2.2.4 非线性地基模型和弹塑性模型简介

1. Duncan-Chang 模型

线弹性地基模型假设地基土在荷载作用下的应力-应变关系为线性，这显然与实际情况不符。地基土的加载应力-应变关系呈现明显的非线性特征（图 2-4）。各国学者曾提出大量的各种形式的非线性弹性模型，下面只介绍目前国内外应用较多的邓肯-张模型。

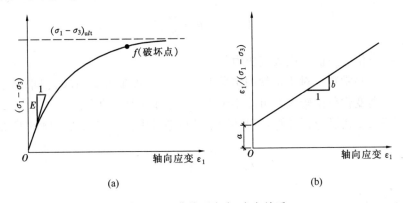

图 2-4 双曲线型应力-应变关系

1963 年，康德尔（Konder）提出土的应力-应变关系为双曲线型，邓肯（Duncan）和张（Chang）根据这个关系并利用摩尔-库仑强度理论导出了非线性弹性地基模型的切线模量公式，此模型被称为邓肯-张模型。该模型采用下述双曲线方程来表示由三轴试验得到的土体应力-应变曲线（图 2-4）：

$$\sigma_1 - \sigma_3 = \frac{\varepsilon_1}{a + b\varepsilon_1} \tag{2-9}$$

式中 $\sigma_1 - \sigma_3$ ——主应力差（σ_1 和 σ_3 分别为土中某点的最大和最小主应力）；

　　　 ε_1 ——最大主应力方向上的轴向应变；

　　　 a、b ——试验参数。

式（2-9）可改写为：

$$\frac{\varepsilon_1}{(\sigma_1 - \sigma_3)} = a + b\varepsilon_1 \tag{2-10}$$

双曲线参数 a 在图（2-4b）中为竖向截距，它的倒数为图（2-4a）中应力-应变曲线的初始切线斜率。双曲线参数 b 在图（2-4b）中为该直线的斜率，它的倒数为图（2-4a）中应力-应变曲线的渐近值。Duncan-Chang 建议将式（2-9）改写为：

$$\sigma_1 - \sigma_3 = \frac{\varepsilon_1}{\dfrac{1}{E_i} + \dfrac{R_f \varepsilon_1}{(\sigma_1 - \sigma_3)_f}} \tag{2-11}$$

其中初始弹性模量 E_i 为:

$$E_i = \frac{1}{a} \tag{2-12}$$

破坏比 R_f 定义为:

$$R_f = \frac{(\sigma_1 - \sigma_3)_f}{(\sigma_1 - \sigma_3)_{ult}} = b\,(\sigma_1 - \sigma_3)_f \tag{2-13}$$

式中　$(\sigma_1 - \sigma_3)_f$——土体破坏时的主应力差;

　　$(\sigma_1 - \sigma_3)_{ult}$——双曲线渐近线所对应的主应力差。

R_f 值一般在 0.75~1.0 之间。

根据 Janbu (1963) 的建议,土体初始模量可表示为:

$$E_i = K_i p_a \left(\frac{\sigma_3}{p_a} \right)^n \tag{2-14}$$

式中　p_a——单位应力值(或大气压力);

　　K_i、n——试验常数;对于正常固结黏土 $n=1$,一般在 0.2~1.0 之间;K 值对不同土
类变化范围较大,可能小于 100,也可以大于数千。

Duncan-Chang 通过分析计算,得到用来计算地基中任一点的切线模量 E_t 的公式为:

$$E_t = \frac{\partial\,(\sigma_1 - \sigma_3)}{\partial\,\varepsilon_1} \tag{2-15}$$

结合式 (2-11) 可得:

$$E_t = \frac{1/E_i}{\left[\dfrac{1}{E_i} + \dfrac{R_f \varepsilon_1}{(\sigma_1 - \sigma_3)_f}\right]^2} \tag{2-16}$$

对于破坏时的偏应力 $(\sigma_1 - \sigma_3)_f$,根据摩尔-库仑破坏准则可表示如下:

$$(\sigma_1 - \sigma_3)_f = \frac{2c\cos\varphi + 2\sigma_3 \sin\varphi}{1 - \sin\varphi} \tag{2-17}$$

结合式 (2-11)、式 (2-14)、式 (2-16)、式 (2-17),可得切线模量方程:

$$E_i = K_i p_a \left(\frac{\sigma_3}{p_a} \right)^n \left[1 - \frac{R_f (1 - \sin\varphi)(\sigma_1 - \sigma_3)}{2c\cos\varphi + 2\sigma_3 \sin\varphi} \right]^2 \tag{2-18}$$

卸载和重复加载时弹性模量 E_{ur} 为:

$$E_{ur} = K_{ur} p_a \left(\frac{\sigma_3}{p_a} \right)^n \tag{2-19}$$

式中,K_{ur} 值应通过试验测定,一般情况下 $K_{ur} > K_i$。

式 (2-18) 和式 (2-19) 就是 Duncan-Chang (1970) 得到的非线性弹性模型的切线

模量方程。切线泊松比可定义为:

$$\nu_t = \left| \frac{\Delta \varepsilon_3}{\Delta \varepsilon_1} \right| \qquad (2\text{-}20)$$

根据 Daniel 和 Olson（1974）的建议，切线泊松比可表示为：

$$\nu_t = \nu_i + (\nu_f - \nu_i) \frac{\sigma_1 - \sigma_3}{(\sigma_1 - \sigma_3)_f} \qquad (2\text{-}21)$$

式中　ν_i、ν_t——分别为土体初始泊松比和破坏时的泊松比，由试验测定。

Duncan-Chang 模型考虑了土体的非线性特征，能用于上部结构与地基基础共同作用的分析研究，并获得与实际相符的结果，但其忽略了应力路径和剪胀性的影响，故该模型也有它的局限性。

2. 弹塑性模型简介

以上所讨论的模型都是基于弹性理论的弹性模型，而在实际上，土体在发生弹性变形的同时往往伴随着一定的塑性变形。根据弹塑性理论，土体的总变形可以分为弹性变形和塑性变形两部分。当外力撤除时，能够恢复的那部分变形就是弹性变形，残留的那部分变形称为塑性变形。

近年来，根据弹塑性理论建立土的弹塑性模型发展很快，各国学者提出的弹塑性本构模型也非常多，其中用得较多的有理想弹塑性模型、剑桥模型、修正剑桥模型、Lade-Duncan 模型，以及多重屈服面模型和边界面模型等。

2.2.5　地基参数的确定及地基模型的选择

1. 地基参数的确定

当建筑场地和建筑物的形式确定后，人们可以通过荷载的大小、建筑物的基础形式和埋深、场地的工程地质条件等来选择合适的地基模型。在选择了确定的地基模型后，地基模型参数的确定方法便成为工程设计人员首先需要考虑的问题。

弹性半空间地基模型的参数 E 为土的弹性模量，有限压缩层地基模型的 E_s 为土的压缩模量，它们的确定方法在土力学课本中均有介绍。这里主要介绍文克勒地基模型中基床系数 k 的确定。

计算文克勒地基上的梁或板，事前应先确定基床系数的取值。一般基础下各类土的基床系数值，因土质松密软硬的不同状态，可能变动于几"MN/m³"到几百"MN/m³"之间。许多有关书籍都列有按土类名称及其状态给出的经验值，但此处未予推荐。因为 k 值实际上取决于许多复杂的因素，而非单纯表征土的力学性质的计算指标，所以很难用一个简单的数值表格来概括，对此，可以扼要说明如下：

如果认为地基仍是一种直线变形体，而且多少总有一定的扩散应力与变形的能力，那么，基底某点 i 的沉降 s_i 就可以用式（2-2）来表达。于是，按式（2-1）的定义，i 点的基床系数 k_i 可以表示为：

$$k_i = \frac{p_i}{s_i} = \frac{p_i}{\sum\limits_{j=1}^{n} \delta_{ij} p_j f_j} \qquad (2\text{-}22)$$

由上式可见，沿基底各点的基床系数值实际上并非常数，而是随着点的位置不同而变化的。如果进一步分析影响上式右边各项的因素，还可以看出：k 值取决于地基土层的分布情况及其压缩性、基底的大小和形状，以及与基础荷载和刚度有关的地基中的应力等一系列复杂因素。因此，严格说来，在进行地基上梁或板的分析之前，基床系数的数值是难以准确预定的。

对于某个特定的地基和基础条件，如已探明土层情况并测得土的压缩性指标，则可利用下式估计基床系数：

$$k = p_0 / s_{\mathrm{m}} \qquad (2\text{-}23)$$

式中 p_0——基底平均附加压力。

把它作为均布于基底的荷载并按有限压缩或线性变形分层总和法算得若干点沉降后求其平均值 s_{m}。如在基底范围内地基土的变化不大，可以只计算基底中点的沉降 s_0，然后按弹性半空间求得的系数 w_0 和 w_{m} 把 s_0 折算为 s_{m}，即：

$$s_{\mathrm{m}} = (w_{\mathrm{m}} / w_0) s_0 \qquad (2\text{-}24)$$

沉降影响系数 w 值可由表 2-1 查得。

沉降影响系数 w 值   表 2-1

基础	圆形	方形	矩形（w_c 为脚点值，w_0 为中心值，w_{m} 为平均值）											
a/b	—	1.00	1.50	2.00	3.00	4.00	5.00	6.00	7.00	8.00	9.00	10.0	100
w_c	0.64	0.56	0.68	0.77	0.89	0.98	1.05	1.11	1.16	1.20	1.24	1.27	2.00
w_0	1.00	1.12	1.36	1.53	1.78	1.96	2.10	2.22	2.32	2.40	2.48	2.54	4.01
w_{m}	0.85	0.95	1.15	1.30	1.50	1.70	1.83	1.96	2.04	2.12	2.19	2.25	3.70

按照上述方法估算 k 值的过程固然稍繁，但是它能综合考虑地基土层分布和土的压缩性、地基中应力的分布以及基础的大小和形状等因素的影响，因而是比较合理的。

如地基可压缩土层的厚度 H 不超过基础底面宽度的二分之一，则在薄压缩层范围内的附加应力 σ_z 约等于基底平均压力 p，所以，基底平均沉降为 $s_{\mathrm{m}} = pH / E_{\mathrm{s}}$（$E_{\mathrm{s}}$ 为土层的平均压缩模量），代入式（2-23）得：

$$k_{\mathrm{s}} = E_{\mathrm{s}} / H \qquad (2\text{-}25)$$

如果地基压缩层范围内的土质比较均匀，则可利用荷载实验结果估算基床系数。在 $p-s$ 曲线上取对应于基底平均反力 p 的刚性荷载板沉降值 s 计算荷载板下的基床系数 $k_{\mathrm{p}} = p/s$。对黏性土地基，实际基础下的基床系数按下式求得：

$$k = (b_{\mathrm{p}} / b) k_{\mathrm{p}} \qquad (2\text{-}26)$$

式中 b_{p}、b——荷载板和基础的宽度。

国外常按 K. 太沙基建议的方法，采用 1 英尺×1 英尺（30.5cm×30.5cm）的方形荷载板进行实验。对砂土采用下式计算，这个式子考虑了地基中砂土的变形模量随深度逐渐增加的影响：

$$k = k_{\mathrm{p}} \left(\frac{b + 0.3}{2b} \right)^2 \qquad (2\text{-}27)$$

式中，基础宽度的单位为 "m"；基础和荷载板下的基床系数 k 和 k_{p} 的单位均取 "MN/m³"。对黏性土，考虑基础长宽比 $m = l/b(m > 1)$ 的影响，以下式计算：

$$k = k_p \frac{m+0.5}{1.5m} \tag{2-28}$$

2. 地基模型的选择

对于一个具体的工程实例，如何选择合适的地基模型是一个相当困难的问题，要考虑材料性质、荷载的情况以及环境影响等诸多方面的因素。对于同一个工程，从不同角度去分析时，可根据需要采用不同的地基模型。

一般说来，当基础处于无黏性土或者抗剪强度很低的半液态土（如淤泥等）时，用文克勒地基模型还是比较适合的。此外，厚度不超过基底短边之半的薄压缩层地基，也适合采用文克勒模型。

当基础位于黏性土上时，一般采用弹性半空间地基模型或分层地基模型，特别是对于刚性基础，基底反力适中、土中应力水平不高、塑性区开展不大时。如果地基土呈现明显的层状分布，而且土层之间的物理、力学性质差异较大时，适合采用有限压缩层模型。

自然界的土是各种各样的，其应力—应变关系也是复杂多变的，要想用一个普遍都能适用的地基模型来模拟所有土的力学性质是相当困难的，因此可以针对不同的地区、不同的工程背景选择合适的地基模型。特别是应根据不同地区的经验，对当地有代表性的地基土进行长期实践积累，也就是通过理论与实践的不断验证来对其进行完善，最终取得较为成熟、合理、实用的地基模型。同时，选用的模型尽量简单，便于工程应用。在具体应用中，也要注意采用不同的地基模型进行比较，尽量克服单个地基模型的局限性，使得不同模型之间相互补充和比较，最终达到理想的效果。

2.3　文克勒地基上梁的计算

2.3.1　无限长梁的解答

1. 基本微分方程

考虑如图 2-5（a）所示的文克勒地基上的等截面梁，其宽度为 b。任取长为 $\mathrm{d}x$ 的一小段梁单元（图 2-5b），其上作用着分布荷载 q 和基底反力 p 以及截面上的弯矩 M 和剪力 V，它们的正方向如图 2-5 所示。对微元体进行竖向静力平衡分析可得：

$$V - (V + \mathrm{d}V) + pb\mathrm{d}x - q\mathrm{d}x = 0 \tag{2-29}$$

由此可得：

$$\frac{\mathrm{d}V}{\mathrm{d}x} = bp - q \tag{2-30}$$

根据材料力学知识，梁挠度 w 的微分方程式可表示为：

$$E_c I \frac{\mathrm{d}^2 w}{\mathrm{d}x^2} = -M \tag{2-31}$$

式中　E_c、I —— 梁材料的弹性模量（MPa）和截面惯性矩（m^4）。

将上式连续对 x 取两次导数后，利用关系 $V = \mathrm{d}M/\mathrm{d}x$ 可得：

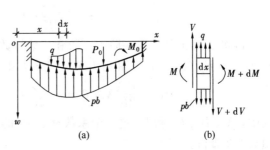

图 2-5　文克勒地基上梁的分析简图
（a）分析简图；（b）微元体受力分析

$$E_c I \frac{\mathrm{d}^4 w}{\mathrm{d}x^4} = -\frac{\mathrm{d}^2 M}{\mathrm{d}x^2} = -\frac{\mathrm{d}V}{\mathrm{d}x} = -bp + q \tag{2-32}$$

再根据变形协调条件，沿梁全长的地基沉降应与梁的挠度相等，即 $s = w_0$。于是，由式（2-1）得：

$$p = kw \tag{2-33}$$

对于梁的无荷载部分（$q = 0$），式（2-32）变为：

$$E_c I \frac{\mathrm{d}^4 w}{\mathrm{d}x^4} = -Kw \tag{2-34}$$

这就是文克勒地基上梁的微分方程式。其中 $K = kb$ 叫做梁单位长度上的集中基床系数（MPa）。上式还可以写成如下形式：

$$\frac{\mathrm{d}^4 w}{\mathrm{d}x^4} + 4\lambda^4 w = 0 \tag{2-35}$$

其中：

$$\lambda = \sqrt[4]{\frac{kb}{4E_c I}} \tag{2-36}$$

λ 的量纲为 ［长度$^{-1}$］，其数值与集中基床系数和梁的抗弯刚度有关，它的倒数 $1/\lambda$ 称为特征长度。特征长度愈大，则梁相对愈刚性。因此，λ 值是影响梁挠曲曲线形状的一个重要因素。

以上四阶常系数线性常微分方程的通解为：

$$w = e^{\lambda x}(C_1 \cos\lambda x + C_2 \sin\lambda x) + e^{-\lambda x}(C_3 \cos\lambda x + C_4 \sin\lambda x) \tag{2-37}$$

式中　C_1、C_2、C_3、C_4 ——待定的积分常数，可以按梁段两端的边界条件确定。

以下讨论单个集中荷载作用下无限长梁积分常数的确定方法。

2. 集中荷载作用下的解答

1）集中力作用

当一个竖向集中力 P_0 作用于无限长梁时（图 2-6a），取 P_0 的作用点为坐标原点 O，则离 O 点无限远处梁的挠度为零，即 $x \rightarrow \infty$ 时，$w \rightarrow 0$。因此，式（2-37）中 $C_1 = C_2 = 0$。于是，对梁的右半部：

$$w = e^{-\lambda x}(C_3 \cos\lambda x + C_4 \sin\lambda x) \tag{2-38}$$

再在 O 点处紧靠 P_0 的右边（$x = 0 + \varepsilon$，ε 为一无限小量）把梁切开，则作用于梁右半部截面上的剪力应等于地基总反力之半，并指向下方，即 $V = -E_c I(\mathrm{d}^3 w / \mathrm{d}x^3)_{x = 0 + \varepsilon} = -P_0/2$，由此得 $C = P_0 \lambda / 2K$，代入式（2-38）则：

$$w = \frac{P_0 \lambda}{2K} e^{-\lambda x}(\cos\lambda x + \sin\lambda x) \tag{2-39}$$

再将 w 对 x 依次取一阶、二阶和三阶导数，就可以求得梁截面的转角 $\theta \approx \mathrm{d}w/\mathrm{d}x$、弯矩 $M = -E_c I(\mathrm{d}^2 w/\mathrm{d}x^2)$ 和剪力 $V = -E_c I(\mathrm{d}^3 w/\mathrm{d}x^3)$。将所得公式归纳如下：

$$w = \frac{P_0 \lambda}{2K} A_x, \quad \theta = -\frac{P_0 \lambda^2}{K} B_x, \quad M = \frac{P_0}{4\lambda} C_x, \quad V = -\frac{P_0}{2} D_x \tag{2-40}$$

式中，A_x、B_x、C_x 和 D_x 这 4 个系数都是 λx 的函数，其值可由式（2-41）计算得到，也可由表 2-2 查得。

$$A_x = e^{-\lambda x}(\cos\lambda x + \sin\lambda x), \ B_x = e^{-\lambda x}\sin\lambda x, \ C_x = e^{-\lambda x}(\cos\lambda x - \sin\lambda x), \ D_x = e^{-\lambda x}\cos\lambda x$$
$$\tag{2-41}$$

式（2-40）是对梁的右半部（$x > 0$）导出来的。对 P_0 左边的截面，x 取距离的绝对值，w 和 M 的正负号与式（2-40）相同，但 θ 与 V 则取相反的符号。基底反力按式（2-33）计算。w、θ、M、V 的分布图如图 2-6（a）所示。

2）集中力偶作用

一个顺时针方向的集中力荷载 M_0 作用于无限长梁任意 O 点时（图 2-6b），距 O 无限远（$x \to \infty$）处，$w = 0$，由此得到的式子与式（2-38）相同。不过，现在荷载和基底反力是关于 O 点反对称的，因此，$x = 0$ 时 $w = 0$，所以 $C_3 = 0$。用同样的方法，再在紧靠 M_0 作用点的右边把梁切开，则作用于梁右半部该截面上的弯矩为 $M = -E_c I \left(\mathrm{d}^2 w / \mathrm{d} x^2 \right)_{x = 0 + \varepsilon} = M_0 / 2$。由此得 $C_4 = M_0 \lambda^2 / K$，于是：

$$w = \frac{M_0 \lambda^2}{K} e^{-\lambda x} \sin \lambda x \tag{2-42}$$

求 w 对 x 的一、二和三阶导数后，所得的式子归纳如下：

$$w = \frac{M_0 \lambda^2}{K} B_x, \quad \theta = \frac{M_0 \lambda^3}{K} C_x, \quad M = \frac{M_0}{2} D_x, \quad V = -\frac{M_0 \lambda}{2} A_x \tag{2-43}$$

其中系数 A_x、B_x、C_x 和 D_x 与式（2-34）相同。对梁的左半部（$x < 0$），式（2-43）中 x 取绝对值，w 与 M 应取与其相反的符号。集中力偶作用下无限长梁的 w、θ、M、V 的分布图如图 2-6（b）所示。

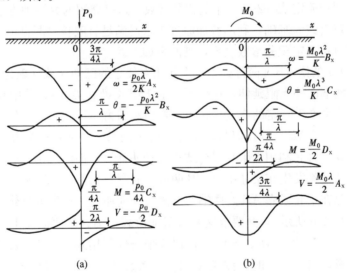

图 2-6　无限长梁的挠度 w、转角 θ、弯矩 M、剪力 V 分布图

(a) 竖向集中力作用下；(b) 集中力偶作用

3）多个集中荷载作用

计算承受若干个集中荷载的无限长梁上任意截面的 w、θ、M 和 V 时，可以按式（2-40）或式（2-43）分别计算各荷载单独作用时在该截面引起的效应，然后叠加得到共同作用下的总效应。例如图 2-7 的无限长梁上 A、B、C 三点的四个荷载 P_a、M_a、P_b、M_c 在截面 D 引起的弯矩 M_d 和剪力 V_d 分别为：

$$M_{d} = \frac{P_{a}}{4\lambda}C_{a} + \frac{M_{a}}{2}D_{a} + \frac{P_{b}}{4\lambda}C_{b} - \frac{M_{c}}{2}D_{c} \Bigg\}$$

$$V_{d} = -\frac{P_{a}}{2}D_{a} - \frac{M_{a}\lambda}{2}A_{a} + \frac{P_{b}}{2}D_{b} - \frac{M_{c}\lambda}{2}A_{c} \Bigg\}$$ (2-44)

图 2-7 中以 a、b、c 分别表示 A、B、C 三点至 D 点的距离绝对值，所以上式中 A_{a}、C_{b}、D_{c} 等系数的脚标则表示系数所对应的 λ_{x} 值分别为 λ_{a}、λ_{b}、λ_{c}。

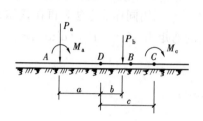

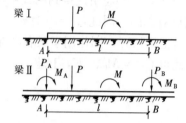

图 2-7　多个集中荷载作用下的无限长梁　　图 2-8　用叠加法计算文克勒地基上的有限长梁

2.3.2　有限长梁的计算

实际的地基上梁大多不能看成是无限长的。当 $\pi/4 < \lambda L < \pi$ 时梁便可被称为有限长梁，此时荷载作用对梁端的影响已不可忽略。对于有限长梁，用常见的所谓"初始参数法"可以较为方便地确定式（2-37）中的积分常数。这里介绍的另一种方法是以上面导得的无限长梁的计算公式为基础，利用叠加原理来求得满足有限长梁两自由端边界条件的解答，从而避开了直接确定积分常数之繁，其原理如下。

图 2-8 中长为 l 的梁 AB（简称梁Ⅰ）上作用有任意的已知荷载（现为 P 和 M）。设想把梁Ⅰ由 A、B 两端向外无限延伸，这样形成的无限长梁（梁Ⅱ），其中相应于梁Ⅰ两端的 A、B 两截面将会产生一定的挠度、转角、弯矩和剪力。设此时 A、B 两截面的弯矩和剪力分别为 M_{a}、V_{a} 及 M_{b}、V_{b}。但是，实际上梁Ⅰ的 A、B 两自由端并不存在弯矩和剪力。这样，为了要按梁Ⅱ利用无限长梁公式以叠加法计算，而能得出相应于原有限长梁的解答，就必须设法消除发生在梁Ⅱ中 A、B 两截面的弯矩和剪力，以满足原来梁端的边界条件。为此，特意在梁Ⅱ紧靠 AB 段两端的外侧，分别加上一对集中荷载 M_{A}、P_{A} 及 M_{B}、P_{B}（其正方向如图 2-8 所示），并要求这两对附加荷载在 A、B 两截面中产生的弯矩和剪力分别等于 $-M_{a}$、$-V_{a}$ 及 $-M_{b}$、$-V_{b}$。根据这个条件利用式（2-40）及式（2-43）列出方程组如下（注意，当 $x = 0$ 时，按式（2-41），系数 $A_{0} = C_{0} = D_{0} = 1$）：

$$\frac{P_{A}}{4\lambda} + \frac{P_{B}}{4\lambda}C_{l} + \frac{M_{A}}{2} - \frac{M_{B}}{2}D_{l} = -M_{a} \Bigg\}$$

$$-\frac{P_{A}}{2} + \frac{P_{B}}{2}D_{l} - \frac{\lambda M_{A}}{2} - \frac{\lambda M_{B}}{2}A_{l} = -V_{a} \Bigg\}$$

$$\frac{P_{A}}{4\lambda}C_{l} + \frac{P_{B}}{4\lambda} + \frac{M_{A}}{2}D_{l} - \frac{M_{B}}{2} = -M_{b} \Bigg\}$$ (2-45)

$$-\frac{P_{A}}{2}D_{l} + \frac{P_{B}}{2} - \frac{\lambda M_{A}}{2}A_{l} - \frac{\lambda M_{B}}{2} = -V_{b} \Bigg\}$$

解上列方程得：

$$P_{\mathrm{A}} = (E_1 + F_1 D_1) V_{\mathrm{a}} + \lambda(E_1 - F_1 A_1) M_{\mathrm{a}} - (F_1 + E_1 D_1) V_{\mathrm{b}} + \lambda(F_1 - E_1 A_1) M_{\mathrm{b}}$$

$$M_{\mathrm{A}} = -(E_1 + F_1 C_1) \frac{V_{\mathrm{a}}}{2\lambda} - (E_1 - F_1 D_1) M_{\mathrm{a}} + (F_1 + E_1 C_1) \frac{V_{\mathrm{b}}}{2\lambda} - (F_1 - E_1 D_1) M_{\mathrm{b}}$$

$$P_{\mathrm{B}} = (F_1 + E_1 D_1) V_{\mathrm{a}} + \lambda(F_1 - E_1 A_1) M_{\mathrm{a}} - (E_1 + F_1 D_1) V_{\mathrm{b}} + \lambda(E_1 - F_1 A_1) M_{\mathrm{b}}$$

$$M_{\mathrm{B}} = (F_1 + F_1 C_1) \frac{V_{\mathrm{a}}}{2\lambda} + (F_1 - E_1 D_1) M_{\mathrm{a}} - (E_1 + F_1 C_1) \frac{V_{\mathrm{b}}}{2\lambda} + (E_1 - F_1 D_1) M_{\mathrm{b}}$$

$$(2\text{-}46)$$

式中，$E_1 = \dfrac{2e^{\lambda l} \sinh\lambda l}{\sinh^2\lambda l - \sin^2\lambda l}$，$F_1 = \dfrac{2e^{\lambda l} \sin\lambda l}{\sin^2\lambda l - \sinh^2\lambda l}$，$E_1$ 及 F_1 按 λl 值由表 2-2 查得。

原来的梁 I 延伸为无限长梁 II 之后，它在 A、B 两截面处的连续性是靠内力 M_{a}、V_{a} 及 M_{b}、V_{b} 来维持的，而附加荷载 M_{A}、P_{A} 及 M_{B}、P_{B} 是为了在梁 II 上实现梁 I 的边界条件所必须的附加荷载，所以叫做梁端边界条件力。

当作用于有限长梁的外荷载对称时，$V_{\mathrm{a}} = -V_{\mathrm{b}}$，$M_{\mathrm{a}} = M_{\mathrm{b}}$，则式（2-46）简化为：

$$P_{\mathrm{A}} = P_{\mathrm{B}} = (E_1 + F_1)\left[(1 + D_1) V_{\mathrm{a}} + \lambda(1 - A_1) M_{\mathrm{a}}\right]$$

$$M_{\mathrm{A}} = -M_{\mathrm{B}} = -(E_1 + F_1)\left[(1 + C_1) \frac{V_{\mathrm{a}}}{2\lambda} + (1 - D_1) M_{\mathrm{a}}\right]$$

$$(2\text{-}47)$$

现将有限长梁 I 上任意点 X 的 w、θ、M、V 的计算步骤归纳如下：

（1）按式（2-40）和式（2-43）以叠加法计算已知荷载在梁 II 上相应于梁 I 两端的 A 和 B 截面引起的弯矩和剪力 M_{a}、V_{a} 及 M_{b}、V_{b}；

（2）按式（2-46）或式（2-47）计算梁端边界条件力 M_{A}、P_{A} 及 M_{B}、P_{B}；

（3）再按式（2-40）及式（2-43）以叠加法计算在已知荷载和边界条件力的共同作用下，梁 II 上相应于梁 I 的 X 点处的 w、θ、M 和 V 值。这就是所要求的结果。

A_{x}、B_{x}、C_{x}、D_{x}、E_{x}、F_{x} 函数表　　　　　　　　　　表 2-2

λ_{x}	A_{x}	B_{x}	C_{x}	D_{x}	E_{x}	F_{x}
0	1	0	1	1	∞	$-\infty$
0.02	0.99961	0.01960	0.96040	0.98000	382156	-382105
0.04	0.99844	0.03842	0.92160	0.96002	48802.6	-48776.6
0.06	0.99654	0.05647	0.88360	0.94007	14851.3	-14738.0
0.08	0.99393	0.07377	0.84639	0.92016	6354.30	-6340.76
0.10	0.99065	0.09033	0.80998	0.90032	3321.06	-3310.01
0.12	0.98672	0.10618	0.77437	0.88054	1962.18	-1952.78
0.14	0.98217	0.12131	0.73954	0.86085	1261.70	-1253.48
0.16	0.97702	0.13576	0.70550	0.84126	863.174	-855.840
0.18	0.97131	0.14954	0.67224	0.82178	619.176	-612.524
0.20	0.96507	0.16266	0.63975	0.80241	461.078	-454.971
0.22	0.95831	0.17513	0.60804	0.78318	353.904	-348.240
0.24	0.95106	0.18698	0.57710	0.76408	278.526	-273.229
0.26	0.94336	0.19822	0.54691	0.74514	223.862	-218.874
0.28	0.93522	0.20887	0.51748	0.72635	183.183	-178.457

λ_x	A_x	B_x	C_x	D_x	E_x	F_x
0.30	0.92666	0.20893	0.48880	0.70773	152.233	−147.733
0.35	0.90360	0.24164	0.42033	0.66196	101.318	−97.2646
0.40	0.87844	0.26103	0.35637	0.61740	71.7915	−68.0628
0.45	0.85150	0.27735	0.29680	0.57415	53.3711	−49.8871
0.50	0.82307	0.29079	0.24149	0.53228	41.2141	−37.9185
0.55	0.79343	0.30156	0.19030	0.49186	32.8243	−29.6754
0.60	0.76284	0.30988	0.14307	0.45295	26.8201	−23.7865
0.65	0.73153	0.31594	0.09966	0.41559	22.3922	−19.4496
0.70	0.69972	0.31991	0.05990	0.37981	19.0435	−16.1724
0.75	0.66761	0.32198	0.02364	0.34563	16.4562	−13.6409
$\pi/4$	0.64479	0.32240	0	0.32240	14.9672	−12.1834
0.80	0.63538	0.32233	−0.00928	0.31305	14.4202	−11.6477
0.85	0.60320	0.32111	−0.03902	0.28209	12.7924	−10.0518
0.90	0.57120	0.31848	−0.06574	0.25273	11.4729	−8.75491
0.95	0.53954	0.31458	−0.08962	0.22496	10.3905	−7.68705
1.00	0.50833	0.30956	−0.11079	0.19877	9.49305	−6.79724
1.05	0.47766	0.30354	−0.12943	0.17412	8.74207	−6.04780
1.10	0.44765	0.29666	−0.14567	0.15099	8.10850	−5.41038
1.15	0.41836	0.28901	−0.15967	0.12934	7.57013	−4.86335
1.20	0.38986	0.28702	−0.17158	0.10914	7.10976	−4.39002
1.25	0.36223	0.27189	−0.18155	0.09034	6.71390	−3.97735
1.30	0.33550	0.26260	−0.18970	0.07290	6.37186	−3.61500
1.35	0.30972	0.25295	−0.19617	0.05678	6.07508	−3.29447
1.40	0.28492	0.24301	−0.20110	0.04191	5.81664	−3.01003
1.45	0.26113	0.23286	−0.20459	0.02827	5.59088	−2.75541
1.50	0.23835	0.22257	−0.20679	0.01578	5.39317	−2.52652
1.55	0.21662	0.21220	−0.20779	0.00441	5.21695	−2.31974
$\pi/2$	0.20788	0.20788	−0.20788	0	5.15382	−2.23953
1.60	0.19592	0.20181	−0.20771	−0.00590	5.06711	−2.13210
1.65	0.17625	0.19144	−0.20664	−0.01520	4.93283	−1.96109
1.70	0.15762	0.18116	−0.20470	−0.02354	4.81454	−1.80464
1.75	0.14002	0.17099	−0.20197	−0.03097	4.71026	−1.66098
1.80	0.12342	0.16098	−0.19853	−0.03756	4.61834	−1.52865
1.85	0.10782	0.15115	−0.19448	−0.04333	4.53732	−1.40638
1.90	0.09318	0.14154	−0.18989	−0.04835	4.46596	−1.29312
1.95	0.07950	0.13217	−0.18483	−0.05267	4.40314	−1.18795

λ_x	A_x	B_x	C_x	D_x	E_x	F_x
2.00	0.06674	0.12306	−0.17938	−0.05632	4.34792	−1.09008
2.05	0.05488	0.11423	−0.17359	−0.05936	4.29946	−0.99885
2.10	0.04388	0.10571	−0.16753	−0.06182	4.25700	−0.91368
2.15	0.03373	0.09749	−0.16124	−0.06376	4.25700	−0.83407
2.20	0.02438	0.08958	−0.15479	−0.06521	4.21988	−0.75959
2.25	0.01580	0.08200	−0.14821	−0.06621	4.18751	−0.68987
2.30	0.00796	0.07476	−0.4156	−0.06680	4.15936	−0.62457
2.35	0.00084	0.06785	−0.13487	−0.06702	4.13495	−0.56340
$3\pi/4$	0	0.06702	−0.13404	−0.06702	4.11147	−0.55610
2.40	−0.00562	0.06128	−0.12817	−0.06689	4.09573	−0.50611
2.45	−0.01143	0.05503	−0.12150	−0.06647	4.08019	−0.45248
2.50	−0.01663	0.04913	−0.11489	−0.06576	4.06692	−0.40229
2.55	−0.02127	0.04354	−0.10836	−0.06481	4.05568	−0.35537
2.60	−0.02536	0.03829	−0.10193	−0.06364	4.04618	−0.31156
2.65	−0.02894	0.03335	−0.09563	−0.06228	4.03821	−0.27070
2.70	−0.03204	0.02872	−0.08948	−0.06076	4.03157	−0.23264
2.75	−0.03469	0.02440	−0.08348	−0.05909	4.02608	−0.19727
2.80	−0.03693	0.02037	−0.07767	−0.05730	4.02157	−0.16445
2.85	−0.03877	0.01663	−0.07203	−0.05730	4.01790	−0.13408
2.90	−0.04026	0.01316	−0.06659	−0.05343	4.01495	−0.10603
2.95	−0.04142	0.00997	−0.06134	−0.05138	4.01259	−0.08020
3.00	−0.04226	0.00703	−0.05631	−0.04929	4.01074	−0.05650
3.10	−0.04314	0.00187	−0.04688	−0.04501	4.00819	−0.01505
π	−0.04321	0	−0.04321	−0.04321	4.00748	0
3.20	−0.04307	−0.00238	−0.03831	−0.04069	4.00675	0.01910
3.40	−0.04079	−0.00853	−0.02374	−0.03227	4.00563	0.06840
3.60	−0.03659	−0.01209	−0.01241	−0.02450	4.00533	0.09693
3.80	−0.03138	−0.01369	−0.00400	−0.01769	4.00501	0.10969
4.00	−0.02583	−0.01386	−0.00189	−0.01197	4.00442	0.11105
4.20	−0.02042	−0.01307	0.00572	−0.00735	4.00364	0.10468
4.40	−0.01546	−0.01168	0.00791	−0.00377	4.00279	0.09354
4.60	−0.01112	−0.00999	0.00886	−0.00113	4.00200	0.07996
$3\pi/2$	−0.00898	−0.00898	0.00898	0	4.00161	0.07190
4.80	−0.00748	−0.00820	0.00892	0.00072	4.00134	0.06561
5.00	−0.00455	−0.00646	0.00837	0.00191	4.00085	0.05170
5.50	0.00001	−0.00288	0.00578	0.00290	4.00020	0.02307

λ_x	A_x	B_x	C_x	D_x	E_x	F_x
6.00	0.00169	−0.00069	0.00307	0.00238	4.00003	0.00554
2π	0.00187	0	0.00187	0.00187	4.00001	0
6.50	0.00179	0.00032	0.00114	0.00147	4.00001	−0.00259
7.00	0.00129	0.00060	0.00009	0.00069	4.00001	−0.00479
$9\pi/4$	0.00120	0.00060	0	0.00060	4.00001	−0.00482
7.50	0.00071	0.00052	−0.00033	0.00019	4.00001	−0.00415
$5\pi/2$	0.00039	0.00039	−0.00039	0	4.00000	−0.00311
8.00	0.00028	0.00033	−0.00038	−0.00005	4.00000	−0.00266

2.3.3 地基上梁的柔度指数

由式（2-47）可知，边界条件力计算公式中的系数都是 λl 的函数。λl 是表征文克勒地基上梁的相对刚柔程度的一个无量纲值，叫做柔度指数。如 $\lambda l \to 0$，即梁的刚度为无限大，此时 $A_1 = C_1 = D_1 = 1$，而 $E_1 \to \infty, F_1 \to \infty$。按式（2-46），梁端边界条件力趋于无限大。实际上，由表 2-2（参看图 2-6）可知，当 $\lambda l < \pi/4 (\approx 0.8)$ 时，E_1 和 F_1 的绝对值开始急剧增大，因此已可作为刚性梁，而按基底反力呈直线变化的简化方法计算。

另一种极端情况是 $\lambda l \to \infty$，即梁是无限长的，此时系数 A_1、C_1、D_1、F_1 都趋近于零，而 $E_1 \to 4$，因而式（2-46）变为：

$$P_A = 4(V_A + \lambda M_a), \ M_A = -\frac{2}{\lambda}(V_a + 2\lambda M_a) \left.\right\}$$
$$P_B = -4(V_b - \lambda M_b), \ M_B = -\frac{2}{\lambda}(V_b - 2\lambda M_b) \left.\right\} \quad (2\text{-}48)$$

此时梁任一端的情况对另一端的边界条件力都没有影响。实际上，当 $\lambda l > \pi$ 时，按表 2-2 计算式（2-46）各式的第三、四或一、二项的系数，其值都约小于相应各式中第一、二或三、四项系数的 4%，所以实用上已可按式（2-48）计算边界条件力了。

一般都认为文克勒地基上的梁可按上述柔度指数的界限值分为：短梁（$\lambda l < \pi/4$）、中长梁（$\pi/4 < \lambda l < \pi$）和长梁（$\lambda l > \pi$）三种，具体可表示如下：

$$\lambda l \leqslant \pi/4 \qquad 短梁（刚性梁）$$
$$\pi/4 < \lambda l < \pi \qquad 有限长梁（有限刚度梁）$$
$$\lambda l \geqslant \pi \qquad 长梁（柔性梁）$$

而分别采用与上述情况相应的计算方法，即对短梁，可按直线分布反力，对长梁，可利用无限长或半无限长梁的解答计算。其实，这样分类并不完全合理。因为，根据式（2-46），梁端边界条件力不仅与 λl 有关，而且还取决于与外荷载相关的 M_a、P_a 及 M_b、P_b 值。所以，在选择计算方法时，对以上按 λl 值划分的界限不必过于拘泥，最好能按计算的精度要求，兼顾 λl 值与外荷载的大小和作用点位置而予以适当的考虑。此外，对于柔度较大的梁，有时可以直接按无限长梁进行简化计算，其计算误差可由表 2-2（参看图 2-6）预估。例如，梁上的一个集中荷载（竖向力或力偶）与梁端的最小距离 $x > \pi/\lambda$ 时，

按无限长梁计算 w、M、V 的误差将不超过 4.3%，若 $x > 2\pi/\lambda$，则相应的误差不超过 0.187%。

2.4　地基上梁的数值分析方法

2.4.1　有限差分法

从本质而言，有限差分法就是以差分商来代替微分商，变微分方程为差分方程（代数方程），从而把求解微分方程的问题变换为求解代数方程的问题。

设梁的挠度曲线用连续函数 $w = f(x)$ 来表示。曲线的三个纵距为 w_{i-1}、w_i、w_{i+1}，各纵距之间的间距 Δx 为 h（图 2-9）。则函数在每个 $\Delta x = h$ 小区间上的变化 Δw 叫做函数的一阶差分。按照微分学，函数在 i 点处的一阶导数可以表示为：

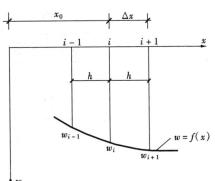

图 2-9　挠曲曲线在等距点上的挠度

$$\left(\frac{\mathrm{d}w}{\mathrm{d}x}\right)_i = \lim_{\Delta x \to 0} \left(\frac{\Delta w}{\Delta x}\right)_i \approx \left(\frac{\Delta w}{\Delta x}\right)_i = \frac{\Delta w_i}{h} \tag{2-49}$$

函数在 i 点上的一阶差分 Δw_i，可以是 i 点前方邻点 $i+1$ 的函数值 w_{i+1} 与 i 点的函数值 w_i 之差 $\overline{\Delta} w = w_{i+1} - w_i$，称为一阶向前差分；也可以是 i 点的函数值 w_i 与其后方邻点 $i-1$ 处的函数值 w_{i-1} 之差 $\underline{\Delta} w = w_i - w_{i-1}$，称为一阶向后差分。向前和向后一阶差分的平均值就是一阶中心差分：

$$\Delta w = \frac{1}{2}(w_{i+1} - w_{i-1}) \tag{2-50}$$

由于函数在某点上的中心差分同时包含了前后邻点的函数值在内，因此一般来说，函数在任意点上的导数用中心差分来表示，可以得到较好的近似值。本章只使用中心差分。

同样，二阶导数可以近似地表示如下：

$$\left(\frac{\mathrm{d}^2 w}{\mathrm{d}x^2}\right)_i = \frac{\mathrm{d}}{\mathrm{d}x}\left(\frac{\mathrm{d}w}{\mathrm{d}x}\right)_i \approx \frac{\Delta\left(\frac{\mathrm{d}w}{\mathrm{d}x}\right)_i}{\Delta x} = \frac{\Delta^2 w_i}{h^2} \tag{2-51}$$

其中只要对一阶向前（向后）差分做一次向后（向前）差分，就可以得到二阶中心差分 $\Delta^2 w_i$，即：

$$\Delta^2 w_i = \underline{\Delta}(\overline{\Delta} w_i) = \underline{\Delta}(w_{i+1} - w_i) = \underline{\Delta} w_{i+1} - \underline{\Delta} w_i$$

$$= (w_{i+1} - w_i) - (w_i - w_{i-1}) = w_{i+1} - 2w_i + w_{i-1} \tag{2-52}$$

现在用差分方程来代替梁的微分方程（式 2-31）。具体做法如下：设梁宽 b，间距 $h = L$ 的各分段中点 $i = 1$、2、$\cdots$、n 处梁的挠度为 w_1、w_2、$\cdots w_n$，如图（2-10a）所示。按式（2-52），除梁两端的第 1 及第 n 分段外，其余各点挠度的二阶导数都可以近似地用梁上各段中点的挠度来表示。例如第 $i+1$ 点挠度的二阶导数，按式（2-51）及式（2-52）可

以近似地表示为:

$$\left(\frac{\mathrm{d}^2 w}{\mathrm{d}x^2}\right)_{i+1} \approx \frac{w_{i+2} - 2w_{i+1} + w_i}{L^2} \tag{2-53}$$

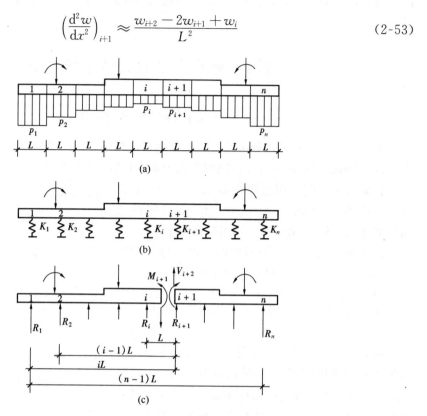

图 2-10   地基上梁的有限差分分析法计算图式

(a) 梁的分段和阶形基底反力图; (b) 弹簧支座上的梁; (c) 梁的外力和内力

于是梁的微分方程式 (2-31) 可以近似的用以下的差分方程来代替:

$$C_{i+1}(w_{i+2} - 2w_{i+1} + w_i) = -M_{i+1} \tag{2-54}$$

式中, $C_{i+1} = (E_c I)_{i+1}/L^2$, $(E_c I)_{i+1}$ 为 $i+1$ 点处梁的抗弯刚度。

至于弯矩 M_{i+1} 的表达式可推导如下:

假定各分段基底面积 $f = Lb$ 上的反力是均布的, 并表示为 $p_i (i = 1, 2, \cdots, n)$。在各段基底压力组成的阶形分布压力的作用下, 任一分段 i 的基底沉降为 s_i, 依照接触条件, 应等于梁上对应点的挠度, 即 $s_i = w_i$。于是, 按变基床系数的定义 (式 2-22) 有:

$$p_i = k_i w_i \quad \text{或} \quad R_i = K_i w_i \tag{2-55}$$

式中, $R_i = p_i f$ 是第 i 段的基底总反力; $K_i = k_i f$ 为该段面积 f 上的集中变基床系数。

经过这样处理之后, 原来与地基全面接触的梁, 就变成支承在 n 个不同刚度 (K_1、K_2、$\cdots K_n$) 的弹簧支座上的梁 (图 2-10b), 而连续的基底反力也就离散为 n 个集中反力 (R_1、R_2、$\cdots$、R_n) 了。于是, 可按图 2-10 (c) 所示的计算图式, 把梁在 $i+1$ 点处切开, 根据左边隔离体的静力平衡条件, 可以得到 M_{i+1} 的表达式如下:

$$M_{i+1} = L[iR_1 + (i-1)R_2 + \cdots + (i-j+1)R_j + \cdots + R_i] - M_{p,i+1} \tag{2-56}$$

式中，$M_{p,i+1}$ 为 $i+1$ 截面左边梁上所有外荷载对该截面的力矩（反时针方向时取正号）。利用式（2-55）把上式各项的 R 换为 Kw 后，再写成如下紧缩的形式：

$$M_{i+1} = L\sum_{j=1}^{i}(i-j+1)K_jw_j - M_{p,i+1} \tag{2-57}$$

代入式（2-54）得：

$$C_{i+1}(w_i - 2w_{i+1} + w_{i+2}) + L\sum_{j=1}^{i}(i-j+1)K_jw_j = M_{p,i+1} \tag{2-58}$$

对上式分别取 $i=1、2、\cdots、n-2$，可得相应于第 2、3、$\cdots$、$n-1$ 各点的 $n-2$ 个差分方程式。所缺的两个方程，可以根据全梁的静力平衡条件补足，此处按各力对 n 点的力矩之和以及竖向力之和为零的条件得：

$$L\sum_{j=1}^{n-1}(n-j)K_jw_j = M_{pn} \tag{2-59}$$

$$\sum_{j=1}^{n}K_jw_j = \sum P \tag{2-60}$$

式中，$\sum P$ 为竖向外荷载的合力，M_{pn} 为梁上所有外荷载对第 n 点的矩。这样组成的以各段中点挠度为未知数的 n 个线性代数方程式，可用矩阵的形式表示如下：

$$[A]\{w\} = \{P\} \tag{2-61}$$

式中，系数矩阵是一个 $n\times n$ 阶的方阵，它由一个含 C 的和另一个含 K 的方阵叠加而成：

$$[A] = \begin{bmatrix} C_2 & -2C_2 & C_2\cdots0 \\ 0 & C_3 & -2C_3 & C_3\cdots0 \\ \cdots \\ & & 0\cdots C_{n-1} & -2C_{n-1} & C_{n-1} \\ & & 0\cdots0 & 0 \\ & & 0\cdots0 \end{bmatrix} + L\begin{bmatrix} K_1 & \cdots0 \\ 2K_1 & K_2\cdots0 \\ \cdots \\ (n-2)K_1 & (n-3)K_2\cdots K_{n-2} & 0 & 0 \\ (n-1)K_1 & (n-2)K_2\cdots & K_{n-1} & 0 \\ K_1/L & K_2/L\cdots & & K_n/L \end{bmatrix} \tag{2-62}$$

梁各分段中点的挠度列向量 $\{w\}$ 以及作为方程组右端项的荷载列向量 $\{P\}$ 如下：

$$\{w\} = \{w_1, w_2, \cdots, w_n\}^T, \quad \{P\} = \{M_{p2}, M_{p3}, \cdots, M_{pn}, \sum P\}^T \tag{2-63}$$

上式右上角标 T 表示将行向量"转置"成为列向量。

若给出各分段的集中基床系数 K_1、K_2、$\cdots\cdots$、K_n（对文克勒地基 $K_1 = K_2 = \cdots = K_n = k_f$），则可由上式解得挠度 $\{w\}$，从而按式（2-55）求得基底反力 $\{P\}$ 后，用一般方法计算梁任意截面的弯矩和剪力。若是变基床系数，即各分段的集中基床系数为 K_1、K_2、$\cdots\cdots$、K_n，由于 $[K]$ 为未知量，以上差分方程组不能直接求解，可采用迭代法进行计算。

应用有限差分法时要注意以下问题：

（1）梁的分段数不宜过少或过多。太少会影响解的精确度，太多计算量过大，一般分 20 段以上足够。

（2）对于弯矩图不光滑的梁，应用有限差分法求解时解的精度较低，特别是在分段中点上作用有集中力偶荷载的情况尤为如此。通常用分居该点两侧的一对方向相反、大小相等的等效集中力来代替集中力偶荷载，以此来改善弯矩突变的情况。

【例题 2-1】 条形基础长 8m，宽 2m，荷载如图 2-11 所示，地基基床系数 $k = 2.0\times10^4\text{kN/m}^3$，截面惯性矩 $I = 0.0106\text{m}^4$。试列出用文克勒地基模型表示的基础梁有限差分

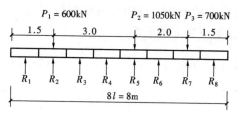

$P_1 = 600\text{kN}$ $P_2 = 1050\text{kN}$ $P_3 = 700\text{kN}$

1.5   3.0   2.0   1.5

R_1 R_2 R_3 R_4 R_5 R_6 R_7 R_8

$8l = 8\text{m}$

图 2-11   计算简图

方程。

【解】首先把梁分为八段，每段长度为 1m。

式（2-61）中：

$$C = \frac{EI}{L^2} = \frac{2.1 \times 10^7 \times 0.0106}{1^2} = 222600\text{kN}$$

$$K = kf = 2.0 \times 10^4 \times 2 \times 1 = 4.0 \times 10^4 \text{kN} \cdot \text{m}$$

外力在 R_2 处产生的弯矩为 $M_{P,2} = 600 \times 0 = 0\text{kN} \cdot \text{m}$

外力在 R_3 处产生的弯矩为 $M_{P,3} = 600 \times 1 = 600\text{kN} \cdot \text{m}$

以此类推至 $M_{P,8} = 600 \times 6 + 1050 \times 3 + 700 \times 1 = 7450\text{kN} \cdot \text{m}$

竖向外荷载的合力 $\Sigma P = 600 + 1050 + 700 = 2350\text{kN}$

将上述系数代入式（2-61）中，得基础梁有限差分方程，可写成如下形式：

$$\begin{bmatrix} 222600 & -445200 & 222600 & 0 & 0 & 0 & 0 & 0 \\ 0 & 222600 & -445200 & 222600 & 0 & 0 & 0 & 0 \\ 0 & 0 & 222600 & -445200 & 222600 & 0 & 0 & 0 \\ 0 & 0 & 0 & 222600 & -445200 & 222600 & 0 & 0 \\ 0 & 0 & 0 & 0 & 222600 & -445200 & 222600 & 0 \\ 0 & 0 & 0 & 0 & 0 & 222600 & -445200 & 222600 \\ 0 & 0 & 0 & 0 & 0 & 0 & 0 & 0 \\ 0 & 0 & 0 & 0 & 0 & 0 & 0 & 0 \end{bmatrix}$$

$$+ 4.0 \times 10^4 \begin{bmatrix} 1 & 0 & 0 & 0 & 0 & 0 & 0 & 0 \\ 2 & 1 & 0 & 0 & 0 & 0 & 0 & 0 \\ 3 & 2 & 1 & 0 & 0 & 0 & 0 & 0 \\ 4 & 3 & 2 & 1 & 0 & 0 & 0 & 0 \\ 5 & 4 & 3 & 2 & 1 & 0 & 0 & 0 \\ 6 & 5 & 4 & 3 & 2 & 1 & 0 & 0 \\ 7 & 6 & 5 & 4 & 3 & 2 & 1 & 0 \\ 1 & 1 & 1 & 1 & 1 & 1 & 1 & 1 \end{bmatrix} \begin{Bmatrix} w_1 \\ w_2 \\ w_3 \\ w_4 \\ w_5 \\ w_6 \\ w_7 \\ w_8 \end{Bmatrix} = \begin{Bmatrix} 0 \\ 600 \\ 1200 \\ 1800 \\ 3450 \\ 5100 \\ 7450 \\ 2350 \end{Bmatrix}$$

解以上方程组得 w_i，对文克勒地基，由 $p_i = kw_i$，进而可求得各集中基底反力 $R_i = p_i bL$。

2.4.2   有 限 单 元 法

有限单元法用于求解弹性地基梁，系将连续梁用一些离散的梁单元来代替，变连续体为离散体。这些单元在节点上保持变形的连续性和力的平衡。

1. 梁的刚度矩阵

把梁分为 m 段（图 2-12），每个分段作为一个梁单元，分段处和梁两端都是单元的节点，梁的变截面处也应是节点位置。梁单元和节点编号如图 2-12 所示，梁的节点总数 $n = m$

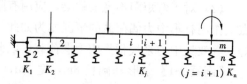

图 2-12   分析地基上梁的有限单元法计算图

+1。每个节点有两个自由度即挠度 w 和转角 θ，相应的节点力为剪力 V 和弯矩 M，正方向如图 2-13 所示。梁与地基的接触面也被分为 m 个子域，各子域的地基反力 p_j 均匀分布，则每个单元上的地基反力合力为 $R_j = p_j f = k_j w_j f = K_j w_j$，$f = (L_i b_i + L_{i+1} b_{i+1})/2$（式中 b_i 与 b_{i+1} 为 j 节点左右两边的梁底宽度）。将 R_j 以集中反力的形式作用于节点 j 上，即相当于在节点 j 下设置了一

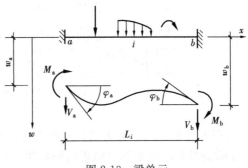

图 2-13 梁单元

根刚度为 K_j 的弹簧，K_j 代表基底面积 f 上的集中变基床系数。于是弹性地基上的梁被简化为支撑在 n 个弹簧上的梁。为了使所组成的体系是几何不变的，还必须在梁的一端加上一根水平链杆，但它的内力为零。

以结构力学为基础，可得出联系单元 i 的节点力 $\{f\}_i$ 与节点位移 $\{w\}_i$ 的单元刚度矩阵 $[k_B]_i$：

$$[k_B]_i = \left(\frac{E_c I}{L^3}\right)_i \begin{bmatrix} 12 & 6L & -12 & 6L \\ 6L & 4L^2 & -6L & 2L^2 \\ -12 & -6L & 12 & -6L \\ 6L & 2L^2 & -6L & 4L^2 \end{bmatrix}_i \tag{2-64}$$

单元节点力 $\{f\}_i$ 与节点位移 $\{w\}_i$ 之间的关系：

$$\{f\}_i = [k_B]_i \{w\}_i \tag{2-65}$$

其中，$\{f\}_i = \{V_{j-1}, M_{j-1}, V_j, M_j\}_i^T$，$\{w\}_i = \{w_{j-1}, \theta_{j-1}, w_j, \theta_j\}_i^T$。

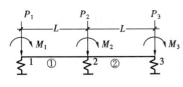

图 2-14 等分为两个单元梁的计算图

把所有的单元刚度矩阵根据对号入座的方法集合成梁的整体刚度矩阵 $[K_B]$，同时将单元节点力列向量集合成总节点力列向量 $\{F\}$，单元节点位移集合成位移列向量 $\{w\}$，于是有下式成立：

$$\{F\} = [K_B]\{w\} \tag{2-66}$$

为了说明问题，取图 2-14 中等分为两个相同单元的等截面梁为例。梁上节点作用有外荷载，竖向力 P 和集中力偶 M，其正方向如图 2-14 所示。所组成的节点荷载列向量为 $\{P\} = \{P_1, M_1, P_2, M_2, P_3, M_3\}^T$。在荷载作用下节点会产生竖向位移和转角，设 j 节点的位移和转角分别为 w_j 和 θ_j。此时，任一节点 j 中产生了节点力 [竖向力 F_j 和力矩 F_{mj}]，位于该节点处的弹簧中则产生了反力 R_j（集中基底反力）。

产生节点位移和转角 $\{w\} = \{w_1, \theta_1, w_2, \theta_2, w_3, \theta_3\}^T$ 所需的节点力 $\{F\} = \{F_1, F_{m1}, F_2, F_{m2}, F_3, F_{m3}\}^T$ 可以表示为：

$$\{F\} = [K_B]\{w\} \tag{2-67}$$

或

$$\left\{\begin{array}{c} F_1 \\ F_{m1} \\ F_2 \\ F_{m2} \\ F_3 \\ F_{m3} \end{array}\right\} = \frac{E_c I}{L^3} \begin{bmatrix} 12 & 6L & -12 & 6L & 0 & 0 \\ 6L & 4L^2 & -6L & 2L^2 & 0 & 0 \\ -12 & -6L & 24 & 0 & -12 & 6L \\ 6L & 2L^2 & 0 & 8L^2 & -6L & 2L^2 \\ 0 & 0 & -12 & -6L & 12 & -6L \\ 0 & 0 & 6L & 2L^2 & -6L & 4L^2 \end{bmatrix} \left\{\begin{array}{c} w_1 \\ \theta_1 \\ w_2 \\ \theta_2 \\ w_3 \\ \theta_3 \end{array}\right\} \tag{2-68}$$

式（2-67）中的 $[K_B]$ 称为梁的刚度矩阵，式（2-68）则表示这个矩阵中的元素是由两个 4×4 阶的单元刚度矩阵（以虚线框标明）交错叠加而成的。其中左上及右下两虚线框中的元素分别由第①及第②单元的刚度矩阵提供，叠合部分则为该两矩阵的相应元素之和。

2. 地基上梁的刚度矩阵

梁节点发生了竖向位移和转角，根据接触条件，地基在任一节点 j 处也要考虑沉降 s_j 和基底倾斜 θ_{sj} 两方面。可是地基（即弹簧）与梁底接触处只能承担竖向集中反力 $R_j = K_j s_j$，而不能抵抗转动，因此，基底反力偶 $R_{mj} = 0$。所以集中基底反力和反力偶 $\{R\} = \{R_1, R_{m1}, R_2, R_{m2}, R_3, R_{m3}\}^T$ 与基底沉降和倾斜 $\{s\} = \{s_1, \theta_{s1}, s_2, \theta_{s2}, s_3, \theta_{s3}\}^T$ 之间有如下关系：

$$\{R\} = [K]\{s\} \tag{2-69}$$

或

$$\left\{\begin{array}{c} R_1 \\ R_{m1} \\ R_2 \\ R_{m2} \\ R_3 \\ R_{m3} \end{array}\right\} = \begin{bmatrix} K_1 & 0 & 0 & 0 & 0 & 0 \\ 0 & 0 & 0 & 0 & 0 & 0 \\ 0 & 0 & K_2 & 0 & 0 & 0 \\ 0 & 0 & 0 & 0 & 0 & 0 \\ 0 & 0 & 0 & 0 & K_3 & 0 \\ 0 & 0 & 0 & 0 & 0 & 0 \end{bmatrix} \left\{\begin{array}{c} s_1 \\ \theta_{s1} \\ s_2 \\ \theta_{s2} \\ s_3 \\ \theta_{s3} \end{array}\right\} \tag{2-70}$$

式中 $[K]$——地基刚度矩阵。

根据梁上各节点的静力平衡条件，作用于任一节点 j 的集中基底反力、节点力以及节点荷载之间应满足条件 $R_j + F_j = P_j$ 和 $R_{mj} + F_{mj} = M_j$，即：

$$\{R\} + \{F\} = \{P\} \tag{2-71}$$

再按接触条件，令式（2-69）中 $\{s\} = \{w\}$ 后，与式（2-67）一起代入上式，得：

$$([K_B] + [K])\{w\} = \{P\} \tag{2-72}$$

令：

$$[A] = [K_B] + [K] \tag{2-73}$$

则：

$$[A]\{w\} = \{P\} \tag{2-74}$$

上式是一组以梁的节点位移和转角为未知量的方程组。其中 $2n \times 2n$ 阶的系数矩阵 $[A]$ 是由梁和地基的刚度矩阵 $[K_B]$ 和 $[K]$ 合成的总刚度矩阵，叫做地基上梁的刚度矩阵。

对于自由支承在地基上的条形基础，其边界条件为 $V_1 = M_1 = 0$ 以及 $V_n = M_n = 0$。因此，在端节点 1 和 n 的平衡方程中，使主对角元素为 1，并划行划列。在右端项的相应位置上以 w_1、θ_1 和 w_n、θ_n 代替，即表示考虑了全部的边界条件。

求解式（2-74），可得到任意截面处的挠度 w_i 和转角 θ_i，回代到式（2-65）可计算出相应的弯矩和剪力分布。

2.4.3 有限差分法程序及算例

【例题 2-2】用有限差分程序计算【例题 2-1】。

```
PROGRAMMAIN
      REAL INER,MI,MW
      Dimension w(8),R(8),P(8),PW(8),V(8),WJ(8),A(8,8),
 #    AC(8,8),AK(8,8),JS(8),MW(8)
      CHARACTER * 72 TITLE
      OPEN(1,FILE=' FILEIN. DAT ')
      OPEN(2,FILE=' FILEOUT. DAT ')
      READ(1, * ) TITLE
      READ(1,96)NUM,SK,EC,B,INER,FL
      READ(1,97)(PW(I),I=1,NUM)
      READ(1,97)(MW(I),I=1,NUM)
96       FORMAT(I3,1X,5E10. 3)
97       FORMAT(8E11. 4)
      WRITE(2,1000) TITLE
1000      FORMAT(6X,20A,//)
      TL=NUM * FL
      WRITE(2,98)NUM,SK,B,EC,FL,TL
98     FORMAT (' NUM OF DIVISION=',I3,8X,' SOIL MODULUS =',E10. 4,
 #       5X,' FIG WIDTH=',F6. 2/' MOD OF ELAS=',E10. 4,5X,' FL=',F5. 2,
 #     20X,' FIG LENGTH=',F6. 2//)
      F=B * FL
      C=EC * INER/FL ** 2
      DK= SK * F
      BK=FL * DK
      DO 31 I=1,NUM
      DO 31 J=1,NUM
31       A(I,J)=0. 0
      DO 40 I=1,NUM
      DO 40 J=1,NUM
40       AC(I,J)=0. 0
      DO 50 I=1,NUM
```

```
        DO 50 J=1,NUM
50        AK(I,J)=0.0
        DO 60 I=1,NUM-2
        DO 60 J=1,NUM-2
        IF (I. EQ. J)THEN
        AC(I,J)=C
        AC(I,I+1)=-2.0*C
        AC(I,I+2)= C
        END IF
60      CONTINUE
        DO 70 I=1,NUM-1
        DO 70 J=1,I
70      AK(I,J)=(I-J+1)*BK
        DO 80 J=1,NUM
80      AK(NUM,J)=BK
          DO 85 I=1,NUM
        DO 85 J=1,NUM
        A(I,J)=AC(I,J)+AK(I,J)
85      CONTINUE
          WRITE(2,*)' THE COEFFICIENT MATRIX '
        WRITE(2,1001)((A(I,J),J=1,NUM),I=1,NUM)
        DO 90 I=1,NUM-1
        PI=0.0
        DO 90 J=1,I
        PI=PI+MW(J)+PW(J)*(I-J+1)*FL
90      P(I)=PI
        PN=0.0
          DO 95 I=1,NUM
        PN=PN+PW(I)
95      P(NUM)=PN
          WRITE(2,*)' THE COLUMN VECTOR OF LOAD " kN "'
        WRITE(2,1001)(P(I),I=1,NUM)
        CALL AGAUS(A,P,NUM,W,LL,JS)
        WRITE(2,*)' THE DISPLACEMENT OF THE DIVISION POINT " M "'
        WRITE(2,1001)(W(I),I=1,NUM)
C    求基底反力
          DO 100 I=1,NUM
100     R(I)=SK*W(I)
          WRITE(2,*)' THE REACTION OF THE FOUDATION " kN "'
```

```
              WRITE(2,1001)(R(I),I=1,NUM)
C       求任意截面弯矩和剪力
              DO 105 I=1,NUM
105           V(I)=0.0
              VI=0.0
              DO 110 I=2,NUM
              VI=VI+R(I-1)-P(I-1)
110           V(I)=VI
              DO 115 I=1,NUM
115           WJ(I)=0.0
              DO 120 I=2,NUM
              MI=0.0
              DO 120 J=2,I
              MI=MI-MW(J-1)-PW(J-1)*(I-J+1)*FL+R(J-1)*(I-J+1)*FL
120           WJ(I)=MI
              WRITE(2,*)' THE SHEAR FORCE OF THE DIVISION POINT " kN "'
              WRITE(2,1001)(V(I),I=1,NUM)
              WRITE(2,*)' THE MOMENT OF THE DIVISION POINT " kN/M "'
              WRITE(2,1001)(WJ(I),I=1,NUM)
1001          FORMAT(8E10.4/)
              END


              SUBROUTINE AGAUS(AA,B,N,X,L,JS)
              DIMENSION AA(N,N),X(N),B(N),JS(N)
              L=1
              DO 50 K=1,N-1
              D=0.0
              DO 210 I=K,N
              DO 210 J=K,N
                IF(ABS(AA(I,J)).GT.D)THEN
                D=ABS(AA(I,J))
                JS(K)=J
                IS=I
                END IF
210           CONTINUE
              IF(D+1.0.EQ.1.0)THEN
                L=0
              ELSE
              IF(JS(K).NE.K)THEN
```

```fortran
      DO 220 I=1,N
        T=AA(I,K)
        AA(I,K)=AA(I,JS(K))
        AA(I,JS(K))=T
220   CONTINUE
      END IF
      IF(IS. NE. K)THEN
        DO 230 J=K,N
          T=AA(K,J)
          AA(K,J)=AA(IS,J)
          AA(IS,J)=T
230     CONTINUE
        T=B(K)
        B(K)=B(IS)
        B(IS)=T
      END IF
      END IF
      IF(L. EQ. 0)THEN
        WRITE( * ,100)
        RETURN
      END IF
      DO 10 J=K+1,N
        AA(K,J)=AA(K,J)/AA(K,K)
10    CONTINUE
      B(K)=B(K)/AA(K,K)
      DO 30 I=K+1,N
        DO 20 J=K+1,N
      AA(I,J)=AA(I,J)-AA(I,K) * AA(K,J)
20    CONTINUE
      B(I)=B(I)-AA(I,K) * B(K)
30    CONTINUE
50      CONTINUE
      IF(ABS(AA(N,N))+1. 0. EQ. 1. 0)THEN
      L=0
      WRITE( * ,100)
      RETURN
      END IF
      X(N)=B(N)/AA(N,N)
      DO 70 I=N-1,1,-1
```

```
        T=0. 0
        DO 60 J=I+1,N
          T=T+AA(I,J) * X(J)
60      CONTINUE
        X(I)=B(I)-T
70      CONTINUE
100     FORMAT(1X,' FAIL ')
        JS(N)=N
        DO 150 K=N,1,-1
          IF(JS(K). NE. K)THEN
            T=X(K)
            X(K)=X(JS(K))
            X(JS(K))=T
          END IF
150     CONTINUE
        RETURN
        END
```

输入文件:

' TITLE: THE BEAM ON THE ELASTIC FOUNDATION '

    8   0. 200E+05 0. 210E+08 0. 200E+01 0. 106E-01 0. 100E+01

0. 0000E+00 0. 6000E+03 0. 0000E+00 0. 0000E+00 0. 1050E+04 0. 0000E+00
0. 7000E+03 0. 0000E+00

    0. 0000E+00 0. 0000E+00 0. 0000E+00 0. 0000E+00 0. 0000E+00 0. 0000E+00
0. 0000E+00 0. 0000E+00

输出文件:

    TITLE: THE BEAM ON THE ELASTIC FOUNDATION

NUM OF DIVISION =   8   SOIL MODULUS = . 2000E+05   FIG WIDTH=   2. 00
MOD OF ELAS = . 2100E+08 FL = 1. 00   FIG LENGTH =   8. 00

 THE COEFFICIENT MATRIX

    . 2626E+06-. 4452E+06 . 2226E+06 . 0000E+00 . 0000E+00 . 0000E+00 . 0000E
+00 . 0000E+00

    . 8000E+05 . 2626E+06-. 4452E+06 . 2226E+06 . 0000E+00 . 0000E+00 . 0000E
+00 . 0000E+00

.1200E+06 .8000E+05 .2626E+06 −.4452E+06 .2226E+06 .0000E+00 .0000E+00 .0000E+00

.1600E+06 .1200E+06 .8000E+05 .2626E+06 −.4452E+06 .2226E+06 .0000E+00 .0000E+00

.2000E+06 .1600E+06 .1200E+06 .8000E+05 .2626E+06 −.4452E+06 .2226E+06 .0000E+00

.2400E+06 .2000E+06 .1600E+06 .1200E+06 .8000E+05 .2626E+06 −.4452E+06 .2226E+06

.2800E+06 .2400E+06 .2000E+06 .1600E+06 .1200E+06 .8000E+05 .4000E+05 .0000E+00

.4000E+05 .4000E+05 .4000E+05 .4000E+05 .4000E+05 .4000E+05 .4000E+05 .4000E+05

THE COLUMN VECTOR OF LOAD ' KN '
.0000E+00 .6000E+03 .1200E+04 .1800E+04 .3450E+04 .5100E+04 .7450E+04 .2350E+04

THE DISPLACEMENT OF THE DIVISION POINT ' M '
.3886E−02 .5753E−02 .6921E−02 .8355E−02 .9773E−02 .9394E−02 .8396E−02 .6272E−02

THE REACTION OF THE FOUDATION ' kN '
.7772E+02 .1151E+03 .1384E+03 .1671E+03 .1955E+03 .1879E+03 .1679E+03 .1254E+03

THE SHEAR FORCE OF THE DIVISION POINT ' kN '
.0000E+00 .7772E+02 .1928E+03 .3312E+03 .4983E+03 .6937E+03 .8816E+03 .1050E+04

THE MOMENT OF THE DIVISION POINT ' kN/M '
.0000E+00 .7772E+02 −.3295E+03 −.5983E+03 −.7000E+03 −.1656E+04 −.2425E+04 −.3725E+04

2.5 地基上板的有限差分法

2.5.1 有 限 差 分 格 式

设板上某节点 0 的未知挠度为 w_0。位于 0 点左右上下共 12 个节点，设其挠度为 w_1、w_2、…、w_{12}（图 2-15）。与式（2-50）和式（2-52）类似，在 0 点处挠度的一阶和二阶中心偏差分可以表示如下。

$$\left.\begin{array}{l} (\Delta_x w)_0 = (w_1 - w_3)/2, (\Delta_y w)_0 = (w_2 - w_4)/2 \\ (\Delta_x^2 w)_0 = w_1 - 2w_0 + w_3, (\Delta_y^2 w)_0 = w_2 - 2w_0 + w_4 \end{array}\right\} \quad (2\text{-}75)$$

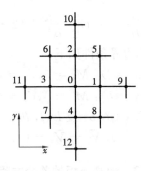

图 2-15　与任意节点 0 有关的 12 个节点的编号

利用这些式子，可以导出四阶偏差分的表达式：

$$(\Delta_x^4 w)_0 = \Delta_x^2 (\Delta_x^2 w) = \Delta_x^2 (w_1 - 2w_0 + w_3) = (\Delta_x^2 w)_1 - 2(\Delta_x^2 w)_0 + (\Delta_x^2 w)_3$$
$$= (w_9 - 2w_1 + w_0) - 2(w_1 - 2w_0 + w_3) + (w_0 - 2w_3 + w_{11})$$
$$= w_9 - 4w_1 + 6w_0 - 4w_3 + w_{11}$$

同理，$(\Delta_y^4 w)_0 = w_{10} - 4w_2 + 6w_0 - 4w_4 + w_{12}$

$(\Delta_{xy}^4 w)_0 = \Delta_x^2 (\Delta_y^2 w) = 4w_0 - 2(w_1 + w_2 + w_3 + w_4) + w_5 + w_6 + w_7 + w_8$

2.5.2 地基上板的微分方程式

根据薄板理论，地基上板的挠曲曲面微分方程式可表达为：

$$\frac{\partial^4 w}{\partial x^4} + 2\frac{\partial^4 w}{\partial x^2 \partial y^2} + \frac{\partial^4 w}{\partial y^4} = \frac{q - kw}{D} \quad (2\text{-}76)$$

式中　$w(x, y)$ ——板的挠度；

　　　$q(x, y)$ ——板上的分布荷载；

　　　　k ——非文克勒地基的变基床系数；

　　　　D——板的抗弯刚度，$D = \dfrac{E_c t^2}{12(1 - \nu^2)}$，其中 E_c 和 ν 分别表示板的弹性模量和泊松比；

　　　　t ——板的厚度。

每单位长度上的弯矩 M_x、M_y，扭矩 M_{xy}、M_{yx}（图 2-16）如下：

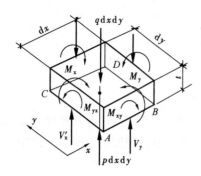

图 2-16　板元素

$$M_{\mathrm{x}} = -D\left(\frac{\partial^2 w}{\partial x^2} + v\frac{\partial^2 w}{\partial y^2}\right), \; M_{\mathrm{y}} = -D\left(v\frac{\partial^2 w}{\partial x^2} + \frac{\partial^2 w}{\partial y^2}\right) \tag{2-77}$$

$$M_{\mathrm{xy}} = M_{\mathrm{yx}} = -D(1-v)\frac{\partial^2 w}{\partial x \partial y} \tag{2-78}$$

对于板四周边界上的剪力，需考虑扭矩的影响，方法是把扭矩等效为附加剪力与实际剪力相加，形成等效总剪力：

$$\overline{V}_{\mathrm{x}} = V_{\mathrm{x}} - \frac{\partial M_{\mathrm{xy}}}{\partial y} = -D\left[\frac{\partial^3 w}{\partial x^3} + (2-\vartheta)\frac{\partial^3 w}{\partial x \partial y^2}\right] \tag{2-79}$$

$$\overline{V}_{\mathrm{y}} = V_{\mathrm{y}} - \frac{\partial M_{\mathrm{yx}}}{\partial x} = -D\left[\frac{\partial^3 w}{\partial y^3} + (2-\vartheta)\frac{\partial^3 w}{\partial x^2 \partial y}\right] \tag{2-80}$$

对四边自由的地基上的矩形板，其边界条件如下：

沿 AC 边 $(x = 0)$ 和 BD 边 $(x = l)$：$M_{\mathrm{x}} = 0, \overline{V}_{\mathrm{x}} = 0$；

沿 AB 边 $(y = 0)$ 和 CD 边 $(y = b)$：$M_{\mathrm{y}} = 0, \overline{V}_{\mathrm{y}} = 0$；

在四个角点 $A(0,0)$，$B(l, 0)$，$C(0, b)$ 及 $D(l, b)$：

$M_{\mathrm{x}} = 0$, $M_{\mathrm{y}} = 0$, $M_{\mathrm{xy}} = M_{\mathrm{yx}} = 0$, $\overline{V}_{\mathrm{x}} = \overline{V}_{\mathrm{y}} = 0$

2.5.3　地基上板的差分方程式

首先把矩形板沿 x 和 y 两个方向划分网格，间距分别为 $\Delta x = mh$ 和 $\Delta y = h(m = \Delta x/\Delta y)$（图 2-17，当 $m = 1$ 时为方形网格），然后以下列差分方程式近似地代替式（2-76）的微分方程式：

$$\frac{\Delta_{\mathrm{x}}^4 w}{\Delta x^4} + 2\frac{\Delta_{\mathrm{xy}}^4 w}{\Delta x^2 \Delta y^2} + \frac{\Delta_{\mathrm{y}}^4 w}{\Delta y^4} = \frac{q - kw}{D} \tag{2-81}$$

把 $\Delta x = mh$ 和 $\Delta y = h$ 代入，再将等式两边乘 $m^2 h^4 = f^2$ 后得：

$$m^{-2}(\Delta_{\mathrm{x}}^4 w) + 2(\Delta_{\mathrm{xy}}^4 w) + m^2(\Delta_{\mathrm{y}}^4 w) + \beta Kw = \beta P \tag{2-82}$$

式中，$\beta = f/D$；$K = kf$，是网格面积 $f = mh^2$ 上的集中基床系数，对于非文克勒地基，它随着节点位置的不同而异。右端项中 $P = qf$ 表示分布在以节点为中心的矩形面积 f 上的均布荷载 q，将其简化为作用在节点上的竖向集中力 P。对板边和角点上的节点，P 分别为 $qf/2$ 和 $qf/4$；而 K 则为 $kf/2$ 及 $kf/4$。

将式（2-75）代入式（2-82），可得板的差分方程式：

$$C_9 w_0 + C_{17}(w_1 + w_3) + C_{16}(w_2 + w_4) + C_{23}(w_5 + w_6 + w_7 + w_8)$$
$$+ C_{22}(w_9 + w_{11}) + C_{24}(w_{10} + w_{12}) = \beta P_0 \tag{2-83}$$

式中，C_9、$\cdots$、C_{24} 等都是与比值 m 有关的系数。它们的表达式可由表 2-3 查得。

把式（2-77）～式（2-80）中的偏导数以相应的偏差分代替，可以得到任一节点 0 处板中内力的差分表达式，例如：

$$(M_{\mathrm{x}})_0 = -D\left(\frac{\Delta_{\mathrm{x}}^2 w}{m^2 h^2} + v\frac{\Delta_{\mathrm{y}}^2 w}{h^2}\right)_0 = -\frac{D}{mf}\left[w_1 - 2w_0 + w_3 + m^2 v(w_2 - 2w_0 + w_4)\right]$$

$$= -\frac{D}{mf}\left[w_1 + w_3 - 2(1 + m^2 v)w_0 + m^2 v(w_2 + w_4)\right] \tag{2-84}$$

$$(M_y)_0 = -\frac{D}{my}[\upsilon(w_1+w_3)-2(\upsilon+m^2)w_0+m_2(w_2+w_4)] \tag{2-85}$$

$$(M_{xy})_0 = (M_{yx})_0 = -\frac{D}{4f}(1-\upsilon)(w_5-w_6+w_7-w_8) \tag{2-86}$$

$$(\overline{V}_x)_0 = -\frac{D}{2hf}[2(\upsilon-m^{-2}-2)(w_1-w_3)+(2-\upsilon)(w_5-w_6-w_7+w_8)$$
$$+m^{-2}(w_9-w_{11})] \tag{2-87}$$

$$(\overline{V}_y)_0 = -\frac{D}{2mhf}[2(\upsilon-m^2-2)(w_2-w_4)+(2-\upsilon)(w_5+w_6-w_7-w_8)$$
$$+m^2(w_{10}-w_{12})] \tag{2-88}$$

地基上板的差分方程系数表 表 2-3

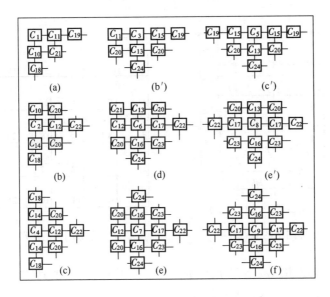

c_1	$0.5(m^2+m^{-2})(1-\nu^2)+2(1-\nu)+\beta K$	c_{13}	$-2m^2-2(2-\nu)$
c_2	$2.5m^2(1-\nu^2)+m^{-2}+4(1-\nu)+\beta K$	c_{14}	$-2m^2(1-\nu^2)-2(1-\nu)$
c_3	$m^2+2.5m^{-2}(1-\nu^2)+4(1-)+\beta K$	c_{15}	$-2m^{-2}(1-\nu^2)-2(1-\nu)$
c_4	$3m^2(1-\nu^2)+m^{-3}+4(1-\nu)+\beta K$	c_{16}	$-4m^{-4}-4$
c_5	$m^2+3m^{-2}(1-\nu^2)+4(1-\nu)+\beta K$	c_{17}	$-4m^{-2}-4$
c_6	$5m^2+5m^{-2}+8+\beta K$	c_{18}	$0.5m^2(1-\nu^2)$
c_7	$6m^2+5m^{-2}+8+\beta K$	c_{19}	$0.5m^{-2}(1-\nu^2)$
c_8	$5m^2+6m^{-2}+8+\beta K$	c_{20}	$2-\nu$
c_9	$6m^2+6m^{-2}+8+\beta K$	c_{21}	$2(1-\nu)$
c_{10}	$-m^2(1-\nu^2)-2(1-\nu)$	c_{22}	m^{-2}
c_{11}	$-m^{-2}(1-\nu^2)-2(1-\nu)$	c_{23}	2
c_{12}	$-2m^{-2}-2(1-\nu)$	c_{24}	m^3

$\triangle x=mh,\triangle y=h,\beta=f/D,f=mh^2$

2.5.4   差分方程组的建立和求解

以上是建立板上某节点 0 的差分方程式的过程。对于板上其余各节点，同理可按式 (2-83)（与图 2-15 相对应）建立相应的差分方程式。只是边界和邻近边界的板上节点（图 2-17 中节点 a、b、c、d、e 和 b'、c'、e'），若按式 (2-83) 建立差分方程式，将发现式中涉及板外节点，需要引入边界条件来消除差分方程中的板外节点挠度。为避免过多的推导过程，在表 2-3 中列出所有类型节点的差分样板，到时只需查表即可。要注意表中的集中基床系数 K，对板内点（d、e、e'、f）为 $K = kf$；板边点（b、b'、c、c'）为 $K = kf/2$；角点（a）为 $K = kf/4$。

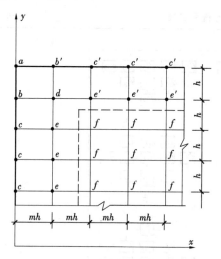

图 2-17   矩形网格的节点分类   图 2-18   方形网格的矩形板的节点编号

以图 2-18 的方形网格（$m = 1$）矩形板为例，来说明表 2-3 的具体应用。例如节点 13，按表 2-3 的差分样板 f，可以写出差分方程：

$$(20 + \beta K_{13})w_{13} - 8(w_{18} + w_8 + w_{14} + w_{12}) + 2(w_{10} + w_9 + w_{17} + w_7)$$
$$+ (w_{23} + w_3 + w_{15} + w_{11}) = \beta P_{13} \tag{2-89}$$

若节点 13 上没有荷载，则 $P_{13} = 0$。对于节点 8 按表中图 e 的样板来建立差分方程如下：

$$(19 + \beta K_8)w_8 - 8(w_{13} + w_9 + w_7) + 2(w_{14} + w_{12}) - (6 - 2\nu)w_3$$
$$+ (2 - \nu)(w_2 + w_4) + w_{18} + w_{10} + w_6 = \beta P_8 \tag{2-90}$$

依次进行下去，可组成一个以节点挠度 $\{w\}$ 为未知数的 30 元线性代数方程组。所组成的方程组可以用矩阵的形式表示如下：

$$[K]_{30 \times 30} \{w\}_{30 \times 1} = \beta \{P\}_{30 \times 1} \tag{2-91}$$

其中，系数矩阵 $[K]$ 中的元素按表 2-2 的系数表达式计算，$\{w\} = \{w_1, w_2, \cdots, w_{30}\}^T$，$\{P\} = \{P_1, P_2, \cdots, P_{30}\}^T$。$P$ 必须是作用于节点上的竖向集中力（如柱荷载）。对于非节

点集中荷载，可以按比例分配到邻近的节点上。对于集中力偶荷载，则可分解成作用于邻近节点上的一组等效集中力。

当 k 取文克勒基床系数（常数）时，由式（2-91）解得节点挠度后，就可按 $p_i = kw_i$ 计算基底反力。这个反力是指分布在以节点 i 为中心的矩形面积 f 上的平均反力，对板边点和角点，则分别分布在 $f/2$ 和 $f/4$ 的面积上。

板中内力按式（2-84）～式（2-88）计算。对板边和邻近板边的那些节点，同样会涉及板外节点挠度。需借助合适的边界条件，把板外节点挠度用板上节点挠度来表示，以求得不含板外节点挠度的内力差分表达式。在表 2-4 中列出方形网格各类节点的差分样板。使用时，在表中查找各有关节点挠度相应的系数，再相加，最后须分别乘以 $-D/h^2$、$D(1-v)/4h^2$ 和 $-D/2h^3$ 才得到相应的弯矩、扭矩和剪力。例如图 2-18 中节点 3 的弯矩 $(M_y)_3$ 和剪力 $(\overline{V}_y)_3$ 经查表可得：

$$
\left.
\begin{aligned}
(M_y)_3 &= -\frac{D}{h^2}(A_2 w_2 + A_1 w_3 + A_2 w_4) \\
(\overline{V}_y)_3 &= -\frac{D}{2h^3}(-B_2 w_1 + B_1 w_2 - B_1 w_4 + B_2 w_5)
\end{aligned}
\right\}
\tag{2-92}
$$

方形网格板的内力差分表达式系数表　　　　　　　　　　表 2-4

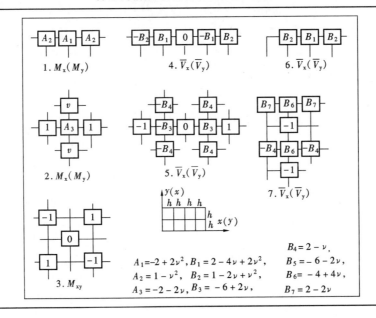

习题与思考题

2-1　常用的地基计算模型有哪几种？

2-2　如何区分无限长梁和有限长梁？文克勒地基上无限长梁和有限长梁的内力如何求得？

2-3　采用有限元法和有限差分法分析弹性地基上梁时有何相似和不同之处？

2-4　简述有限差分法计算弹性地基梁与弹性地基板内力与变形的主要步骤。

2-5　如图 2-19 为承受对称柱荷载的钢筋混凝土条形基础，其抗弯刚度 $EI = 4.3 \times 10^3 \text{MN} \cdot \text{m}^2$。梁长 $L = 17\text{m}$，基础底板宽度 $B = 2.5\text{m}$。地基土的压缩模量 $E_s = 10\text{MPa}$，基底压缩土层厚度为 5m。试计算基础中心点 C 处的挠度、弯矩和基底的净地基反力。

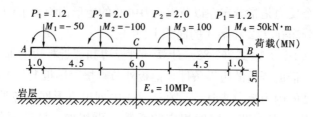

图 2-19　计算示意图

第3章 高层建筑箱形基础

3.1 概 述

箱形基础和筏形基础是我国高层建筑中最常用的几种基础形式之一。那么什么是箱形基础呢？顾名思义，箱形基础就是形状如箱子的基础，它是由顶板、底板、侧墙和一定数量内隔墙构成的整体刚度较好的单层或多层钢筋混凝土基础（图3-1）。

箱形基础具有以下六个方面的特点：

1. 箱形基础刚度大、整体性好、基础整体弯曲变形小，能将上部结构的荷载较均匀地传给地基，因而能有效地调整基础的不均匀沉降。

2. 箱形基础的埋深大，挖除的土方多，可通过所挖除的土重来减小或抵消上部结构传来的附加压力，成为补偿基础，因而可充分发挥地基承载能力，可减少建筑物的沉降量，是一种理想的补偿性基础形式。

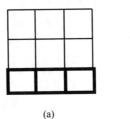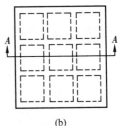

图 3-1 箱形基础
(a) A-A 剖面；(b) 平面

3. 箱形基础的埋置深度大，周围土体对其有嵌固作用，能使上部结构嵌固良好，使其下端接近于固定；同时埋置深，降低了整体建筑物的重心，并与周围土体协同工作，增加了建筑物的整体稳定性，提高了建筑物的整体抗震能力和抗风能力。

4. 箱形基础的基础埋置较深，一般都由钢筋混凝土建造，地下空间可作为地下室充分利用，符合"节能、节地、节水、节材和保护环境"的基本国策。由于其整体性好，作为人民防空地下室时，优势更为明显，因此，在多层和高层建筑中得到广泛应用。

5. 在天然地基上的箱形基础，当建设场地比较宽阔、地下水位比较低时，可直接放坡开挖或者适当基坑支护后，就可以进行基础施工，对周边的环境影响小，施工简便。当相邻建筑密集，施工场地狭小，地下水位比较高时，采用人工降水和基坑支护后，基础施工相对也比较方便。

6. 箱形基础的纵横比较多，地下室空间的利用受到一定的限制，使用略显不便。

当地基特别软弱时，也可采用箱形基础下打桩，组成桩箱的基础形式。

本章将讨论箱形基础的设计原理、箱形基础的构造要求、箱形基础的地基计算、箱形基础结构设计和施工等问题。

3.2 设 计 原 理

3.2.1 补偿性基础的设计原理

补偿性基础的基本概念：建筑物地基在基底附加压力的作用下，改变了原有的应力状

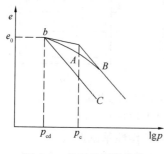

态，这就会出现与工程安全有关的变形和强度问题。不妨设想：假设基础有足够的埋深，使的基底的实际压力（扣除了有可能的地下水浮托力）等于该处原有的土体自重压力；亦即开挖基坑移去的土体重量，补偿（即替换的意思）了建筑物（包括基础及土重）的全部重量，这样，就不会改变地基内原有的应力状态，此时，纵使地基极其软弱，似乎也无须担心会有沉降和剪切破坏问题。

下面将上述假设，用数学方式进行描述：由地基沉降计算公式 $s = \psi_p \sum\limits_{i=1}^{n} \dfrac{p_0}{E_{si}} (z_i \bar{\alpha}_i - z_{i-1} \bar{\alpha}_{i-1})$ 可知，当基础底面的附加压力 $p_0 = p - p_{cd} = 0$ 时，地基沉降量 $s = 0$。

若在软土地基上采用空心的箱形基础，使基坑开挖移去的土的自重应力 p_{cd} 恰好与新加的建筑物荷载 p 相等，即 $p = p_{cd}$，$p_0 = 0$。理论上，此软土地基不会发生沉降。

当然，实际工程情况比较复杂。开挖基坑卸去自重应力 p_{cd} 后，基坑将发生回弹。建造基础与上部结构，为卸荷后再加载的过程，地基中的应力状态将发生变化，因此在工程设计中应结合具体的情况，正确分析，科学利用。

图 3-2　软土的压缩曲线

上述利用卸除大量地基土的自重应力，以抵消建筑物荷载的设计，称为补偿性设计。这种空心基础就称为补偿性基础。

1. 正常固结土补偿性设计

正常固结软土，当施加的建筑物荷载 p 超过原有的自重应力 p_{cd}，则沿 bc 段压缩，呈高压缩性，如图 3-2 曲线 A 所示。因此，要求基底实际平均压力不超过原有土的自重压力 p_{wd}，即：

$$p - p_{wd} \leqslant p_{cd} \tag{3-1}$$

式中　p——基础底面平均压力（kPa）；

　　　p_{wd}——基础底面浮力（kPa）。

2. 超固结土补偿性设计

超固结软土，在施加的建筑物荷载超过土的自重应力 σ 以后，还存在一段再压缩曲线的平坦段，见图 3-2 曲线 B，直至压力大于它的前期固结压力 p_c 之后，才进入压缩曲线的陡降段。因此，基础底面的实际压力可以超过 p_{cd}，但要求满足：

$$p - p_{wd} \leqslant p_{cd} + \frac{1}{K}(p_c - p_{cd}) \tag{3-2}$$

式中　p_c——前期固结压力（kPa）；

　　　K——安全系数，通常取 1.5～2.0。

3. 补偿性设计共分为三类

（1）全补偿性设计：补偿性基础底面实际平均压力等于原有土的自重压力时，称为全补偿性设计；

（2）超补偿性设计：当补偿性基础底面实际平均压力小于原有土的自重压力时，称为超补偿性设计；

（3）欠补偿性设计：若补偿性基础底面实际平均压力大于原有土的自重压力时，称为欠补偿性设计，也可称之为部分补偿性设计。

3.2.2　箱形基础的设计原理

箱形基础由于具有使地基受力层范围扩大的宽阔底面积、较大的埋置深度（$d \geqslant 3m$）和中空的结构形式，使开挖卸去的土体重量抵偿了上部结构传来的部分荷载在地基中引起的附加应力（补偿效应）。所以，与一般实体基础相比，它能显著提高地基稳定性，减少基础沉降量。

箱形基础具有比筏板基础大得多的空间刚度，可以抵抗地基或荷载分布不均匀引起的差异沉降，还可以架越一定跨度的地下洞穴，建筑物只发生大致均匀的下沉或不大的整体倾斜。此外，箱形基础的抗震性能较好，箱形基础形成的地下室可以提供多种使用功能。

高层箱形基础有两个重要特点，一是刚度很大，二是横向整体倾斜。同时，工程实测资料表明，其地基变形规律与一般浅埋基础在施工阶段仅完成总沉降量的 20% 左右，有明显的不同，深埋箱基的显著特征是在大楼施工阶段已完成总沉降量的 70% 左右。充分认识其特点和规律，对设计和施工均大有益处。

箱形基础的设计比一般基础复杂得多，在工程的设计中主要有地基计算，以及箱形基础本身的内力分析与设计两大部分内容。

在地基计算中应考虑以下问题：

（1）地基反力是进行地基计算和箱形基础设计的根据。箱形基础实际基底反力沿纵向呈马鞍形，横向呈抛物线形。考虑基底反力的塑性重分布可以降低箱形基础整体弯矩计算值，节省配筋量。《高层建筑箱形与筏形基础技术规范》JGJ 6—2011 根据实测资料制订了"箱形基础地基反力系数表"，使用方便。

（2）根据基底平均附加压力以分层总和法或规范法验算基础平均沉降量是否超过允许值。此时可不考虑箱形基础刚度，只把基底附加压力作为柔性荷载计算基底各分区面积 A_i 中点的沉降量 S_i，从而求得平均沉降量 $S_m = (\sum S_i A_i / \sum A_i)$。

（3）箱形基础施工一般要进行大面积的深基坑开挖，从而出现比较明显的坑底卸土回弹和地基土随建筑物的修建而再压缩，使基础沉降量增加。较好的方法是采用土的再压缩模量和弹性模量，分别计算两个阶段的沉降量。

在箱形基础的内力分析与设计中，要考虑以下主要问题：

（1）应根据上部结构整体刚度的强弱选择不同的计算方法。当上部结构为现浇剪力墙（筒）体系时，箱形基础的外墙和不少内墙实际上就是上部结构竖向承重构件的一部分。在这种情况下，基础顶板和底板按局部弯曲计算，即顶板以实际荷载按普通楼盖计算，底板以均布基底净反力（计入箱形基础自重后扣除底板自重所余的反力）按倒楼盖计算。

（2）当上部基本上为框架结构体系时，与刚度很大的箱形基础相比，其刚度不大，属敏感性结构。由于箱形基础本身是一个复杂的空间体系，严格分析有不少困难。设计中常采用实用简化计算方法。将箱形基础看成为一空心厚板，在地基反力和上部结构传至箱形基础上的外荷载作用下，将产生双向弯曲应力。为了避免对板做复杂的双向受弯计算，就简化为在两个方向上分别进行单向受弯计算，并将荷载和地基反力重复使用一次。

先将基础沿长度方向作为梁，用静定分析法可计算出任一横截面上的总弯矩 M_x 和总剪力 V_x，并假定它们沿横截面均匀分布。同样地，再在基础宽度方向当作梁计算出 M_y、V_y。弯矩 M_x 和 M_y 使顶、底板在两个方向上均处于轴向受压或轴向受拉状态，剪力 V_x 和

V_y 则分别由箱形基础的纵墙和横墙承受，以上称为箱形基础的整体受弯计算。另外，架空支承在箱形基础内外墙上的顶板和底板，还直接承受着分布压力，因此顶、底板又作为受弯构件产生局部弯曲应力按前述局部受弯计算方案确定。整体受弯及局部受弯两种计算结果叠加，使得顶、底板成为拉弯或压弯构件。显然，如果据此进行配筋计算，所需配筋量比较局部受弯计算方案设计时要大得多。实际计算时采用等代刚度法，将 M_x 和 M_y 分别折减。另外，底板计算所得的局部弯曲引起的弯矩乘以 0.8 系数予以折减。

实际上，在建筑物施工过程中，基础和上部结构的刚度，荷载都是逐步形成的，箱形基础的沉降，反力和内力也就相应渐次发展。所以，试图依靠某种笼统的简化计算是难以模拟这种复杂变化过程的。因此，箱形基础的反力和内力分析还有待进一步研究完善，目前的设计主要是在简化计算的基础上加强构造措施来保证箱形基础正常功能的发挥。

在工程实践中，箱形基础一般可按照以下为五个方面的内容进行设计：

（1）确定箱形基础的埋置深度；

（2）进行箱形基础的平面布置及构造设计；

（3）根据箱形基础的平面尺寸验算地基承载力；

（4）箱形基础的沉降和整体倾斜验算；

（5）箱形基础内力分析及结构设计。

3.3　箱形基础构造要求

根据《高层建筑混凝土结构技术规程》（JGJ 3—2010）和《高层建筑箱形与筏形基础技术规范》（JGJ 6—2011）的规定，箱形基础应符合以下构造要求。

3.3.1　箱形基础的平面尺寸

箱形基础的平面尺寸应根据地基土承载力和上部结构布置以及荷载大小等因素确定。

对于单幢建筑物，当地基土质较均匀，而又没有相邻荷载影响时，基础底面的形心宜与结构的长期竖向荷载合力作用点重合，尽量减少偏心距，以减少箱形基础的转动。箱形基础的偏心距宜符合下式要求：

$$e \leqslant 0.1W/A \tag{3-3}$$

式中　e——基底平面形心与上部结构在永久荷载与楼（屋）面可变荷载准永久组合下的重心的偏心距（m）；

W——与偏心方向一致的基础底面边缘抵抗矩（m^3）；

A——基础底面的面积（m^2）。

对低压缩性地基或端承桩基的箱形基础，可适当放大偏心距的限制。按公式（3-3）裙房与主楼可分开考虑。

3.3.2　箱形基础的高度和埋深

箱形基础的高度指底板底面到顶板顶面的距离。箱形基础顶板不一定是 ±0.000 标高的楼面，可根据设计要求确定，即箱形基础的层数可以等于或少于地下室的层数。

箱形基础的高度应满足结构承载力和刚度要求，并根据建筑使用要求确定。一般不宜小于箱形基础长度的 1/20，且不宜小于 3m。此处箱形基础长度不计墙外悬挑板部分。当建筑物有多层地下室时，可以将最下面一、二层设计成箱形基础，也可将全部地下室设计成箱形基础。

箱形基础的埋深，除与岩土工程地质与水文地质条件有关外，还与施工条件，建筑物高度、体型、抗震设防烈度，地下室高度，地基承载力需补偿的程度等因素有关，高层建筑箱形基础的埋置深度应满足地基承载力、变形和稳定性要求。箱形基础的埋深可从室外地坪算至基础底面，在抗震设防区，除岩石等需进行特殊设计的地基以外，天然地基或者复合地基上的箱形基础，其埋置深度不宜于小于建筑物高度的 1/15。"位于岩石地基上的高层建筑，其基础埋深应满足抗滑要求"。在高层建筑同一单元内，箱形基础的埋置深度宜一致，且不得局部采用箱形基础。

3.3.3　箱形基础的墙体

箱形基础外墙宜沿建筑物周边布置，内墙沿上部结构的柱网或剪力墙位置纵横均匀布置，以利于荷载直接传递。纵横墙宜均匀分布，避免偏置和过分集中。

为保证箱形基础有足够的整体刚度，墙必须有一定数量。墙体水平截面总面积不宜小于箱形基础外墙外包尺寸的水平投影面积的 1/10。对于基础平面长宽比大于 4 的箱形基础，其纵墙水平截面面积不应小于箱形基础外墙包尺寸水平投影面积的 1/18，以保证箱形基础纵向有足够刚度。箱形基础墙体尽量少开洞，开小洞。洞口尽量位于柱间居中部分，洞边至上层柱中心的水平距离不宜小于 1.2m，洞口上过梁的高度不宜小于层高的 1/5，洞口面积不宜大于柱距与箱形基础全高乘积的 1/6。

单层和多层箱形基础洞口上、下过梁的受剪截面和上、下梁截面的顶部和底部纵向钢筋均应经过计算确定。

底层柱与箱形基础交接处，柱边和墙边或柱角和八字角之间的净距不宜小于 50mm，并应验算底层柱下墙体的局部受压承载力。当不能满足时，应增加墙体的承压面积或采取其他有效措施。

当箱形基础的外墙设有窗井时，窗井的分隔墙应与内墙连成整体。窗井分隔墙可视作由箱形基础内墙伸出的挑梁。窗井底板应按支承在箱形基础外墙、窗井外墙和分隔墙上的单向板或双向板计算。

箱形基础无人防要求时，外墙厚度不应小于 250mm；内墙厚度不应小于 200mm；有人防要求时，尚应符合《人民防空地下室设计规范》GB 50038—2005 的有关规定。箱形基础的混凝土强度等级不应低于 C20。当采用防水混凝土时，防水混凝土的抗渗等级应根据地下水的最大水头与混凝土厚度的比值，按表 3-1 选用，且其抗渗等级不应小于 0.6MPa。对重要建筑宜采用自防水并设架空排水层方案。

箱形基础防水混凝土的抗渗等级　　　　　　　　　　　　　　　　表 3-1

最大水头（H）与防水混凝土厚度（h）的比值	设计抗渗等级（MPa）
$H/h<10$	0.6
$10 \leqslant H/h<15$	0.8
$15 \leqslant H/h<25$	1.2
$25 \leqslant H/h<35$	1.6
$H/h \geqslant 35$	2.0

当采用刚性防水方案时，同一建筑的箱形基础，应避免设置变形缝。可沿基础长度每隔 30～40m 留一道贯通顶板、底板及墙板的施工后浇带，后浇带的宽度不宜小于 800mm，且宜设在柱距三等分的中间范围内。后浇带处底板及外墙宜采用附加防水层。

非沉降型后浇带混凝土宜在其两侧混凝土浇灌完毕两个月后进行浇灌封闭；选择沉降型后浇带的封闭时机十分重要，应根据设计的计算假定与实际的受力状况、施工进程的发展趋势和实测的建筑物沉降变化曲线等综合分析后确定。后浇带的混凝土强度等级应比基础提高一级，且应采用添加膨胀剂配制的补偿收缩混凝土，补偿收缩混凝土的限制膨胀率由设计确定。

箱形基础的墙身厚度应根据实际受力情况及防水要求确定。有人防要求时，尚应符合《人民防空地下室设计规范》GB 50038—2005 的有关规定。一般墙体内应设置双面钢筋，竖向和水平钢筋的直径不应小于 10mm，间距不应大于 200mm。除上部为剪力墙外，内、外墙的墙顶处宜配置两根直径不小于 20mm 的通长构造钢筋。外墙竖向钢筋一般可按体积配筋率 0.4% 考虑。除剪力墙结构外其他结构的箱形基础内外墙的顶部和底部都应设 2 根直径 25mm 的通长构造钢筋，使墙体形成一根高梁来抵抗整体弯曲产生的内力。这些构造钢筋的搭接长度的转角处的连接长度，均按受拉搭接长度考虑。有条件时，这些钢筋宜采用焊接。墙体钢筋的接头位置宜按以下要求考虑：

(1) 通长下部钢筋：墙体中部 1/3 跨处；

(2) 通长上部钢筋：支座范围内；

(3) 墙体水平钢筋：外墙外筋在中部 1/3 跨处。外墙内筋在支座；内墙钢筋无规定，但每处只能断 1/3 的根数。墙体配筋示意图见图 3-3 和图 3-4。

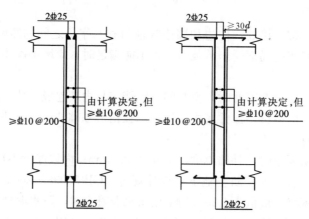

图 3-3　内墙配筋

墙体洞口周围应设加强筋，每侧加强筋面积不应小于洞口宽度内被切断钢筋截面积的一半，也不少于 2 根直径 16mm 钢筋，洞口钢筋应伸入墙内 40d。洞口角部钢筋在墙体两面各配置不少于 2 根直径 12mm 的钢筋，其长度不小于 1.3m。底层柱与箱形基础相交处，墙应扩大为八字角，角内配 45° 斜筋，柱角至八字坡斜边的距离不少于 50mm，以利于传力，并避免因施工误差而使柱子蹬空（图 3-5）。这些部位墙体局部受压承载力应予验算，当不满足承载力要求时，应增加墙体的受压面积或采取其他提高局部受压承载力的措施。

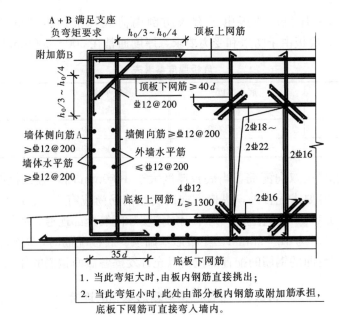

图 3-4 底板、顶板和外墙配筋

1. 当此弯矩大时,由板内钢筋直接挑出;
2. 当此弯矩小时,此处由部分板内钢筋或附加筋承担,底板下网筋可直接弯入墙内。

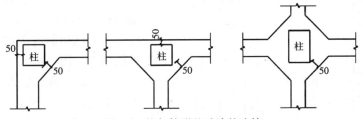

图 3-5 柱与箱形基础墙的连接

为使底层柱的内力能有效地均匀传递到箱形基础的墙体上,底层柱的纵向钢筋伸入墙体的长度为:外柱、与剪力墙相连的柱、仅一侧有墙和四周无墙的地下室内柱,应全部直通到基础底,其他内柱可把四角的纵向钢筋通到基础底,其余钢筋可以伸入墙体内 $45d$。当有多层箱形基础时,上述伸到基础底的钢筋可仅伸至箱形基础最上一层的墙底。当上部结构为框架或框剪结构时,其地下室墙的间距尚应符合表 3-2 的要求。

地下室墙的间距　　　　　　　　　　　　　　　　　　表 3-2

非抗震设计	抗震设防烈度		
	6 度,7 度	8 度	9 度
≤4B 且≤60m	≤4B 且≤50m	≤3B 且≤40m	≤2B 且≤30m

注:B 为地下一层结构顶板宽度。

3.3.4 箱形基础的底板和顶板

箱形基础底板和顶板的厚度,应根据实际受力情况、整体刚度和防水要求来确定。有人防要求时,尚应符合《人民防空地下室设计规范》GB 50038—2005 的有关规定。无人防要求时,底板厚度可参照表 3-3 选用,但不应小于 300mm;顶板厚度不应小于 200mm,

实际工程都大于这一厚度。顶板由于有人防倒塌荷载和抗冲击波的要求，厚度可达
$300 \sim 350mm$ 以上；底板由于防水和受力要求，厚度通常在 $500 \sim 600mm$ 以上。

底板厚度参考表   表 3-3

基底平均反力 （kPa）	底板厚度 （m）	基底平均反力 （kPa）	底板厚度 （m）
$150 \sim 200$	$l_0/14 \sim l_0/10$	$300 \sim 400$	$l_0/8 \sim l_0/6$
$200 \sim 300$	$l_0/10 \sim l_0/8$	$400 \sim 500$	$l_0/7 \sim l_0/5$

顶板和底板都采用双向配筋，当底板厚度大于 $1000mm$ 时，宜在板的中间加一层钢
筋网。钢筋除按计算要求配置外，纵横方向的支座钢筋尚应有 $1/3 \sim 1/2$（且配筋率分别
不少于 0.15% 和 0.1%）连通配置；跨中钢筋按实际配筋全部连通。底板的钢筋间距常用
$150 \sim 250mm$，直径常为 $12 \sim 28mm$。在箱形基础顶、底板配筋时，应综合考虑承受整体
弯曲的钢筋与局部弯曲的钢筋的配置部位，以充分发挥各截面钢筋的作用。

3.3.5 上部结构与箱形基础的连接

当箱形基础四周回填土为分层夯实时，上部结构的嵌固部位可按下列原则确定：

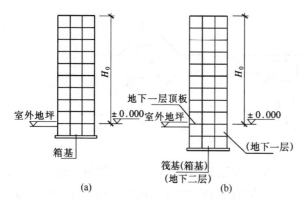

图 3-6 采用箱形基础时上部结构的嵌固部位

（1）单层地下室为箱形基础，上部结构为框架、剪力墙或框剪结构时，上部结构的嵌固部位可取箱形基础的顶部（图 3-6a）。

（2）采用箱形基础的多层地下室，对于上部结构为框架、剪力墙或框剪结构的多层地下室，当地下室的层间侧移刚度大于等于上部结构层间侧移刚度的 1.5 倍时，地下一层结构顶部可作为上部结构的嵌固部位（图 3-6b），否则认为上部结构嵌固在箱形基础的顶部。

（3）对于上部结构为框筒或筒中筒结构的地下室，当地下一层结构顶板整体性较好，平面刚度较大且无大洞口，地下室的外墙承受上部结构通过地下一层顶板传来的水平力或地震作用时，地下一层结构顶部可作为上部结构的嵌固部位（图 3-7）。

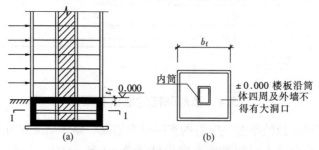

图 3-7 框筒结构箱形基础剖面示意

（a）框筒结构箱形基础剖面图；（b）剖面 1-1 框筒结构地下一层平面图

当考虑上部结构嵌固在箱形基础的顶部或地下一层结构顶部时，箱形基础或地下一层结构顶板除满足正截面受弯承载力和斜截面受剪承载力要求外，其厚度尚不应小于200mm。外框筒或筒中筒结构，箱形基础或地下一层结构顶板与外墙连接处的截面，尚应符合下列条件（图3-6）：

非抗震设计 $\qquad V_f \leqslant 0.125 f_c b_f t_f$ (3-4)

抗震设计 $\qquad V_{E,f} \leqslant 1/\gamma_{RE} \cdot (0.1 f_c b_f t_f)$ (3-5)

式中 f_c——混凝土轴心受压强度设计值；

$\qquad b_f$——沿水平或地震力方向与外墙连接的箱形基础或地下一层结构顶板的宽度；

$\qquad t_f$——箱形基础或地下一层结构顶板的厚度；

$\qquad V_f$——上部结构传来的计算截面处的水平剪力设计值；

$\qquad V_{E,f}$——地震效应组合时，上部结构传来的计算截面处的水平地震剪力设计值；

$\qquad \gamma_{RE}$——承载力抗震调整系数，取0.85。

底层柱与箱形基础交接处，柱边和墙边或柱角和八字角之间的净距不宜小于50mm，并应验算底层柱下墙体的局部受压承载力；当不能满足时，应增加墙体的承压面积或采取其他有效措施。

底层柱纵向钢筋伸入箱形基础的长度应符合下列规定：

（1）柱下三面或四面有箱形基础墙的内柱，除四角钢筋应直通基底外，其余钢筋可终止在顶板底面以下40d处。

（2）外柱、与剪力墙相连的柱及其他内柱的纵向钢筋应直通到基底。

3.3.6 高层建筑箱形基础与裙楼

高层建筑的箱形基础和与其相连裙房的基础，可通过计算确定是否需要设置沉降缝。当设置沉降缝时，高层主楼有可靠的侧向约束及有效埋深。当不设沉降缝时，应采取有效措施减少差异沉降及其影响。

（1）与高层建筑相连的裙房建筑，若采用外挑箱形基础墙或外挑基础梁的办法，则外挑部分的基底应采取有效措施（如：填土不夯实、挖除原土改填一定厚度的松散材料或其他能保证挑梁自由下沉的措施等），使其有适应差异沉降变形的能力。挑出长度不宜大于0.15倍的箱基宽度，并应考虑挑梁对箱形基础产生的偏心荷载的影响。

（2）当高层建筑箱形基础与相连裙楼基础之间设置沉降缝时，高层建筑箱形基础的埋深应大于裙楼基础的埋深至少2m。当不满足时，必须采取有效措施。位于地面以下的沉降缝缝隙，应用粗砂填实。

（3）高层建筑箱形基础与相连裙楼基础之间不设置沉降缝时，宜在裙楼一侧距主楼边柱的第二跨内设置后浇带，后浇带混凝土宜根据实测沉降值并计算后期沉降差能满足设计要求后方可进行浇筑。

（4）高层建筑箱形基础与相连裙楼基础之间不允许设置沉降缝和后浇带时，应进行地基变形验算，验算时需考虑地基与结构变形的相互影响，并采取相应的有效措施。

3.4 箱形基础地基计算

箱形基础的地基应进行承载力和变形计算，必要时应验算地基的稳定性。

3.4.1　地基承载力验算

箱形基础底面的压力值，可按下列公式计算：

1. 受轴心荷载作用时

$$P_k = \frac{F_k + G_k}{A} \tag{3-6}$$

式中　P_k——相应于荷载效应标准组合时，基础底面处的平均压力值；

　　　F_k——相应于荷载效应标准组合时，上部结构传至基础顶面的竖向力值；

　　　G_k——基础自重和基础上的土重之和，在计算地下水位以下部分时，应取土的有效重度；

　　　A——基础底面面积。

2. 当受偏心荷载作用时

$$P_{k,max} = \frac{F_k + G_k}{A} + \frac{M_k}{W} \tag{3-7}$$

$$P_{k,min} = \frac{F_k + G_k}{A} - \frac{M_k}{W} \tag{3-8}$$

式中　M_k——相应于荷载效应标准组合时，作用于基础底面的力矩值；

　　　W——基础底面的抵抗矩；

　　　$P_{k,max}$——相应于荷载效应标准组合时，基础底面边缘的最大压力值；

　　　$P_{k,min}$——相应于荷载效应标准组合时，基础底面边缘的最小压力值。

基础底面压力应符合下列公式的要求：

（1）当受轴心荷载作用时

$$P_k \leqslant f_a \tag{3-9}$$

（2）当受偏心荷载作用时，除符合式（3-7）要求外尚应符合下式要求：

$$P_{k,max} \leqslant 1.2 f_a \tag{3-10}$$

式中　f_a——修正后的地基承载力特征值。

（3）对于非抗震设防的高层建筑箱形基础，尚应符合下式要求：

$$P_{k,min} \geqslant 0 \tag{3-11}$$

对于抗震设防的建筑，箱形基础底面压力除应符合公式（3-9）及式（3-10）的要求外，尚应按下列公式进行地基土抗震承载力的验算：

$$P_E \leqslant f_{SE} \tag{3-12}$$

$$P_{Emax} \leqslant 1.2 f_{SE} \tag{3-13}$$

$$f_{SE} = \zeta_s f_a \tag{3-14}$$

式中　P_E——基础底面地震效应组合的平均压力值；

　　　P_{Emax}——基础底面地震效应组合的边缘最大压力值；

　　　f_{SE}——调整后的地基土抗震承载力；

　　　ζ_s——地基土抗震承载力调整系数，按表 3-4 确定。

地基土抗震承载力调整系数 ζ_s　　　　　　　表 3-4

岩土名称和性状	ζ_s
岩石,密实的碎石土,密实的砾、粗、中砂,$f_{ak} \geqslant 300kPa$ 的黏性土和粉土	1.5
中密、稍密的碎石土,中密和稍密的砾、粗、中砂,密实和中密的细、粉砂,$150kPa \leqslant f_{ak} < 300kPa$ 的黏性土和粉土	1.3
稍密的细、粉砂,$100kPa \leqslant f_{ak} < 150kPa$ 的黏性土和粉土,新近沉积的黏性土和粉土	1.1
淤泥,淤泥质土,松散的砂,填土	1.0

注:f_{ak} 为地基土承载力特征值。

高宽比大于 4 的高层建筑,基础底面不宜出现零应力区;高宽比不大于 4 的高层建筑,基础底面与地基之间零应力区面积不应超过基础底面面积的 15%。

3.4.2 地基变形验算

由于箱形基础埋深较大,其地基变形特性与一般浅基础有所不同,随着施工的进展,箱形基础地基的受力状态和变形一般有以下 5 种过程:(1)降水预压,由于箱形基础大部分埋置在地下水位以下,在基坑开挖前大多用井点降低地下水位,以便进行基坑开挖和基础施工,由于降低地下水位,使地基压缩;(2)基坑开挖,在这阶段将引起地基回弹,根据实测回弹变形相当可观,不容忽视,约为推算最终地基变形量的 20%~30%;(3)基础施工,由于逐步加载,地基产生再压缩变形;(4)停止降水,基础施工完后可停止降水,地基又回弹;(5)上部结构的使用由于继续加载,地基也继续产生压缩变形。

为了使地基变形计算所取用的参数尽可能与地基实际受力和状态相吻合,可在室内进行模拟以上 5 个过程的压缩回弹试验。但是模拟的条件与起初情况不尽符合,故要准确地计算地基变形相当困难。

实用上,为简化箱形基础的沉降计算,《高层建筑箱形与筏形基础技术规范》JGJ 6—2011 规定按下列公式计算最终沉降量。

当采用土的压缩模量时,箱形基础的最终沉降量 s 可按下式计算:

$$s = \sum_{i=1}^{n} \left(\psi' \frac{p_c}{E'_{si}} + \psi_s \frac{p_a}{E_{si}} \right) (z_i \bar{a}_i - z_{i-1} \bar{a}_{i-1}) \quad z_n = b(2.5 - 0.4\ln b) \quad (3\text{-}15)$$

式中　　s——最终沉降量;

ψ'——考虑回弹影响的沉降计算经验系数,无经验时取 $\psi'=1$;

ψ_s——沉降计算经验系数,按地区经验采用;当缺乏地区经验时,可按现行国家标准《建筑地基基础设计规范》GB 50007—2011 的有关规定采用;

p_c——基础底面处地基土的自重压力标准值;

p_a——长期效应组合下的基础底面处的附加压力标准值;

E'_{si}、E_{si}——基础底面下第 i 层土的回弹再压缩模量和压缩模量;

z_i、z_{i-1}——基础底面至第 i 层、第 $i-1$ 层底面的距离;

$\bar{a}_i$、$\bar{a}_{i-1}$——基础底面计算点至第 i 层、第 $i-1$ 层底面范围内平均附加应力系数。

沉降计算深度可按现行国家标准《建筑地基基础设计规范》GB 50007—2011 确定。

当采用土的变形模量计算箱形基础的最终沉降量 s 时,可按下式计算:

$$s = p_{k} b \eta \sum_{i-1}^{n} \frac{\delta_i - \delta_{i-1}}{E_{0i}} \quad (3-16)$$

式中 p_k——长期效应组合下的基础底面处的平均压力标准值;

b——基础底面宽度;

E_{0i}——土的变形模量;

δ_i、δ_{i-1}——与基础长度比 L/b 及基础底面至第 i 层土和第 $i-1$ 层土底面的距离深度 z 有关的无量纲系数,可按表 3-8 确定;

η——修正系数,可按表 3-5 确定。

修正系数 η　　　　　　　　　　　　　　　　　　　　表 3-5

$m = \dfrac{2z\eta}{b}$	$0 < m \leqslant 0.5$	$0.5 < m \leqslant 1$	$1 < m \leqslant 2$	$2 < m \leqslant 3$	$3 < m \leqslant 5$	$5 < m \leqslant \infty$
η	1.00	0.95	0.90	0.80	0.75	0.70

按公式(3-16)进行沉降计算时,沉降计算深度 z_n,应按下式计算:

$$z_n = (z_m + \xi b)\beta \quad (3-17)$$

式中 z_m——与基础长宽比有关的经验值,按表 3-6 确定;

ξ——折减系数,按表 3-6 确定;

β——调整系数,按表 3-7 确定。

z_m 值和折减系数 ξ　　　　　　　　　　　　　　　　表 3-6

L/b	$\leqslant 1$	2	3	4	$\geqslant 5$
z_m	11.6	12.4	12.5	12.7	13.2
ξ	0.42	0.49	0.53	0.60	1.00

调整系数 β　　　　　　　　　　　　　　　　　　　　表 3-7

土类	碎石	砂土	粉土	黏性土	软土
β	0.30	0.50	0.60	0.75	1.00

按 E_0 计算沉降时的 δ 系数　　　　　　　　　　　　表 3-8

$m = \dfrac{2z}{b}$	$n = \dfrac{l}{b}$						$n \geqslant 10$
	1	1.4	1.8	2.4	3.2	5	
0.0	0.000	0.000	0.000	0.000	0.000	0.000	0.000
0.4	0.100	0.100	0.100	0.100	0.100	0.100	0.104
0.8	0.200	0.200	0.200	0.200	0.200	0.200	0.208
1.2	0.299	0.300	0.300	0.300	0.300	0.300	0.311
1.6	0.380	0.394	0.397	0.397	0.397	0.397	0.412
2.0	0.446	0.472	0.482	0.486	0.486	0.486	0.511
2.4	0.449	0.538	0.556	0.565	0.567	0.567	0.605
2.8	0.542	0.592	0.618	0.635	0.640	0.640	0.687
3.2	0.577	0.637	0.671	0.696	0.707	0.709	0.763
3.6	0.606	0.676	0.717	0.750	0.768	0.772	0.831
4.0	0.630	0.708	0.756	0.796	0.820	0.830	0.892
4.4	0.650	0.735	0.789	0.837	0.867	0.883	0.949

$m=\dfrac{2z}{b}$	$n=\dfrac{l}{b}$						$n\geqslant10$
	1	1.4	1.8	2.4	3.2	5	
4.8	0.668	0.759	0.819	0.873	0.908	0.932	1.001
5.2	0.683	0.780	0.834	0.904	0.948	0.977	1.050
5.6	0.697	0.798	0.867	0.933	0.981	1.018	1.096
6.0	0.708	0.814	0.887	0.958	1.011	1.056	1.138
6.4	0.719	0.828	0.904	0.980	1.031	1.090	1.178
6.8	0.728	0.841	0.920	1.000	1.065	1.122	1.215
7.2	0.736	0.852	0.935	1.019	1.088	1.152	1.251
7.6	0.744	0.863	0.948	1.036	1.109	1.180	1.285
8.0	0.751	0.872	0.960	1.051	1.128	1.205	1.316
8.4	0.757	0.881	0.970	1.065	1.146	1.229	1.347
8.8	0.762	0.888	0.980	1.078	1.162	1.251	1.376
9.2	0.768	0.896	0.989	1.089	1.178	1.272	1.404
9.6	0.772	0.902	0.998	1.100	1.192	1.291	1.431
10.0	0.777	0.908	1.005	1.110	1.205	1.309	1.456
11.0	0.786	0.922	1.022	1.132	1.238	1.349	1.506
12.0	0.794	0.933	1.037	1.151	1.257	1.384	1.550

注：l 与 b——矩形基础的长度与宽度；z——基础底面至该层土底面的距离。

3.4.3 整体倾斜计算

由于箱形基础整体刚度好，抵抗不均匀沉降的能力强，均匀的沉降对建筑物的影响不大，但对于差异沉降必须严格控制，当沉降差过大建筑物将发生整体倾斜，将直接影响建筑物的稳定性，使上部结构产生过大的附加应力，在地震区的高层建筑影响则更大。

影响整体倾斜的因素有：地基不均匀、荷载偏心、建筑物高度、相邻建筑的影响以及施工因素等。在地基均匀的条件下，应尽量使上部结构荷载的重心与基底形心相重合，当有邻近建筑物影响时，应综合考虑重心与形心的位置，施工因素的影响很难估计，但应引起重视。如某大楼预制框架结构 10 层，建筑物高度 38.98m，基础平面尺寸 45.99m× 18.44m，施工时井点降水效果较差，没有将地下水位降至坑底下 500mm，致使坑底软黏土破坏比较严重，坑边多次塌方，基坑滑坡导致混凝土垫层隆起，再由于一定的荷载偏心和受到邻近建筑物施工的影响，施工时实测整体倾斜 2.2%。由此可见，在施工时应采取措施防止基坑土结构的扰动。

箱形基础的整体倾斜值，可根据荷载偏心、地基的不均匀性、相邻荷载的影响和地区经验进行计算。

由于箱形基础的宽度小于长度，所以主要是横向整体倾斜，计算时，可用分层总和法计算横向的沉降差，再按下列式计算整体倾斜。

$$a_\mathrm{T}=\frac{|S_\mathrm{a}-S_\mathrm{b}|}{B} \tag{3-18a}$$

式中　$|S_\mathrm{a}-S_\mathrm{b}|$——沉降差的绝对值；

S_a 和 S_b——分别为基础两长边中点的沉降，可按分层总和法计算而得；

B——基础的宽度。

箱形基础的允许沉降量和允许整体倾斜值应根据建筑物的使用要求及其相邻建筑物可能造成的影响按地区经验确定，但横向整体倾斜的计算值 a_T，在非抗震设计时宜符合下式要求：

$$a_T \leqslant \frac{B}{100H_g} \tag{3-18b}$$

式中　B——箱形基础宽度；

　　　H_g——建筑物高度，指室外地面至檐口高度。

建在非岩石地基上的一级高层建筑，均应进行沉降观测；对重要和复杂的高层建筑，尚宜进行基坑回弹、地基反力、基础内力和地基变形等的实测。

3.4.4　地基的稳定性验算

在地基承载力验算中对重心的偏心率作了限制，而在地震区也对承载力有更加严格的要求，所以，当基础埋深不小于建筑物高度的 1/10 时，一般不必进行稳定性验算。但是，在强震、强台风地区，当地基比较软弱、建筑物高耸、偏心较大、埋深较浅时，有必要作稳定性验算。

需要指出的是，为了保证箱形基础抵抗水平滑动的稳定性，必须保证基坑回填质量，包括回填土的质量和夯实程度。

3.4.5　存在局部软弱夹层的挤出验算

当基底土持力层中存在局部软弱夹层时，还应进一步做挤出验算。薄层顶部的附加压力 p_z 应满足：

$$p_z \leqslant \overline{p}_u/K - p_{cz} \tag{3-19}$$

式中　$\overline{p}_u$——平均极限荷载；

　　　K——安全系数，取用 3；

　　　p_{cz}——薄层顶部土的自重压力（地下水以下部分扣除水浮力）。

应注意的是在按式（3-19）计算 $\overline{p}_u$ 时，覆盖压力 γz 应扣除水浮力。B 值为应力扩散至薄层顶部的宽度。平均极限荷载：

$$\overline{p}_u = N_m c + \gamma z \overline{p}_u = N_m c + \gamma z \tag{3-20a}$$

$$N_m = 2 + \pi + (B - 2b_0)^2/(Bt) \tag{3-20b}$$

式中　N_m——$\varphi=0$ 时承载力系数。

恒压段的宽度 b_0 与压板刚度和土的性质有关。对不同 b_0 和 B/t 可得相应的 N_m 值，见表 3-9 。对圆形荷载和对 $\varphi \neq 0$ 的情况，要另行计算。

修正后的薄层挤压解答中的 N_m 值（$\varphi=0$）　　　　表 3-9

b_0	B/t						
	2	4	6	8	10	20	40
0.5t	5.39	6.27	7.22	8.20	9.19	14.17	24.15
1.0t	5.14	5.64	6.47	7.39	8.34	13.24	23.19
1.5t	5.14	5.27	5.89	6.70	7.59	12.37	22.25

3.5　箱形基础结构设计

设计箱形基础时，应根据地基条件和上部结构荷载的大小，选择合理的平面尺寸、结构高度以及各部分墙与板的布局和厚度，然后计算箱形基础的内力和配筋。

3.5.1　基底反力计算

在箱形基础结构尺寸，基底反力分布和形状是决定箱形基础内力的最主要因素。根据不同的反力分布图形，计算得到的箱形基础内力差别较大，甚至有相反符号的数值。许多学者为了探索箱形基础底面反力分布的规律，进行了多幢高层房屋箱形基础基底反力的实测。从实测基底反力曲线来看，其分布规律与地基土的性质、基础的平面形状尺寸、建筑物荷载的分布及其大小、相邻建筑的相互影响、箱形基础与上部结构的刚度及形成过程、地下水浮力的影响以及施工条件等因素有关。对软土地区，基底纵向反力曲线一般呈马鞍形状，中间平缓，反力最大峰值在基础端部 $1/8 \sim 1/9$ 房屋长度处，最大值约为平均值的 $1.06 \sim 1.34$ 倍，见图 3-8。从实测结果看，无论是软土地基还是一般第四纪黏性土地基，实测纵向基底反力系数最大值都较弹性理论方法或经验调整的反力系数为小。显然，由实测反力系数计算所得的弯矩也较小。经过修正后的箱形基础实测基底反力系数计算箱形基础的弯矩时，比实测值计算弯矩稍偏大一些，对跨中正弯矩是偏于安全，但计算得到的跨中负弯矩时却偏小，偏小者在计算中应适应提高配筋量。

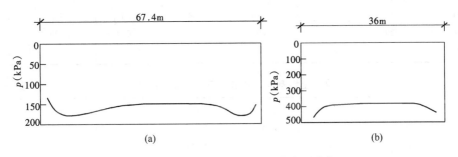

图 3-8　箱形基础纵向基底反力实测分布

(a) 软土地区；(b) 第四纪黏性土地区

在实测资料整理统计的基础上，提出了高层建筑箱形基础基底反力实用计算法。具体方法如下：将基础底面划分成 40 个区格（纵向 8 格、横向 5 格），某 i 区格的基础的反力按下式确定：

$$p_i = \frac{\sum P}{BL}\alpha_i \tag{3-21}$$

式中　$\sum P$——上部结构竖向荷载加箱形基础重量（kN）；

　　　B、L——箱形基础的宽度和长度，包括底板悬挑部分（m）；

　　　α_i——i 区格的基底反力系数，对于黏性土地基和软土地基，由表 3-10～表 3-14 确定。

黏性土地基反力系数 a_i 值（L/B=1） 　　　　　表 3-10

1.381	1.179	1.128	1.108	1.108	1.128	1.179	1.381
1.179	0.952	0.898	0.879	0.879	0.898	0.952	1.179
1.128	0.898	0.841	0.821	0.821	0.841	0.898	1.128
1.108	0.879	0.821	0.800	0.800	0.821	0.879	1.108
1.108	0.879	0.821	0.800	0.800	0.821	0.879	1.108
1.128	0.898	0.841	0.821	0.821	0.841	0.898	1.128
1.179	0.952	0.898	0.879	0.879	0.898	0.95	1.179
1.381	1.179	1.128	1.128	1.128	1.128	1.179	1.381

黏性土地基反力系数 a_i 值（L/B=2～3） 　　　　　表 3-11

1.265	1.115	1.075	1.061	1.061	1.075	1.115	1.265
1.073	0.904	0.865	0.853	0.853	0.865	0.904	1.073
1.046	0.875	0.835	0.822	0.822	0.835	0.875	1.046
1.073	0.904	0.865	0.853	0.853	0.865	0.904	1.073
1.265	1.115	1.075	1.061	1.061	1.075	1.115	1.265

黏性土地基反力系数 a_i 值（L/B=4～5） 　　　　　表 3-12

1.299	1.042	1.014	1.003	1.003	1.014	1.042	1.299
1.096	0.929	0.904	0.895	0.895	0.904	0.929	1.096
1.081	0.918	0.893	0.884	0.884	0.893	0.918	1.081
1.096	0.929	0.904	0.895	0.895	0.904	0.929	1.096
1.299	1.042	1.014	1.003	1.003	1.014	1.042	1.299

黏性土地基反力系数 a_i 值（L/B=6～8） 　　　　　表 3-13

1.214	1.053	1.013	1.008	1.008	1.013	1.053	1.214
1.083	0.938	0.903	0.899	0.899	0.903	0.938	1.083
1.069	0.927	0.895	0.888	0.888	0.895	0.927	1.069
1.083	0.939	0.903	0.899	0.899	0.903	0.939	1.083
1.214	1.053	1.013	1.008	1.008	1.013	1.053	1.214

软土地基反力系数 a_i 值 　　　　　表 3-14

0.906	0.966	0.814	0.738	0.738	0.814	0.966	0.906
1.124	1.197	1.009	0.914	0.914	1.009	1.197	1.124
1.235	1.341	1.109	1.006	1.006	1.109	1.341	1.235
1.124	1.197	1.009	0.914	0.914	1.009	1.197	1.124
0.906	0.966	0.811	0.738	0.738	0.811	0.966	0.906

3.5.2　内　力　计　算

当上部结构为框架体系时，箱形基础的内力应同时考虑整体弯曲和局部弯曲的作用。由于其整体刚度不甚大，因此，在填充墙尚未砌筑，上部结构刚度未形成以前，箱形基础的整体受弯应力较为明显。计算整体弯曲时，应考虑上部结构的共同工作，箱形基础承受的整体弯矩 M_F 按基础刚度与整体结构总刚度之比例分配，即：

$$M_F = M \frac{E_F I_F}{E_F I_F + E_B I_B} \tag{3-22}$$

式中　M——建筑物整体弯曲所产生的弯矩，该弯矩系在建筑物荷载及地基反作用下，按静定梁方法计算所得；

$E_F I_F$——箱形基础的刚度，其中 E_F 为箱形基础的混凝土弹性模量，I_F 为按工字形截面计算的箱形基础截面惯性矩，工字形截面的上、下翼缘宽度分别为箱形基础顶、底板的全宽，腹板厚度为在弯曲方向的墙体厚度的总和；

$E_B I_B$——上部结构的总折算刚度，按式（3-23）计算。

$$E_B I_B = \sum_{i=1}^{n} \left[E_b I_{bi} \left(1 + \frac{K_m + K_{li}}{2K_{bi} + K_{ui} + K_{li}} m^2 \right) \right] + E_w I_w \tag{3-23}$$

式中　E_b——梁、柱混凝土的弹性模量；

I_{bi}——第 i 层梁的截面惯性矩；

$$K_{ui} = \frac{I_{ui}}{h_{ui}}, K_{li} = \frac{I_{li}}{h_{li}}, K_{bi} = \frac{I_{bi}}{l}, 参见图 3-9；$$

I_{ui}、I_{li}、I_{bi}——第 i 层上柱、下柱和梁的截面惯性矩；

h_{ui}、h_{li}、l——第 i 层上柱、下柱的高度和弯曲方向的柱距；

E_w——混凝土墙的弹性模量；

I_w——在弯曲方向与箱形基础相连的连续钢筋混凝土墙的惯性矩，$I_w = th^3/12$（t、h 分别为墙的厚度总和和高度）；

m——弯曲方向的节间数，$m = L/l$（L 为上部结构弯曲方向总长度）；

n——建筑物的层数；不大于 8 层时，n 取实际楼层数；大于 8 层时，n 取 8。

对柱距相差不超过 20% 的框架结构，式（3-22）也可适用，此时取 $l = L/m$。

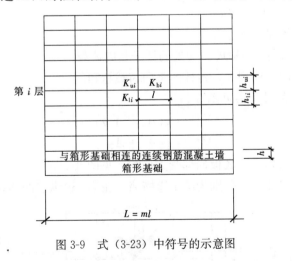

图 3-9　式（3-23）中符号的示意图

箱形基础每块底板和顶板都是在地基反力或楼面荷载作用下的双向板，已受到局部弯矩作用，把纵向或横向整体弯曲和局部弯曲作用下的内力叠加，所得内力即可用来计算箱形基础顶板和底板在纵横两个方向的配筋。

当上部结构为现浇剪力墙体系时，由于上部结构与箱形基础的共同作用，建筑物的整体刚度很大，箱形基础的整体弯曲应力很小，因此可以只考虑局部弯曲来计算。考虑到有整体弯曲的影响，在配置钢筋时，应将纵横方向的支座钢筋分别有 0.15％ 和 0.10％ 配筋率连通配置，跨中钢筋按实际配筋率全部连通。

箱形基础的内墙与外墙，除与剪力墙连接外，均应验算它的抗剪强度，对于承受水平荷载的内墙和外墙，尚需进行垂直于墙身平面的受弯计算。纵墙截面上的剪力计算可应用下列近似计算方法。

将箱形基础看作荷载和地基反力作用下的静定梁，并求出各横墙左右截面上的总剪力 $V_j^{左(右)}$。然后，按纵墙截面积及柱子荷重将总剪力分配至纵墙，第 i 道纵墙 j 道横墙左右截面上的剪力值 $V_{ij}^{左(右)}$ 按下式修正，见图 3-10。

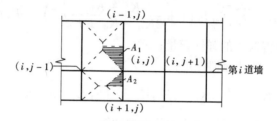

图 3-10   第 i 道纵墙 j 道横墙左右截面上的剪力计算示意图

$$V_{ij}^{左(右)} = V'^{左(右)}_{ij} - q(A_1 + A_2) \tag{3-24}$$

式中 $V'^{左(右)}_{ij}$——第 i 道纵墙在 j 道横墙左右的截面上所分配的剪力，见式（3-25）；

q——基底该区的反力；

A_1、A_2——求 $V^{左}_{ij}$ 时的底板面积，按图 3-10 阴影部分计算。

$$V_{ij}^{连(右)} = \frac{V_j^{左(右)}}{2}\left(\frac{b_i}{\sum b_i} + \frac{N_{ij}}{\sum N_{ij}}\right) \tag{3-25}$$

式中 b_i——第 i 道纵墙的厚度；

$\sum b_i$——各道纵墙厚度的总和；

N_{ij}——第 i 道纵墙 j 道横墙相交处的柱子竖向荷载；

$\sum N_{ij}$——在横向同一柱列中，各柱的竖向荷载总和。

横墙截面剪力值的计算参见图 3-11。

$$\left.\begin{array}{l} V_{ij}^{上} = q(A_1 + A'_1) \\ V_{ij}^{下} = q(A_2 + A'_2) \end{array}\right\} \tag{3-26}$$

式中 A_1、A'_1、A_2、A'_2——底板局部受力面积，见图 3-11；

$V_{ij}^{上}$，$V_{ij}^{下}$——分别为第 j 道横墙、在第 i 道纵墙两侧处的剪力值。

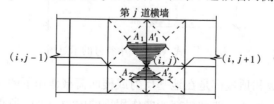

图 3-11   剪力计算示意图

3.5.3 箱形基础配筋构造

箱形基础底板厚度，除根据荷载和跨度大小按正截面抗弯强度决定外，其斜截面抗剪强度尚应符合下式：

$$V_s \leqslant 0.07 f_c b h_0 \tag{3-27}$$

式中　V_s——板所承受的剪力减去刚性范围内的荷载；刚性角度为45°，见图3-12；

　　　f_c——混凝土轴心抗压强度设计值；

　　　b——支座边缘处板的净宽；

　　　h_0——板的有效高度。

箱形基础底板的冲切强度按下式计算，见图3-13。

$$V_c \leqslant 0.6 f_t U_m h_0 \tag{3-28}$$

式中　V_c——基底反力（不包括底板自重）乘以图3-13中阴影部分面积；

　　　f_t——混凝土轴心抗拉强度设计值；

　　　U_m——距离荷载边为 $h_0/2$ 处的周长。

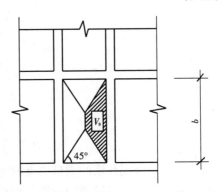

图3-12　V_s 计算方法的示意

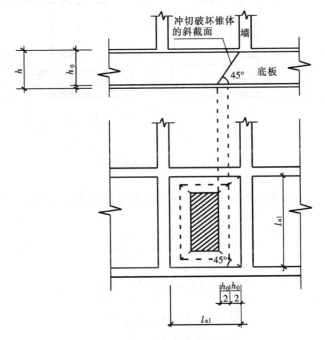

图3-13　底板的冲切

墙体，除以剪力墙连接的箱形基础内外墙外，箱形基础墙身应按下式进行抗剪强度验算：

$$V \leqslant 0.25 f_c A \tag{3-29}$$

式中　V——按静定梁计算的总剪力分配在墙上的剪力；

A——墙身竖向有效面积。

墙体一般采用双面配筋，横、竖向钢筋直径不宜小于 10mm，间距 200mm。除上部为剪力墙外，内、外墙的墙顶处宜配置 2 根直径不小于 20mm 的钢筋。

墙体开洞时，洞口上、下过梁的截面应分别满足下式要求，并进行斜截面抗剪强度的验算。

$$V_1 \leqslant 0.25 f_c A_1 \tag{3-30}$$

$$V_2 \leqslant 0.25 f_c A_2 \tag{3-31}$$

$$V_1 = \mu V + \frac{f_1 l}{2} \tag{3-32}$$

$$V_2 = (1 - \mu) V + \frac{f_2 l}{2} \tag{3-33}$$

$$\mu = \frac{1}{2} \left(\frac{h_1}{h_1 + h_2} + \frac{h_1^3}{h_1^3 + h_2^3} \right) \tag{3-34}$$

式中 V——分配在墙的洞口中点的剪力；

A_1、A_2——上、下过梁的计算截面积，按图 3-14（a）和图 3-14（b）的阴影部分计算；

h_1、h_2——上、下过梁截面高度；

f_1、f_2——作用在上、下过梁上的均布荷载。

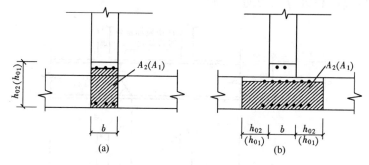

图 3-14　墙体开洞时剪力验算示意图

计算洞口处上、下过梁的纵向钢筋，应同时考虑整体弯曲和局部弯曲作用。弯矩按下式计算：

上梁：
$$M_1 = \mu V \frac{1}{2} + \frac{f_1 l^2}{12} \tag{3-35}$$

下梁：
$$M_2 = (1 - \mu) V \frac{1}{2} + \frac{f_2 l^2}{12} \tag{3-36}$$

$$M_1 \leqslant f_y h_1 (A_{s1} + 1.4 A_{s2}) \tag{3-37}$$

$$M_2 \leqslant f_y h_2 (A_{s1} + 1.4 A_{s2}) \tag{3-38}$$

式中 M_1、M_2——按式（3-35）及式（3-36）计算的上、下过梁梁端弯矩；

A_{s1}——洞口每侧附加竖向钢筋总面积；

A_{s2}——洞口附加斜筋面积。

箱形基础墙体洞口周围应设置加强钢筋，加强钢筋可近似地按式（3-37）、式（3-38）验算但每侧附加钢筋面积不小于洞口宽度内被切断钢筋面积的一半，且不小于 2 根直径

16mm，此钢筋应从洞口边缘处延长 $40d$。洞口每角墙体两面各加 $2\Phi12$ 斜筋，长度不小于 1m，见图 3-15。

在底层柱与箱形基础交接处，应验算箱形基础墙体的局部承压强度，并加八字角。墙边和柱边或柱角和八字角之间的净距不宜小于 5cm，见图 3-16。

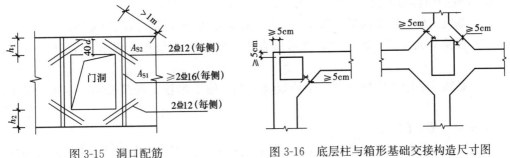

图 3-15　洞口配筋　　　　　图 3-16　底层柱与箱形基础交接构造尺寸图

当预制长柱与箱形基础连接时，箱形基础杯口除计算外，尚应满足图 3-17 的尺寸要求。

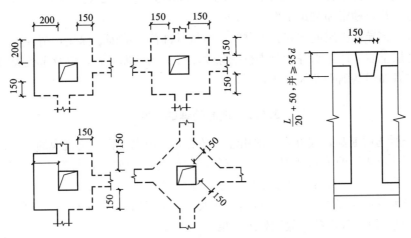

图 3-17　预制长柱与箱形基础连接构造尺寸图

箱形基础的混凝土强度等级不应低于 C20。如采用密实混凝土防水，其外围结构的混凝土抗渗等级不应小于 0.6MPa。

3.6　箱形基础的地基检验

地基基础属于隐蔽工程，为了不留隐患，地基检验工作非常重要。在箱形基础施工前，必须对《岩土工程勘察报告》的成果和基础设计方案进行验证与核查。通过对地基的直接检查和测试，可以验证《岩土工程勘察报告》与基础设计是否正确，如发现问题应及时进行修正，情况复杂时要进行施工阶段的补充勘察，当发现与《岩土工程勘察报告》成果差别显著时，应修改设计或采取必要的处理措施。

地基检验必须严格按照《建筑地基基础工程施工质量验收规范》GB 50202—2018 和

《建筑地基处理技术规范》JGJ 79—2012 的规定执行。基坑（槽）检验报告是岩土工程的重要技术档案，必须做到数据完整，资料齐全，并及时归档。

3.6.1　天然地基的基坑（槽）检验

1. 检验的内容与方法

（1）基坑的位置、平面形状和尺寸、基坑标高是否符合设计图纸和文件；

（2）检验基坑（槽）底土质，可采用直接观察结合轻便触探试验或者其他有效的方法；

（3）必须注意防止坑底（槽）土质扰动，如：施工超挖、践踏扰动、冰冻、遭水浸泡等。

2. 基坑（槽）的处理

当遇到持力层的顶板标高有较大起伏变化时；基础范围内存在两种以上不同成因类型的地层时；基础范围内存在局部异常土质或坑穴、古井、老地基或古迹遗址时；基础范围内遇有断层破碎带、软弱岩脉以及湮灭废河、湖、沟、坑等不良地质条件时；在雨季或者冬季等不良气候条件下施工，基底土质可能受到影响时；基坑（槽）检验更要特别重视，必要时应进行补充勘察和测试工作。

当发现局部异常土质或坑穴、古井时，应按其部位、范围、深度，结合箱形基础平面布置、持力层土质、地下水等情况进行挖除换填等地基处理方式，以及短桩加固、调整基础底面积或者加强基础刚度等方法处理。

3.6.2　地基处理的检验

1. 核查所选用地基处理方案的适用性，必要时应预先进行一定规模的试验性施工。

2. 对于换填垫层的地基处理方案，应分层检验垫层的质量，每夯压完一层，应检验该层的平均压实系数，符合设计要求后，才能继续施工。

3. 对于水泥粉煤灰碎石桩（CFG 桩）等加固处理方案，应在有代表性的场地进行现场试验和测试，以检验设计参数和处理效果。

4. 对于复合地基应检测桩体的强度和桩身结构的完整性，并进行单桩或多桩复合地基的载荷试验，检测复合地基的承载力。

3.7　箱形基础的施工

由于箱形基础工程量大、工序复杂、施工周期长、环境影响因素多、施工比较复杂，需要周密计划、精心组织、精心施工。施工中要特别重视施工准备、降水、支护结构施工、基坑开挖、箱形基础施工和施工监测等工作。

3.7.1　施　工　准　备

应根据整个建筑场地、工程特点、工程环境、工程水文地质和气象条件预先制定箱形基础的施工组织设计和施工监测计划，埋设并保护好各类观测仪器、观测点和监测点，做好应急措施等工作。

基坑开挖前应对邻近原有建（构）筑物及其地基基础、道路和地下管线的状况进行详细调查。发现裂缝、滑移等损坏迹象，应作标记和拍照，并存档备案。

施工过程中应按监测计划对影响区域内的建（构）筑物、道路和地下管线的水平位移和沉降进行监测，监测数据应作为调整施工进度和工艺的依据。对影响区域内的危房、重要建筑、变形敏感的建（构）筑物、道路和地下管线，应采取防护措施。

3.7.2 降低地下水位或隔水措施

当地下水位影响基坑施工时，应采取人工降低地下水位或隔水措施。

降水、隔水方案应根据水文地质资料、基坑开挖深度、支护方式及降水影响区域内的建筑物、管线对降水反应的敏感程度等因素确定。

降水方案可按表 3-15 的要求选用。

降 水 方 案   表 3-15

基坑开挖深度（m）	土 类		
	黏土、淤泥质土、淤泥	粉质黏土、粉砂	细砂、中砂、粗砂、砾砂
≤6	单层井点、电渗法	单层井点、电渗法	单层井点、表面排水
6～12	多层井点、喷射井点	多层井点、喷射井点	多层井点、管井
12～20	喷射井点、深井泵	喷射井点、深井泵	喷射井点、深井泵
>20	喷射井点、深井泵	深井泵、喷射井点	深井泵

当采用降水方案时，为减少对工程本身和影响区的不利影响，井点施工必须执行现行国家标准《建筑地基基础工程施工质量验收规范》GB 50202—2018 的规定，严格控制出水的含泥量。

放坡开挖的基坑，井点管距坑边不应小于1m。机房距坑边不应小于1.5m，地面应夯实填平。抽吸设备排水口应远离边坡，防止排出的水渗入坑内。

当采用U形板桩支护基坑、井点管需要布置在坑内时，宜将井点管设在板桩的凹档处。土方开挖时，应随时用黏土对井点管周围的沙井进行封盖。平板型板桩的井点管布置在坑内时，应防止碰坏井管。

应设置降水观察井，对降水的效果进行观察。

当降低地下水位会危及影响区域内建（构）筑物和道路及地下管线时，宜在降水井管与建筑物、管线间设置隔水帷幕或回灌砂井、回灌井点和回灌砂沟。回灌砂井、回灌井点和回灌砂沟与降水井点间的距离，应根据降水和回灌水位曲线和场地条件而定，但不应小于6m。

当采用井点降水和回灌方法时，井点降水与回灌应同时进行。

降水完毕后，应根据工程特点和土方回填进度陆续关闭和拔除井点管。井点管拔除后应立即用砂土将井孔回填密实。

对无抗浮措施的箱形基础，停止降水后的抗浮稳定系数不得小于1.2。

3.7.3 支 护 结 构

应根据不同的支护结构方案制订施工措施。

当采用预制钢筋混凝土桩或型钢作为支护板桩时，沉板墙两侧应设置导向围檩，导向围檩应有足够强度和刚度，板桩应顺导向围檩沉打，并严格控制垂直度。第一根沉打的钢筋混凝土板桩的桩尖应做成双面斜口，桩长应比以后沉打的长 2～3m，以后沉打的桩尖应为单面斜口，斜面应在打桩的前进方向。拔除板桩应有防止带出基础周边地基土的措施。

当采用灌注桩作挡土桩时，桩顶部应设置钢筋混凝土水平圈梁与各档土桩联结。浇筑圈梁前应注意清除桩头混凝土残渣和清理露出的钢筋以确保圈梁和桩联结可靠。

在设有水平支撑（锚）的支护结构中，应特别注意各支撑结点联结可靠，确保施工质量。

地下连续墙的施工应按有关标准制订特别的施工方案，严格把好各道工序关键，确保施工质量。

3.7.4　基 坑 开 挖

施工前应根据基坑支护结构设计要求，制订严密的土方开挖方案，根据应急施工方案准备好各类抢险机具和材料，做到统一指挥、信息化施工。

当采用机械开挖基坑时，应保留 200～300mm 土层由人工挖除。

基坑边的施工荷载不得超过设计中规定的荷载值。

开挖深基坑时，宜布置地面和坑内排水系统，特别应加强雨期施工的排水措施。

冬期施工时，必须采取有效措施，防止地基土的冻胀。

基坑开挖完成并经验收后，应立即进行基础施工，防止暴晒和雨水浸泡造成基土破坏。

3.7.5　箱 形 基 础 施 工

应严格执行现行混凝土结构工程施工及验收规范有关规定，确保施工质量。基础长度超过 40m 时，宜设置施工缝，缝宽不宜小于 80cm。在施工缝处，钢筋必须贯通。

当主楼与裙房采用整体基础，且主楼基础与裙房基础之间采用后浇带时，后浇带的处理方法应与施工缝相同。施工缝或后浇带及整体基础底面的防水处理应同时做好，并注意保护。

基础混凝土应采用同一品种水泥、掺合料、外加剂和同一配合比大体积混凝土可采用掺合料和外加剂改善混凝土和易性，减少水泥用量，降低水化热，其用量应通过试验确定。掺合料和外加剂的质量应符合现行国家标准的规定。

当采用添加膨胀剂配制的补偿收缩混凝土技术时，膨胀剂的选择，补偿收缩混凝土的配制、浇筑、养护、检查和验收均应按照《补偿收缩混凝土应用技术导则》RISN-TG002—2006 执行。

大体积混凝土宜采用蓄热养护法养护，其内外温养不宜大于 25℃。

大体积混凝土宜采用斜面式薄层浇捣，利用自然流淌形成斜坡，并应采取有效措施防止混凝土将钢筋推离设计位置。

大体积混凝土必须进行二次抹面工作，减少表面收缩裂缝。

混凝土的泌水宜采用抽水机抽吸或在侧模上开设泌水孔排除。

基础施工完毕后,基坑应及时回填。回填前应清除基坑中的杂物;回填应在相对的两侧或四周同时均匀进行,并分层夯实。

3.7.6 施 工 监 测

施工监测是验证《岩土工程勘察报告》与基础设计是否正确,设计计算假定与实际的受力工况是否一致,同时也是及时发现事故预兆、确保工程质量、实行动态管理最重要的方法和手段之一。施工监测主要包括:基底回弹和建筑物沉降观测;深基础工程开挖和支护系统的监测;地下水变化;大体积混凝土温度变化等项目的监测。

1. 基底回弹和建筑物沉降观测的主要目的

(1) 监测建筑物在施工期间和使用期间的性状;

(2) 验证《岩土工程勘察报告》、沉降计算方法及地基基础设计方法的正确性;

(3) 根据已发生的沉降量,预估将来某时刻的沉降量或反求地基的模量。

因此,必须做好施工期间的基底回弹和建筑物的沉降观测工作。沉降观测的水准基点应位于建筑物所产生的压力影响范围以外,必须保证水准基点稳定可靠,并采取妥善的防护措施,避免本工程或相邻工程的施工和使用期间受损。观测点的布置和观测时机应结合地基情况以能全面反应建筑物的沉降变形为准。施工期间一般应每施工完一个楼层观测一次,主体结顶后应每月观测一次,并做好沉降观测记录,必要时应绘制随时间变化的沉降关系曲线。对于沉降量较大的部位应增设沉降点和增加观测次数,发现异常应及时与监理、勘察、设计和建设单位联系,查找原因及时处理。变形测量的人员、仪器以及其他技术要求应按照《建筑变形测量规程》JGJ—2016执行。

当基坑开挖较深,若存在卸荷回弹再压缩量占基础总沉降量较大时,宜进行基坑回弹测量。

2. 深基础工程开挖和支护系统的监测

从基坑开挖至基坑回填完成期间(软土地区尚应延长4~6个月),应对基坑土体、支护系统、地下水的变化及影响区范围内的邻近建筑物和管线垂直与水平变形进行监测。

监测的主要内容包括:

(1) 基坑底部及周围土体的位移、变形及裂缝;

(2) 支护结构的水平和垂直位移及开裂变形;

(3) 支护结构的桩和墙内力、锚杆拉力、支撑轴力;如:采用护坡桩系统时,应对挡土桩的变形、桩的内力变化进行监测;对水平支撑系统和锚杆的工作状态进行检查和监测等;

(4) 地下水位的变化;

(5) 基坑周边距离不超过2~3倍开挖深度范围内的建筑物和地下管线的变形和开裂情况;

(6) 实施降水和回灌方案时,应进行降水观测井和回灌观测井的水位测试以及邻近建筑物、管线的沉陷与水平位移观测;

(7) 当采用地下连续墙作为围护结构时,应监测墙体位移、平面变形、结构整体稳定、土压力、孔隙水压力、土体位移和地下水位等项目。

监测数据应及时整理分析,沉降、位移等监测项目应绘制随时间变化的关系曲线,对变形和内力的发展趋势做出评价。当监测数据达到报警值时，必须立即通报有关单位和人员。

3. 地下水的监测

随着地下空间不断地被开发与利用，高层建筑地下室的埋深日益增大，且有时出现高层主楼、低层裙房和纯地下室连成一体不设永久性沉降缝和伸缩缝的大面积地下建筑，对差异沉降十分敏感。当地下水位较高时，抗浮的问题比较突出，且抗浮安全系数不宜小于1.2，必须保证施工期间的受力工况与设计的计算假定一致，因此，除深基础工程开挖和施工需要进行降水监测以外，施工期间对地下水位和水压的变化监测也同样十分重要。

监测的主要内容包括：

（1）地下水位升降变化幅度及其与地表水、大气降水的关系；

（2）对深地下室、地下建筑物进行地下水压和孔隙水压的监测；

（3）施工降水对周围环境的影响；

（4）潜蚀作用、管涌现象和基坑突涌对工程的影响；

（5）当工程可能受地下水腐蚀时，应进行水质监测。

4. 大体积混凝土的温度监测

施工中应进行大体积混凝土的测温工作。测温点的布置应便于绘制温度变化梯度图，可布置在基础平面的对称轴和对角线上。测温点应设在混凝土结构厚度的 1/2、1/4 和表面处，离钢筋的距离应大于 30mm。

3.8 工程设计实例

某高层办公建筑共 12 层，结构平面布置如图 3-18 所示，底层、顶层层高为 3.8m，标准层层高均为 3.2m，地下室层高 3.5m，室内外高差 0.50m，室内地面以上至建筑物的檐口高度为 40.1m，地下室无人防要求。本工程建筑结构安全等级为二级；建筑结构设计使用年限为 50 年；地基基础设计等级为乙级；本区地震基本烈度为小于 6 度区，本工程建筑抗震设防类别为丙类，因此，本工程设计不考虑抗震设防。

根据《岩土工程勘察报告（详勘）》揭露地基土层分布如下：天然地面以下至 10.5m 处为黏土层，$e=0.80$，$\gamma=18kN/m^3$，$f_{ak}=140kN/m^2$，$E_s=6000kN/m^2$；其下为 7m 厚粉质黏土层，$\gamma=18.5kN/m^3$，$f_{ak}=180kN/m^2$，$E_s=12000kN/m^2$；再下为粉土，$\gamma=18.7kN/m^3$，$f_k=200kN/m^2$，$E_s=15000kN/m^2$；地下水位标高为天然地面以下 10.5m 处。岩土工程地质剖面见图 3-19。

本工程为 A 级高度钢筋混凝土高层建筑，上部结构设计采用现浇钢筋混凝土框架结构体系，框架纵向梁截面为 0.25m×0.45m，框架柱截面为 0.5m×0.5m。上部结构作用基础上的荷载如图 3-18（b）所示，每一竖向荷载为横向四根框架柱荷载之和，横向荷载偏心距为 0.1m。

经多方案综合技术与经济分析，基础形式设计采用箱形基础，箱基顶板厚度 0.35m，底板厚度 0.50m，底板挑出 0.50m，内墙厚度 0.20m，外墙厚度 0.30m。箱形基础混凝土强度等级 C20；采用 HRB335 热轧钢筋建造。

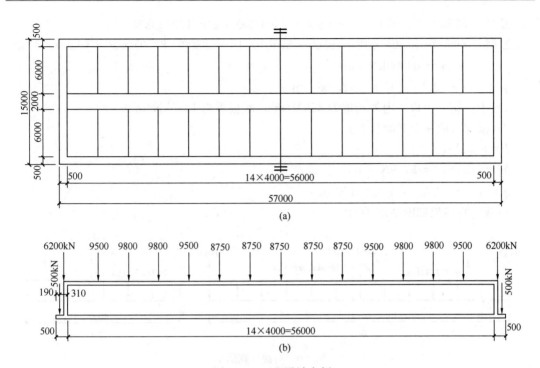

图 3-18 工程设计实例

(a) 结构平面布置；(b) 基础荷载

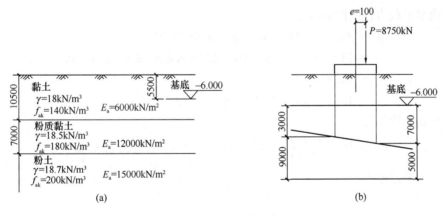

图 3-19 岩土工程地质剖面

(a) 纵向；(b) 横向

1. 确定箱形基础的高度和埋置深度

1) 确定箱形基础的高度

$h = 3.5 + 0.5 = 4.0 \text{m} > 3.0 \text{m} > 56/20 = 2.8 \text{m}$，满足要求。

2) 确定箱形基础的埋置深度

$d = 3.5 - 0.5 + 0.5 = 3.5 \text{m} > 40.1/15 = 2.67 \text{m}$，满足要求。

2. 荷载计算

1) 纵向

$\sum P = 8750 \times 9 + 9500 \times 2 + 9800 \times 2 + 6200 \times 2 = 129750 \text{kN}$

$\sum M = (9500 - 8750) \times 12 + (9800 - 8750) \times 16 + (9800 - 8750) \times 20 + (9500 - 8750)$

$\qquad \times 24 = 64800 \text{kN} \cdot \text{m}$

$q = (35 + 12.5) \times 15 = 712.5 \text{kN/m}$

（其中：箱基顶板、内外墙重为 35kN/m^2，底板重为 12.5kN/m^2）

2）横向（取一个开间计算）

$P = 8750 \text{kN}$

$M = 8750 \times 10 = 875 \text{kN} \cdot \text{m}$

$q = (35 + 12.5) \times 4 = 190 \text{kN/m}$

荷载计算结果如图 3-20 所示。

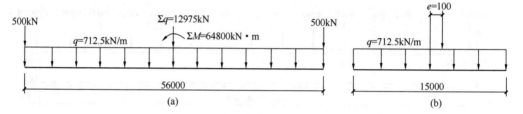

图 3-20　荷载计算结果

（a）纵向；（b）横向

3. 箱形基地基承载力验算

1）地基承载力特征值的修正

$$f_a = f_{ak} + \eta_b \gamma (b - 3) + \eta_d \gamma_m (d - 0.5)$$
$$= 140 + 0.3 \times 18 \times (6 - 3) + 1.6 \times 18 \times (3.5 - 0.5)$$
$$= 243 \text{kN/m}^2$$
$$1.2 f_a = 1.2 \times 243 = 292 \text{kN/m}^2$$

2）基底平均反力

$$p = \frac{129750 + 2 \times 500}{57 \times 15} + (35 + 12.5) = 200.4 \text{kN/m}^2$$

$p < f_a$，满足要求。

3）纵向

$$p_{\min}^{\max} = 200.4 \pm \frac{64800}{\frac{1}{6} \times 15 \times 57^2} = 200.4 \pm 8 = {}^{208.4}_{192.4} \text{kN/m}^2$$

$p_{\max} < 1.2 f_a$，$p_{\min} > 0$，满足要求。

4）横向

$$p_{\min}^{\max} = \frac{8750}{4 \times 15} + (35 + 12.5) \pm \frac{8750 \times 0.1}{\frac{1}{6} \times 4 \times 15^2} = {}^{199.0}_{187.5} \text{kN/m}^2$$

$p_{\max} < 1.2 f_a$，$p_{\min} > 0$，满足要求。

4. 箱基沉降计算

按规范沉降计算公式：

$$s = \psi_s \sum_{i=1}^{n} \frac{p_0}{E_{si}} (z_i \bar{a}_i - z_{i-1} \bar{a}_{i-1})$$

式中，ψ_s 为沉降计算经验系数，取 $\psi_s = 0.7$，不考虑回弹的影响。

按长期荷载效应准永久组合估算得基底反力 $p = 175 \text{kN/m}^2$，则基底附加压力为：

$$p_0 = p - \gamma d = 175 - 18 \times 5.5 = 76 \text{kN/m}^2$$

基础沉降计算深度为：

$$z_n = b \,(2.5 - 0.4 \ln b) = 15 \times (2.5 - 0.4 \times \ln 15) = 21.25 \text{m}$$

取 $z_n = 22\text{m}$，基础沉降计算过程见表 3-16。

基础沉降计算　　　　　　　　　　　　　　　　表 3-16

L/B	28.5/7.5=3.8			
z_i	0	5	12	22
z_i/B	0	0.67	1.6	2.93
$\bar{a}_i$	$4 \times 0.25 = 1.00$	$4 \times 0.2439 = 0.9756$	$4 \times 0.2147 = 0.8588$	$4 \times 0.1731 = 0.6924$
$z_i \bar{a}_i$	0	4.88	10.31	15.23
$z_i \bar{a}_i - z_{i-1} \bar{a}_{i-1}$		4.88	5.43	4.92
E_{si}		6000	12000	15000
ΔS_i		0.062	0.034	0.025

基础最终沉降量：

$$s = y_s \sum \Delta s_i = 0.7 \times (0.062 + 0.034 + 0.025) = 0.0847 \text{m}$$

5. 箱基横向倾斜计算

基础横向倾斜计算简图如图 3-21 所示，计算 a、b 两点的沉降差，然后计算基础的横向倾斜。

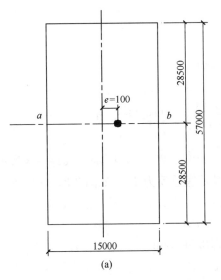 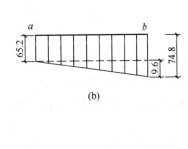

图 3-21　基础横向倾斜计算简图（kPa）

（a）基础平面；（b）基底附加应力

由标准荷载估算得基底的附加压力分布，如图 3-21（b）所示，a、b 两点的沉降差分别按均布压力和三角形分布压力叠加而得。计算过程从略，由计算得 a、b 两点的沉降差为：

$$\Delta s = 0.7 \times 0.0314 = 0.022 \text{m}$$

故横向倾斜为：

$$\alpha = \frac{0.022}{15} = 0.00147$$

而允许横向倾斜为：

$$\frac{B}{100H_x} = \frac{15}{100 \times 40.1} = 0.00374$$

故 $\alpha < \dfrac{B}{100H_x}$，满足要求。

6. 箱基基底反力计算

根据《高层建筑箱形与筏形基础技术规范》JGJ 6—2011 "实测基底反力系数法"，将箱形基础底面划分 40 个区格（横向 E 个区格、纵向 8 个区格），$L/B = 57/15 = 3.8$，近似取 $L/B = 4$，查表 3-12 可得各区格的反力系数，为简化计算，认为各横向区格反力系数相等，故取其平均值。

纵向各区格的平均反力系数为：

$\overline{a}_1 = 1.1464$, $\qquad$ $\overline{a}_3 = 0.9458$

$\overline{a}_2 = 0.9720$, $\qquad$ $\overline{a}_4 = 0.9360$

其余 4 区格反力系数与以上反力系数对称。

由于轴心荷载引起的基底反力为：$p_i = p\overline{a}_i$

故各区段的基底反力为：

$p_1' = 200.4 \times 1.1464 \times 15 = 3446 \text{kN/m}$

$p_2' = 200.4 \times 0.9720 \times 15 = 2922 \text{kN/m}$

$p_3' = 200.4 \times 0.9458 \times 15 = 2843 \text{kN/m}$

$p_4' = 200.4 \times 0.9360 \times 15 = 2814 \text{kN/m}$

纵向各区格的平均反力计算结果见图 3-22（a）。

纵向弯矩引起的基础边缘的最大反力为：

$$\Delta P_{\max} = \frac{MB}{W} = \frac{64800 \times 15}{\frac{1}{6} \times 15 \times 57^2} = 119.7 \text{kN/m}$$

为简化计算，纵向弯矩引起的反力按直线分布，如图 3-22（b）所示，取每一区段的平均值与轴心荷载作用下的基底反力叠加，得各区段基底总反力 P_i，如图 3-22（c）所示。

基底净反力为基底反力扣除箱基自重，即：

$$P_{ij} = P_i - q$$

式中，q 为箱基自重，$q = (35 + 12.5) \times 15 = 712.5 \text{kN/m}$。

最后得各区段净反力，如图 3-22（d）所示。

7. 箱基内力计算

上部结构为框架结构体系，箱基内力应同时考虑整体弯曲和局部弯曲作用，分别计算如下：

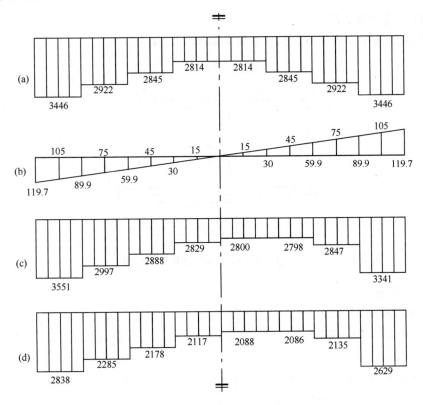

图 3-22 基础反力计算结果（kPa）

（a）轴心荷载作用下的基底反力；（b）纵向弯矩作用下的基底反力；（c）叠加后的基底总反力；（d）基底净反力

1）整体弯曲计算

（1）整体弯曲产生的弯矩 M

考虑整体弯曲时的计算简图，如图 3-23 所示。在上部结构荷载和基底净反力作用下，由静力平衡条件，求得跨中最大弯矩：

$$M = 2838 \times 7.5 \times 24.5 + 2285 \times 7 \times 17.5 + 2178 \times 7 \times 10.5 + 2117 \times 7 \times 3.5$$
$$- 500 \times 28.31 - 6200 \times 28 - 9500 \times 24 - 9800 \times 20 - 9800 \times 16$$
$$- 9500 \times 12 - 8750 \times 8 - 8750 \times 4 = 3.1 \times 10^4 \, \text{kN} \cdot \text{m}$$

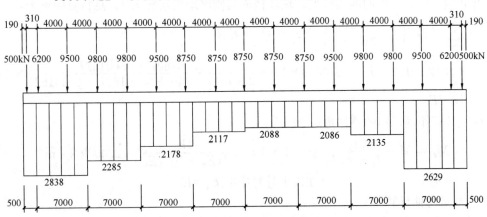

图 3-23 整体弯曲计算简图

（2）计算箱基刚度 $E_g I_g$

箱基横截面按工字形计算，其计算简图如图 3-24 所示。

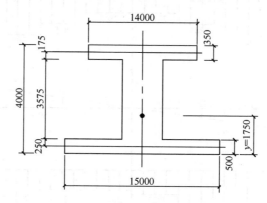

图 3-24   箱基横截面惯性矩计算简图

求中性轴位置：

$y_0(14 \times 0.35 + 31.5 \times 1 + 15 \times 0.5)$

$= 14 \times 0.35 \times (4 - 0.35/2) + 1 \times 0.35 \times (3.15/2 + 0.5) + 0.5 \times 15 \times (0.5/2)$

得：$y_0 = 1.75 \text{m}$

$$I_g = (1/12) \times 14 \times 0.35^3 + 14 \times 0.35 \times (4 - 1.75 - 0.35/2)^2 + (1/12) \times 1 \times 0.35^3$$
$$+ 3.15 \times 1 \times [(3.15/2 + 0.5) - 1.75]^2 + (1/12) \times 15 \times 0.5^3$$
$$+ 15 \times 0.5 \times (1.75 - 0.5/2)^2 = 41 \text{m}^4$$

故：$E_g I_g = 41 E_g$

（3）计算上部结构总折算刚度 $E_B I_B$

梁惯性矩：
$$I_{bi} = \frac{1}{12} \times 0.25 \times 0.45^3 = 0.001898 \text{m}^4$$

梁的线刚度：
$$K_{bz} = \frac{I_{bi}}{4} = 0.0004746 \text{m}^3$$

柱的线刚度：
$$K_{ui} = K_{li} = \frac{0.5 \times 0.5^3}{12 \times 3.2} = 0.001627 \text{m}^3$$

开间数 $m = 14$，横向四榀框架，现浇楼面梁刚度增大系数 1.2，总折算刚度为：

$$E_B I_B = \sum_{i=1}^{n} \left[E_b I_{bi} \left(1 + \frac{K_{ui} + K_{li}}{2K_{bz} + K_{ui} + K_{li}} m^2 \right) + E_w I_w \right.$$

$$= 4 \times 12 \times 1.2 \times E_b \times 0.001898 \left(1 + \frac{0.001627 + 0.001627}{2 \times 0.0004746 + 0.001627 + 0.001627} \times 14^2 \right)$$

$$= 16.7 E_b$$

（4）计算箱基承担的整体弯矩 M_g

$$M_g = M \frac{E_g I_g}{E_g I_g + E_B I_B} = 3.1 \times 10^4 \times \frac{41 E_g}{41 E_g + 16.7 E_b} = 22000 \text{kN} \cdot \text{m}$$

（在以上计算中取 $E_g = E_b$）

2）局部弯曲计算

以纵向跨中底板为例。基底净反力应扣除底板自重，即：

$$P_j = \frac{129750}{12 \times 57} + 35 = 186.8 \text{kN/m}^2$$

取基底平均反力系数为：

$$\bar{a} = \frac{1}{2}(0.895 + 1.003) = 0.949$$

故实际基底净反力为：

$$P'_j = 0.949 \times 186.8 = 177.2 \text{kN/m}^2$$

支承条件为外墙简支，内墙固定，故按三边固定一边简支板计算内力，计算简图如图 3-25 所示。

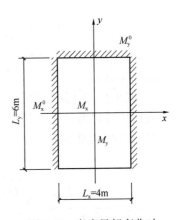

图 3-25　考虑局部弯曲时的计算简图

跨中弯矩：

$$M_x = 0.8 \times 0.036 \times 177.2 \times 4^2 = 81.7 \text{kN} \cdot \text{m}$$
$$M_y = 0.8 \times 0.0082 \times 177.2 \times 4^2 = 18.6 \text{kN} \cdot \text{m}$$

支座弯矩：

$$M_x^0 = 0.8 \times (-0.0787) \times 177.2 \times 4^2 = -178.5 \text{kN} \cdot \text{m}$$
$$M_y^0 = 0.8 \times (-0.057) \times 177.2 \times 4^2 = -129.3 \text{kN} \cdot \text{m}$$

以上计算中，0.8 为局部弯曲内力计算折减系数。

8. 箱基底板配筋计算

按整体弯曲计算的配筋：

$$A_s = \frac{M_g}{0.9 f_y h_0 B} = \frac{2.2 \times 10^4 \times 10^6}{0.9 \times 300 \times 3575 \times 15} = 1519 \text{mm}^2/\text{m}$$

取 $A_s/2$ 与按局部弯曲计算的支座弯矩所需的钢筋叠加，配置底板纵向通长钢筋。

按局部弯曲计算的配筋：

底板有效高度 $h_0 = 500 - 50 = 450 \text{mm}$，则有：

跨中：

$$A_{sx} = \frac{M_x}{0.9 f_y h_0} = \frac{81.7 \times 10^6}{0.9 \times 300 \times 450} = 672 \text{mm}^2$$

$$A_{sy} = \frac{M_y}{0.9 f_y h_0} = \frac{18.6 \times 10^6}{0.9 \times 300 \times 450} = 153 \text{mm}^2$$

支座：

$$A_{sx}^0 = \frac{M_x^0}{0.9 f_y h_0} = \frac{178.5 \times 10^6}{0.9 \times 300 \times 450} = 1469 \text{mm}^2$$

$$A_{sy}^0 = \frac{M_y^0}{0.9 f_y h_0} = \frac{129.3 \times 10^6}{0.9 \times 300 \times 450} = 1064 \text{mm}^2$$

跨中所需钢筋面积配置底板上层钢筋，支座计算所需钢筋面积配置底板下层钢筋，故上层纵、横向钢筋都按构造要求取 Φ 14@200，下层纵筋取 Φ 20@140，下层横向钢筋取 Φ 16@200。

9. 箱基底板强度验算

1）斜截面抗剪强度验算

底板受剪承载力应符合下式要求：

$$V_s \leqslant 0.07 f_c b h_0,$$

$$V_s = \left(\frac{2.0+4.8}{2}\right) \times 1.4 \times 186.8 = 889.2\text{kN},$$

$0.07 f_c b h_0 = 0.07 \times 10 \times 5800 \times 450 = 1827\text{kN},$

满足要求。

2）底板抗冲切强度验算

底板抗冲切满足要求，则其截面有效高度应符合下式要求：

计算简图见图 3-26。

$$\frac{(l_{n1}+l_{n2}) - \sqrt{(l_{n1}+l_{n2})^2 - \dfrac{4 p_n l_{n1} l_{n2}}{p_n + 0.6 f_t}}}{4}$$

$$= \frac{(l_{n1}+l_{n2}) - \sqrt{(l_{n1}+l_{n2})^2 - \dfrac{4 \times 177.2 \times 10^{-3} \times 5800 \times 3800}{177.2 \times 10^{-3} + 0.6 \times 1.1}}}{4}$$

$$= 257\text{mm} < h_0$$

$$= 450\text{mm}$$

满足要求，其余计算从略。

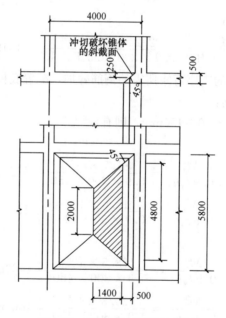

图 3-26　底板抗冲切强度验算

习题与思考题

3-1　简述箱形基础的组成、作用原理、作用特点和应用范围。

3-2　补偿性基础的基本概念用数学公式如何描述？

3-3　补偿性设计是如何分类的？

3-4　高层建筑箱形基础的两个重要特点是什么？

3-5　高层建筑深埋箱基的地基变形有何规律？

3-6　箱形基础的偏心距应控制在什么范围？

3-7　箱形基础的高度和埋深如何控制？

3-8　箱形基础的墙体截面积应满足什么要求？

3-9　箱形基础墙体上开口的数量和位置有什么规定？

3-10　箱形基础的混凝土有什么技术要求？

3-11　箱形基础的钢筋布置有一些什么构造要求？

3-12　箱形基础的底板和顶板有一些什么构造要求？

3-13　上部结构与箱形基础的连接应考虑哪些问题？

3-14　箱形基础的地基计算应包括哪些内容？如何进行地基承载力的验算？如何进行地基变形验算？何时应考虑地基稳定性验算？

3-15　箱形基础横向整体倾斜的控制标准是什么？

3-16　箱形基础基底反力分布有何特点？如何根据《高层建筑筏形与箱形基础技术规范》JGJ 6—2011 提出的实用计算法计算基底反力？

3-17　如何计算箱形基础承受的整体弯矩？

3-18　如何计算建筑物整体弯曲所产生的弯矩？

3-19　如何计算箱形基础的刚度？如何计算上部结构的总折算刚度？

3-20　如何计算箱形基础纵墙截面和横墙截面上的剪力？

3-21　当箱形墙体开洞时，如何进行洞口上、下过梁的截面强度计算和配筋？

3-22　箱形基础的地基检验的目的是什么？

3-23　箱形基础施工有何特点？在施工准备中应特别注意哪些问题？

3-24　降水方案如何制定？基坑开挖应注意哪些问题？

3-25　基坑支护结构和箱形基础施工中应注意哪些问题？施工期间应进行哪些施工监测工作？

3-26　基底回弹和建筑物沉降观测的主要目的是什么？

第 4 章　沉　井　基　础

4.1　概　述

沉井法是地下工程和深埋基础施工的一种方法。当上部荷载较大，基础埋置深度较深时，沉井基础是最常用的基础类型之一。沉井广泛应用于桥梁墩台基础，取水构筑物、污水泵站、地下工业厂房、大型基础设备、地下仓（油）库、人防隐蔽所、盾构拼装井、地下车站与车道、地下构筑物的围壁和大型深埋基础等。

沉井在施工中具有独特的优点：占地面积小，不需要另设围护结构，技术上又比较稳妥可靠；与大开挖相比挖土量少，能节省投资；无需特殊的专业设备，而且操作简便；在各类地下构筑物中沉井结构又可作为地下构筑物的围护结构，沉井内部空间可以得到充分利用。

为了寻求沉井施工中特别是深沉井施工中降低井壁侧面摩阻力，在 1944～1956 年间日本采用壁外喷射高压空气（空气幕法）降低井壁与土之间的摩阻力，使井壁下沉深度达到 156m，到 20 世纪 70 年代初使下沉深度超过了 200m。但这种方法构造比较复杂，高压空气消耗量也大，而且下沉速度不易控制，因此未获推广。同时 1950 年以后，向井壁与土之间压入触变泥浆降低井壁侧面摩阻力的方法在欧洲得到了广泛的应用。据统计，西欧到 1960 年就下沉了 450 个沉井；在 1975 年国外某公司施工的 105 座沉井中有 36 座采用触变泥浆助沉。此法在我国应用较多，而且已在工程应用中能使触变泥浆兼有减摩和支承井壁外侧土体、防止沉井周围地面沉降的作用，同时可减少沉井壁厚度并使下沉中沉井周围压力较均匀，改善结构受力状况。在密集的建筑群中施工时，为了确保地下管线和建筑物的安全，创造了"钻吸排土沉井施工技术"工艺和"中心岛式下沉"施工工艺，这些新技术的应用可有效控制沉井施工过程中地表的沉降和位移。

总之，沉井基础在国内外已得到了广泛的应用和发展。如我国的南京长江大桥、天津永和斜拉桥、美国的 Stlouis 大桥等均采用了沉井基础。目前，在其构造、施工和技术方面我国均已进入世界先进水平，并形成了自己独特的特点。

4.2　沉井的基本概念

沉井是井筒状的结构物，如图 4-1 所示。它是将位于地下一定深度的建筑物或建筑物基础，先在地面以上制作，形成一个井状结构，然后在井内不断挖土，借助井体自重克服井壁摩阻力后下沉至设计标高，然后经过混凝土封底，构筑井内底板、梁、楼板、内隔墙、顶板等构件，最终形成一个地下建筑物或建筑物基础，如图 4-2 所示。

沉井既是基础，又是施工时的挡土和挡水结构物，施工工艺也不复杂。沉井基础的特点是埋置深度可以很大、整体性强、稳定性好，能承受较大的垂直荷载和水平荷载。沉井基础的缺点是：施工期较长；对细砂及粉砂类土在井内抽水易发生流砂现象，造成沉井倾斜；沉井下沉过程中遇到的大孤石、树干或井底岩层表面倾斜过大，均会给施工带来一定困难。

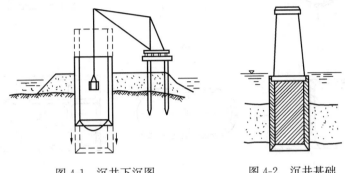

图 4-1　沉井下沉图　　　　　　　图 4-2　沉井基础

根据经济合理和施工上可行的原则，通常在下列几种情况可考虑采用沉井基础：

（1）上部荷载较大，结构对基础的变位敏感，而表层地基土的容许承载力不足，做扩大基础开挖工作量大且支撑困难；但在一定深度下有好的持力层，采用沉井基础与其他深基础相比较，经济上较为合理时；

（2）在山区河流中，虽然浅层土质较好，但冲刷大或河中有较大卵石不便桩基础施工时；

（3）岩层表面较平坦且覆盖层薄，但河水较深，采用扩大基础施工围堰有困难时。

4.3　沉井的类型和构造

4.3.1　沉井的类型

1. 按平面形状分类

沉井的平面形状有圆形、方形、矩形、椭圆形、端圆形、多边形及多孔井字形等。如图 4-3 所示。

1）圆形沉井

圆形沉井可分为单孔圆形沉井、双孔圆形沉井和多孔圆形沉井。圆形沉井制造简单，易于控制下沉位置，受力（土压力、水压力）性能较好。从理论上说，圆形井墙仅承受压应力，但在实际工程中还需要考虑沉井发生倾斜所产生的土压力的不均匀性。当面积相同时，圆形沉井的周长小于矩形沉井，因而井壁的侧面摩阻力也将小些。同时，由于土拱的作用，圆形沉井对四周土体的扰动也较矩形沉井小。

但由于要满足使用和工艺要求，圆形沉井的建筑面积不能充分应用，因此在应用上受到了一定限制。

2）方形、矩形沉井

方形及矩形沉井在制作与使用上比圆形沉井方便，建筑面积也更能得到充分应用。但在水土压力的作用下，其断面会产生较大弯矩，受力情况远较圆形沉井不利。同时，由于

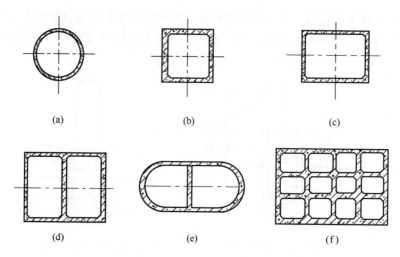

图 4-3　沉井平面图

(a) 圆形单孔沉井；(b) 方形单孔沉井；(c) 矩形单孔沉井；
(d) 矩形双孔沉井；(e) 椭圆形双孔沉井；(f) 矩形多孔沉井

沉井四周土方的坍塌情况不同，沉井四周的水土压力与摩阻力分布不均匀；当其长宽比越大，情况就越严重，因此容易造成沉井倾斜，且沉井的纠倾也比圆形沉井困难。采用矩形沉井时为了保证下沉的稳定性，沉井的长边和短边之比不宜大于 3。

3）多孔沉井

多孔沉井的孔间设有隔墙或横梁，因此可以改善井壁、底板、顶板的受力状况，提高沉井的整体刚度，在施工中易于均匀下沉。如发现沉井偏斜，可以通过在适当的孔内挖土校正。多孔沉井的承载力较高，尤其适用于平面尺寸大的大型桥梁基础。

4）椭圆形、端圆形沉井

椭圆形、端圆形沉井因其对水流的阻力较小，多用于桥梁墩台基础、江心泵站与取水泵站等构筑物。

2. 按竖向剖面形状分类

沉井竖向剖面形式有圆柱形、阶梯形及锥形等，如图 4-4 所示。

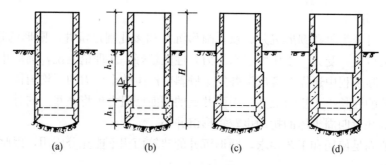

图 4-4　沉井剖面图

(a) 圆柱形沉井；(b) 外壁单阶梯形沉井；
(c) 外壁多阶梯形沉井；(d) 内壁多阶梯形沉井

1）圆柱形沉井

圆柱形沉井的井壁可做成各种柱形，平面尺寸不随深度变化（图 4-4a）。由于沉井周围土体可以较好地约束沉井使它沿垂直方向下沉，故其倾斜和偏转的可能性就相对地减小，且下沉过程中对周围土体的扰动较小，井壁接长较简单，模板可重复使用。其缺点是沉井外壁土的摩阻力较大，沉井下沉相对困难；当沉井平面尺寸较小，下沉深度较大而土体又较密实时，其上部可能被土体卡住，使其下部悬空，容易造成井壁拉裂。因此圆柱形沉井一般在下沉深度不大、土体较松软的情况下使用。

2）阶梯形沉井

作用在沉井井壁上的土压力和水压力随沉井深度增加而加大，因此可在井壁上内侧或外侧设一个或多个阶梯，做成变截面状，使沉井下部刚度相应提高并达到减少井壁整体厚度的目的。

（1）外壁阶梯形沉井

外壁阶梯形沉井可分为单阶梯（图 4-4b）和多阶梯（图 4-4c）两类。台阶设在沉井接缝处，宽度一般为 $10\sim20cm$。最下一级台阶宜设于 $h_1=（1/4\sim1/3）H$ 高度处，或 $h_1=1.2\sim2.2m$ 处。h_1 过小不能起导向作用，容易使沉井发生倾斜。

其优点是可以减少井壁与土体的摩阻力以便顺利下沉，并可向台阶以上形成的空间内压送触变泥浆。缺点是如不压送触变泥浆，则在沉井下沉时对四周土体的扰动要比圆柱形沉井大。外壁阶梯形沉井一般在土体较密实、下沉深度较大的情况下使用。

（2）内壁阶梯形沉井（图 4-4d）

在沉井附近有永久性建筑物时，为了减少沉井四周土体的扰动和坍塌，或因沉井自重大，而土质较软弱的情况，为了保证井壁与土体之间的摩阻力，避免沉井下沉速度过快，可以采用内壁阶梯形沉井。同时达到了节约建筑材料的目的。

3）锥形沉井

锥形沉井的外壁面带有斜坡，坡度比一般为 $1/50\sim1/20$。锥形沉井可以减少沉井下沉时土体的摩阻力，但这种沉井在下沉时不稳定，而且制作较困难，故较少采用。

3. 按下沉方式分类

沉井按下沉方式不同，可分为：

1）就地制造下沉的沉井

这种沉井是在基础设计的位置上制造，然后挖土靠沉井自重下沉。如基础位置在水中，需先在水中筑岛，再在岛上筑井下沉。

2）浮运沉井

在深水地区，筑岛有困难或不经济，或有碍通航，或河流流速大，可在岸边制筑沉井拖运到设计位置下沉，这类沉井叫浮运沉井。

4. 按使用材料分类

沉井按使用的材料不同，可分：

1）混凝土沉井

混凝土的特点是抗压强度高，抗拉能力低，因此这种沉井宜做成圆形，并适用于下沉深度不大（$4\sim7m$）的软土层中。

2）钢筋混凝土沉井

这种沉井的抗拉及抗压能力较好，下沉深度可以很大（达数十米以上）。当下沉深度不是很大时，沉井壁上部用混凝土、下部（刃脚）用钢筋混凝土的沉井，在桥梁工程中得到较广泛的应用。钢筋混凝土沉井可以就地制造下沉，也可以在岸边制成空心薄壁浮运沉井。

3）竹筋混凝土沉井

沉井在下沉过程中受力较大因而需设置钢筋，一旦完工后，它就不承受多大的拉力，因此，在南方产竹地区，可以采用耐久性差但抗拉力好的竹筋代替钢筋，我国南昌赣江大桥等曾用这种沉井。在沉井分节接头处及刃脚内仍用钢筋。

4）钢沉井

用钢材制造沉井其强度高、重量轻、易于拼装，宜于做浮运沉井，但用钢量大，国内较少采用。

5）砖石沉井

在缺少水泥的地区，可就地取材做成砖石沉井。这种沉井抗拉强度低，下沉深度不大，除了一些小型的沉井外，现很少用。

6）木沉井

这也是就地取材制作的沉井，现很少采用。

4.3.2   沉 井 的 构 造

沉井一般由井壁（侧壁）、刃脚、内隔墙、横梁、框架、井孔、凹槽、封底及顶盖板等组成（图 4-5）。这些组成部分的作用分述如下。

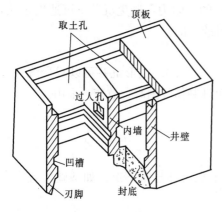

图 4-5   沉井构造

1. 井壁

井壁是沉井的主体部分。它在沉井下沉过程中起挡土、挡水及利用本身重量克服土与井壁之间的摩阻力的作用。当沉井施工完毕后，它就成为基础或基础的一部分而将上部荷载传到地基上去。因此，井壁必须具有足够的强度和一定的厚度。根据井壁在施工中的受力情况，可以考虑在井壁内配置竖向及水平向钢筋，以承受弯曲应力。

沉井井壁厚度主要取决于沉井大小、下沉深度及土体的物理力学性质等，一般为 0.4～1.20m。设计时通常先假定井壁厚度，再进行强度验算。沉井井壁应严密不漏水，井壁的混凝土强度等级不低于 C15。对于薄壁沉井，应采用触变泥浆润滑套、壁外喷射高压空气等措施，以降低沉井下沉时的摩阻力，达到减小壁厚的目的。

沉井高度如果很高，为了便于施工，可分节制造。沉井每节高度可根据沉井全部高度、土质情况及施工条件而定，一般不超过 5m。底节沉井在松软土质中下沉时，还不应大于沉井宽度的 0.8 倍。如沉井过高、过重则会给制模、筑岛及抽除垫木下沉带来困难。

2. 刃脚

井壁下端形如楔状的部分称为刃脚。其作用是减小下沉阻力，使沉井在自重作用下易于切土下沉。刃脚应具有一定的强度，以免在下沉过程中损坏。刃脚的形式（图 4-6）应根据沉井下沉时所穿越土层的坚硬程度和刃脚单位长度上的反力大小确定。刃脚底的水平面称为踏面，宽度一般为 10～30cm。当沉井在坚硬土层中下沉时，踏面宽度可减小到 10～15cm。当沉井在松软土层中下沉时，踏面宽度又应加宽到 40～60cm。刃脚高度 h 视沉井厚度而定，并考虑在沉井施工中便于挖土和抽出刃脚下的垫木（图 4-7a），一般在 1.0m 以上。刃脚内侧的倾角一般为 40°～60°。

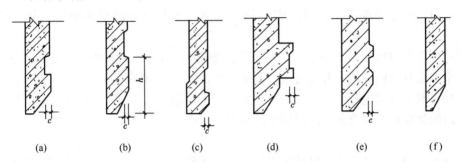

(a)　　　　(b)　　　　(c)　　　　(d)　　　　(e)　　　　(f)

图 4-6　沉井刃脚形式及井壁凹槽与凸榫

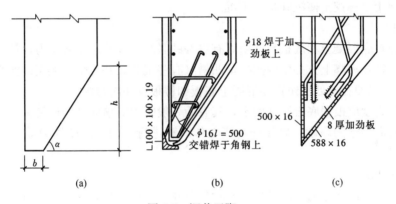

(a)　　　　　　　(b)　　　　　　　(c)

图 4-7　沉井刃脚

为了防止障碍物损坏刃脚，可采用钢刃脚（图 4-7b），当采用爆破法清除刃脚下障碍物时，刃脚应用钢板包裹（图 4-7c）。由于刃脚在沉井下沉过程中受力集中，故刃脚的混凝土强度等级宜在 C20 号以上。

3. 内隔墙

根据使用和结构上的需要，在沉井井筒内设置内隔墙，以加强沉井在下沉过程中的整体刚度，减小井壁受力计算跨度。同时把沉井分隔成若干个施工井孔（取土井），使挖土和下沉可以比较均衡地进行，也便于沉井偏斜时的纠偏。内隔墙因不承受水土压力，因此厚度较沉井外壁要薄一些。

内隔墙底面标高应比刃脚踏面高出 0.5～1.0m，以免隔墙下的土体妨碍沉井下沉。但当沉井穿越软土层时，为了防止沉井"突沉"，也可与刃脚踏面齐平。当沉井在硬土层及砂类土层下沉时，为防止隔墙底面受土体的阻碍，阻止沉井纠偏或出现局部土体反力过大，造成沉井断裂，内隔墙底面高出刃脚踏面的高度可增加到 1.0～1.5m。

在隔墙下端应设置过人孔，便于施工人员在各取土井间往来，其尺寸一般为 0.8m×

1.2m～1.1m×1.2m。取土井井孔尺寸除应满足使用要求外，还应保证挖土机可在井孔中自由升降。

4. 横梁及框架

当在沉井内设置过多隔墙时，对沉井的使用和下沉都会带来较大影响。因此常用上下横梁与井壁组成框架来代替隔墙。有的沉井因高度较大，常于井壁不同高度处设置若干道由纵横大梁组成的水平框架，使整个沉井结构布置更加合理、经济。框架具有下列作用：

（1）可以减小井壁顶、底板之间的计算跨度，增加沉井的整体刚度，使井壁变形减小。

（2）便于井内操作人员往来，减轻工人劳动强度。在下沉过程中，通过调整各井孔的挖土量来纠正井身的倾斜，并能有效控制和减少沉井的突沉现象。

（3）有利于分格进行封底。特别是当采用水下混凝土封底时，分格能减少混凝土在单位时间内的供应量，并改善封底混凝土的质量。

5. 井孔

沉井内设置了纵横隔墙或纵横框架形成的格子称为井孔。井孔是挖土排土的工作场所和通道。其尺寸应满足施工工艺要求，宽度（或直径）一般不小于 3m。井孔的布置应简单对称，便于对称挖土使沉井均匀下沉。

6. 凹槽

为了使封底混凝土和底板与井壁间有更好的联结，以传递基底反力，使沉井成为空间受力体系，常在刃脚上方井壁内侧预留凹槽（有些沉井如井孔全部填实的实心沉井也可不设计凹槽），以便在该处浇筑钢筋混凝土底板和楼板及井内结构。

凹槽的高度应根据底板厚度确定，其底面一般距刃脚踏面 2.5m 左右，槽高约 1.0m，接近于封底混凝土的厚度，以保证封底工作顺利进行。凹入深度约为 0.15～0.25m（图 4-6）。

7. 封底和顶盖板

沉井沉下至设计标高，经过技术检验并对井底清理整平后，即可进行封底，以防止地下水渗入井内。封底可分为湿封底（水下灌注混凝土）和干封底两种。采用干封底时，可先铺垫层，然后浇筑钢筋混凝土底板，必要时在井内设置集水井排水；采用湿封底时，待水下混凝土达到强度，抽干井水后再浇筑钢筋混凝土底板。封底混凝土底板承受着土和水的反力，这就要求其有一定的厚度（可由应力验算决定）。封底混凝土顶面应高出刃脚根部不小于 0.5m，并浇灌至凹槽上端。

当沉井井孔中不填料或仅填以砂砾时，则应在沉井顶面浇筑钢筋混凝土盖板。盖板厚度一般为 1.5～2.0m。当井孔中填充混凝土时，其强度等级不应低于 C10。

4.4　沉井基础地基强度及变形计算

沉井在施工完毕后，本身就是结构物的基础，因此应按基础的要求进行验算。在施工过程中，沉井还作为挡土、挡水的结构物，所以还要对沉井本身进行结构设计和计算。因此，沉井的计算一般应包括两部分内容：①将沉井作为整体基础进行地基强度及变形计算；②沉井施工过程中的结构强度计算。本节讲述第一部分内容，即沉井作为整体基础时地基强度及变形计算；第二部分内容将在下一节中叙述。

沉井作为整体基础计算主要根据上部结构的特点、荷载大小以及当地的地质水文情况，结合沉井的构造要求及施工方法，拟定出沉井的平面尺寸及埋置深度，然后进行沉井基础的计算。

根据沉井的埋置深度可用两种不同的计算方法。

1. 当沉井埋置深度在最大冲刷线下5m以内时，可按浅基础设计计算的规定，验算地基的强度、沉井的稳定性和沉降，使其符合容许值的要求。这种计算因未考虑基础侧面土的横向抗力影响，故是偏于安全的。

2. 当沉井埋置深度大于5m时，由于埋置深度大，所以不可忽略沉井周围土体对沉井的约束作用。因此在验算地基应力、变形及沉井的稳定性时需要考虑基础侧面土体弹性抗力的影响。

第一种计算方法大家比较熟悉，本文主要介绍第二种方法，该法的基本假定是：

（1）地基土作为弹性变形介质，水平向地基抗力系数随深度成正比例增加；

（2）不考虑基础与土之间的黏着力和摩阻力；

（3）沉井基础的刚度与土的刚度之比可认为是无限大。

符合上述假定条件时，沉井基础在横向外力作用下只能发生转动而无挠曲变形。因此可将沉井按刚性桩（刚性构件）计算内力和土抗力。

4.4.1 非岩石地基上沉井基础的计算

在非岩石地基上，沉井基础受到水平力 H 及偏心竖向力 N 作用时（图4-8a）。为了讨论方便，可以把这些外力转变为中心荷载和水平力的共同作用，其转变后的水平力 H 距离基底的作用高度 λ（图4-8b）为：

$$\lambda = \frac{Ne + Hl}{H} = \frac{\sum M}{H} \tag{4-1}$$

先讨论沉井在水平力 H 作用下的情况。由于水平力的作用，沉井将围绕位于地面下 Z_0 深度处的 A 点转动一 ω 角（图4-9），则地面下深度 Z 处沉井基础产生的水平位移 Δx 和土的水平向抗力 σ_{zx} 分别为：

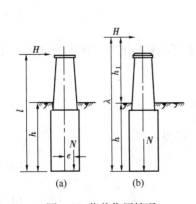

图4-8　荷载作用情况

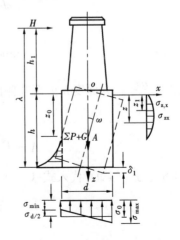

图4-9　水平及竖向荷载作用下的应力分布

$$\Delta x = (z_0 - z)\tan\omega \tag{4-2}$$

$$\sigma_{zx} = \Delta x \cdot C_z = C_z(z_0 - z)\tan\omega \tag{4-3}$$

式中 z_0——转动中心 A 离地面的距离（m）；

　　　C_z——深度 Z 处地基土的水平抗力系数（kN/m^3）。$C_z = mz$；

　　　m——水平抗力系数的比例系数（kN/m^4）。

将 C_z 值代入式（4-3）得：

$$\sigma_{zx} = m \cdot z(z_0 - z)\tan\omega \tag{4-4}$$

从上式可见，土的水平向抗力沿深度为二次抛物线变化。

基础底面处的压应力，考虑到该水平面上的竖向地基抗力系数 C_0 不变，故其压应力图形与基础竖向位移图相似。因此：

$$\sigma_{\frac{d}{2}} = C_0 \cdot \delta_1 = C_0 \cdot \frac{d}{2} \cdot \tan\omega \tag{4-5}$$

式中 C_0——地基竖向抗力系数（kN/m^3），不得小于 $10m_0$；

　　　m_0——竖向抗力系数的比例系数（kN/m^4）；

　　　d——沉井基底宽度或直径。

在上述三个公式中，有两个未知数 z_0 和 ω，要求解其值，可建立两个平衡方程式，即：

$$\Sigma X = 0 \qquad H - \int_0^h \sigma_{zx} b_1 dz = H - b_1 m\tan\omega \int_0^h z(z_0 - z)dz = 0 \tag{4-6}$$

$$\Sigma M_0 = 0 \qquad Hh_1 + \int_0^h \sigma_{zx} b_1 z dz - \sigma_{\frac{d}{2}} W = 0 \tag{4-7}$$

式中 b_1——基础计算宽度；对于方形沉井：$b_1 = b + 1$，b 为沉井宽度；对于圆形沉井，$b_1 = 0.9(d+1)$，d 为沉井直径；

　　　W——基底的截面模量。

对以上二式进行联立解，可得：

$$z_0 = \frac{\beta b_1 h^2(4\lambda - h) + 6dW}{2\beta b_1 h(3\lambda - h)} \tag{4-8}$$

$$\tan\omega = \frac{12\beta H(2h + 3h_1)}{mh(\beta b_1 h^3 + 18Wd)} \tag{4-9}$$

或

$$\tan\omega = \frac{6H}{Amh} \tag{4-10}$$

式中，$\beta = \dfrac{C_h}{C_0} = \dfrac{mh}{C_0}$，为深度 h 处沉井侧面的水平向抗力系数与沉井底面的竖向抗力系数的比值。

$$A = \frac{\beta b_1 h^3 + 18Wd}{2\beta(3\lambda - h)} \tag{4-11}$$

将式（4-8）、式（4-9）代入式（4-4）和式（4-5）可得：

$$\sigma_{zx} = \frac{6H}{Ah}z(z_0 - z) \tag{4-12}$$

$$\sigma_{\frac{d}{2}} = \frac{3dH}{A\beta} \tag{4-13}$$

当有竖向荷载 N 及水平力 H 同时作用时，则基底边缘处的最大或最小压应力为：

$$\sigma_{\min}^{\max} = \frac{N}{A_0} \pm \frac{3dH}{A\beta} \qquad (4\text{-}14)$$

式中 A_0——基础底面积。

离地面或最大冲刷线以下 z 深度处基础截面上的弯矩为：

$$M_z = H(\lambda - h + z) - \int_0^z \sigma_{zx}b_1(z - z_1)\mathrm{d}z_1 = H(\lambda - h + z) - \frac{Hb_1z^3}{2hA}(2z_0 - z)$$
$$(4\text{-}15)$$

4.4.2 基底嵌入基岩内的计算方法

如基底嵌入基岩内，在水平力和竖直偏心荷载作用下，可以认为基底不产生水平位
移，则基础的旋转中心 A 与基底中心相吻合，即 $z_0 = h$，为
一已知值（图 4-10）。这样，在基底嵌入处便存在一水平阻
力 P，由于 P 力对基底中心轴的力臂很小，一般可忽略 P 对
A 点的力矩。当基础有水平力 H 作用时，地面下 z 深度处产
生的水平位移 Δx 和土的水平向抗力 σ_{zx} 分别为：

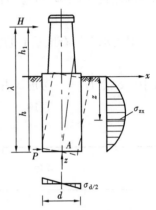

$$\Delta x = (h - z)\tan\omega \qquad (4\text{-}16)$$
$$\sigma_{zx} = mz\Delta x = mz(h - z)\tan\omega \qquad (4\text{-}17)$$

基底边缘处的竖向应力为：

$$\sigma_{\frac{d}{2}} = C_0\frac{d}{2}\tan\omega = \frac{mhd}{2\beta}\tan\omega \qquad (4\text{-}18)$$

上述公式中只有一个未知数 ω，故只需建立一个弯矩平
衡方程便可解出 ω 值：

图 4-10 水平力作用下
的应力分布

$$\sum M_A = 0 \qquad H(h + h_1) - \int_0^h \sigma_{zx}b_1(h - z)\mathrm{d}z - \sigma_{\frac{d}{2}}W = 0$$
$$(4\text{-}19)$$

解上式得：

$$\tan\omega = \frac{H}{mhD} \qquad (4\text{-}20)$$

式中，$D = \dfrac{\beta b_1 h^3 + 6Wd}{12\lambda\beta}$。

将式（4-20）代入式（4-17）和式（4-18）得：

$$\sigma_{zx} = \frac{H}{Dh}Z(h - z) \qquad (4\text{-}21)$$
$$\sigma_{\frac{d}{2}} = \frac{dH}{2\beta D} \qquad (4\text{-}22)$$

基础边缘处的应力为：

$$\sigma_{\min}^{\max} = \frac{N}{A_0} \pm \frac{dH}{2\beta D} \qquad (4\text{-}23)$$

根据 $\sum X = 0$，可以求出嵌入处未知的水平力 P：

$$P = \int_0^h \sigma_{zx}b_1\mathrm{d}z - H = H\left(\frac{b_1h^2}{6D} - 1\right) \qquad (4\text{-}24)$$

$$M_z = H(\lambda - h + z) - \frac{Hb_1z^3}{12hD}(2h - z) \tag{4-25}$$

4.4.3　墩台顶面的水平位移计算

基础在水平力和力矩作用下，墩台顶面会产生水平位移 δ，它由地面处的水平位移 $z_0 \tan\omega$、地面到墩台顶范围 h_2 内的水平位移 $h_2 \tan\omega$、在 h_2 范围内墩台身弹性挠曲变形引起的墩台顶水平位移 δ_0 三部分组成。

$$\delta = (z_0 + h_2)\tan\omega + \delta_0 \tag{4-26}$$

考虑到转角一般很小，令 $\tan\omega = \omega$ 不会产生多大的误差。另外，由于基础的实际刚度并非无穷大，故需考虑实际刚度对地面处水平位移和转角的影响，可用系数 K_1 及 K_2 表示。因此式（4-26）可写为：

$$\delta = (z_0K_1 + h_2K_2)\omega + \delta_0 \tag{4-27}$$

对支承在岩石地基上的墩台，其顶面水平位移为：

$$\delta = (hK_1 + h_2K_2)\omega + \delta_0 \tag{4-28}$$

式中　K_1、K_2——考虑沉井的实际刚度对地面处水平位移和转角的影响系数，可按表 4-1 查用。

系数 K_1、K_2 值表　　　　　　　　　　　　　　表 4-1

αh	系数	λ/h				
		1	2	3	5	∞
1.6	K_1	1.0	1.0	1.0	1.0	1.0
	K_2	1.0	1.1	1.1	1.1	1.1
1.8	K_1	1.0	1.1	1.1	1.1	1.1
	K_2	1.1	1.2	1.2	1.2	1.3
2.0	K_1	1.1	1.1	1.1	1.1	1.2
	K_2	1.2	1.3	1.4	1.4	1.4
2.2	K_1	1.1	1.2	1.2	1.2	1.2
	K_2	1.2	1.5	1.6	1.6	1.7
2.4	K_1	1.1	1.2	1.3	1.3	1.3
	K_2	1.3	1.8	1.9	1.9	2.0
2.6	K_1	1.2	1.3	1.4	1.4	1.4
	K_2	1.4	1.9	2.1	2.2	2.3

注：当 $\alpha h < 1.6$ 时，$K_1 = K_2 = 1.0$。$\alpha = \sqrt[5]{\dfrac{mb_1}{EI}}$

4.4.4　验　　算

1. 基底应力验算

根据式（4-14）及式（4-23）所计算出的最大压应力不应超过沉井底面处土体的容许压应力 $[\sigma]_h$。即：

$$\sigma_{max} \leqslant [\sigma]_h \tag{4-29}$$

2. 土体水平向抗力验算

由式（4-12）及式（4-21）计算出的 σ_{zx} 值应小于沉井周围土体的极限抗力值，否则不能考虑基础侧向土的弹性抗力，其计算方法如下。

当基础在外力作用下产生位移时，在深度 z 处基础一侧产生主动土压力 P_a，而被挤压一侧则受到被动土压力 P_p，故其极限抗力以土压力表示为：

$$\sigma_{zx} \leqslant P_p - P_a \tag{4-30}$$

由朗肯土压力理论可知：

$$P_p = \gamma z \tan^2\left(45° + \frac{\varphi}{2}\right) + 2c\tan\left(45° + \frac{\varphi}{2}\right)$$

$$P_a = \gamma z \tan^2\left(45° - \frac{\varphi}{2}\right) - 2c\tan\left(45° - \frac{\varphi}{2}\right) \tag{4-31}$$

代入式（4-30）整理后可得：

$$\sigma_{zx} \leqslant \frac{4}{\cos\varphi}(\gamma z \tan\varphi + c) \tag{4-32}$$

式中　γ——土体重度；

φ、c——土体内摩擦角和黏聚力。

根据试验可知，通常土体最大水平抗力出现的位置大致在 $z = \frac{h}{3}$ 和 $z = h$ 处，将其代入式（4-32）可得：

$$\sigma_{\frac{h}{3}x} \leqslant \eta_1 \eta_2 \frac{4}{\cos\varphi}\left(\frac{\gamma h}{3}\tan\varphi + c\right) \tag{4-33}$$

$$\sigma_{hx} \leqslant \eta_1 \eta_2 \frac{4}{\cos\varphi}(\gamma h \tan\varphi + c) \tag{4-34}$$

式中　$\sigma_{\frac{h}{3}x}$——相应于 $z = \frac{h}{3}$ 处土体的水平抗力，h 为基础埋置深度；

σ_{hx}——相应于 $z = h$ 处土体的水平抗力；

η_1——取决于上部结构形式的系数，一般为 1.0，对于拱桥为 0.7；

η_2——考虑恒载对基础重心所产生的弯矩 M_g 在总弯矩 M 中所占比例的系数，即

$$\eta_2 = 1 - 0.8\frac{M_g}{M}。$$

3. 墩台顶面水平位移的验算

桥梁墩台设计时，除应考虑基础沉降外，往往还需验算由于地基变形和墩台本身的弹性水平变形所产生的墩台顶面的弹性水平位移 δ 不得大于其允许值。现行的桥梁设计规范均规定墩台顶面水平位移的允许值为 $0.5\sqrt{L}$，其中 L 为相邻墩台间的最小跨径长度，单位以"m"计；跨径小于 25m 者仍以 25m 计算。

4.5　沉井施工过程中的结构强度计算

从底节沉井拆除垫木，直至上部结构修筑完成开始使用以及营运过程中，沉井均受到不同外力的作用。因此，沉井的结构强度必须满足各阶段最不利受力情况的要求。设计时

应根据沉井各部分在施工过程中的最不利受力情况,拟出相应的计算图式,然后计算截面应力,进行必要的配筋等,保证井体结构在施工各阶段中的强度和稳定。

4.5.1 沉井自重下沉验算

为了使沉井能在自重下顺利下沉,沉井重量必须大于井壁与土体间的摩阻力。一般要求满足下列条件:

$$K = \frac{G-B}{T} > 1.0 \tag{4-35}$$

式中 K——下沉系数,一般在 1.05～1.25 之间取值;具体可土体类别及施工条件取用,在淤泥质土层中宜取小值,其他土层中可取大值;

      G——沉井自重;

      B——沉井下沉过程中,地下水的浮力;排水下沉时取零,不排水下沉时取总浮力的 70%;

      T——井壁总摩阻力,$T = \sum f_i h_i u_i$,其中 h_i、u_i 分别为沉井穿过第 i 层土的厚度和该段沉井的周长,f_i 为第 i 层土对沉井单位面积的摩阻力,其值应根据试验确定,如缺乏资料,可采用表 4-2 中的数值。

土体与井壁间的摩阻力表   表 4-2

土的名称	黏性土	砂类土	砂卵土	砂砾石	软土
土与井壁间的摩阻力(kPa)	25～50	12～25	18～30	15～20	10～12

注:采用泥浆润滑套时摩阻力为 3～5kPa,在砾石与卵石层中不宜采用泥浆润滑套施工。

当不能满足式(4-35)的要求时,可采取下列措施直到满足要求:

(1)加大井壁厚度或调整取土孔尺寸;

(2)增加附加荷载或射水助沉;

(3)采用泥浆润滑套或壁后压气法;

(4)如为不排水下沉者,则下沉到一定深度后可采用排水下沉。

4.5.2 第一节(底节)沉井的竖向挠曲验算

第一节沉井在抽除垫木及挖土下沉过程中,可将沉井作为承受自重的梁计算井壁产生的竖向挠曲应力。当挠曲应力超过材料的容许值时,就应增加第一节沉井高度或在井壁内设置横向钢筋,以防止沉井竖向开裂。

1. 排水挖土下沉

由于沉井是排水挖土下沉,所以不论在抽除刃脚下垫木以及在整个挖土下沉过程中,都能很好地控制沉井的支承点。为了使井体挠曲应力尽可能小些,将沉井看作四点支承的梁,验算因竖向挠曲引起的混凝土弯拉应力,支点距离可以控制在最有利的位置处。对矩形及端圆形沉井而言,是使其支点和跨中点的弯矩大致相等。如沉井的长宽比大于 1.5,支点设在长边上,支点间距可采用 0.7L(L 为沉井长度),如图 4-11(a)所示;圆形沉井的四个支点可布置在两个相互垂直线上的端点处。

2. 不排水挖土下沉

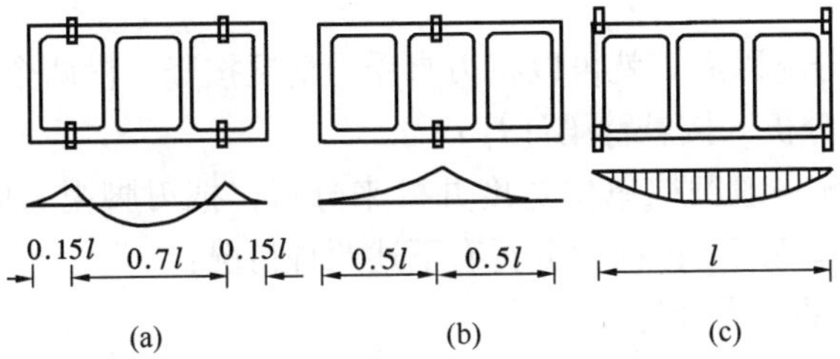

图 4-11 第一节沉井支承点布置示意图

由于井孔中有水，挖土可能不均匀，沉井下沉过程中可能会出现最不利的支承情况。对矩形及端圆形沉井，支点可能在长边的中点上（图 4-11b）或在沉井的四个角上（图 4-11c）；对于圆形沉井，两个支点位于一直径上。

图 4-11（a）和图 4-11（b）情况使沉井成为一悬臂梁，在支点处，沉井顶部可能产生竖向开裂；而图 4-11（c）情况则使沉井成为一简支梁，跨中弯矩最大，可能使沉井下部开裂。上述两种情况均应对长边跨中附近最小截面上下缘进行验算。

若底节沉井内隔墙的跨度较大，还需要验算内隔墙的抗拉强度。内隔墙的受力情况是下部土已挖空，第二节沉井的内墙已浇筑，但未凝固，这时，内隔墙成为两端支承在井壁上的梁，承受了本身重量以及上部第二节沉井内隔墙和模板等重量。如验算结果可能使内隔墙下部产生竖向开裂，应采取措施：布置水平向钢筋，或在浇筑第二节沉井时内隔墙底部回填砂石并夯实，使荷载传至填土上。

4.5.3 沉井刃脚受力计算

沉井在下沉过程中，刃脚受力较为复杂，刃脚切入土中时受到向外弯曲应力，挖空刃脚下的土时，刃脚又受到外部土、水压力作用而向内弯曲。从结构上来分析，可认为刃脚把一部分力通过本身作为悬臂梁的作用传到刃脚根部，另一部分则由本身作为一个水平的闭合框架作用所负担。因此可以把刃脚看成在平面上是一个水平闭合框架，在竖向是一个固定在井壁上的悬臂梁。水平外力的分配系数可根据悬臂及水平框架两者的变位关系及其他一些假定得到。

刃脚悬臂作用的分配系数为：

$$\alpha=\frac{0.1L_1^4}{h_k^4+0.05L_1^4}\quad(\alpha\leqslant 1.0) \tag{4-36}$$

刃脚框架作用的分配系数为：

$$\beta=\frac{h_k^4}{h_k^4+0.05L_2^4} \tag{4-37}$$

式中 L_1——支承于隔墙间的井壁最大计算跨度；

L_2——支承于隔墙间的井壁最小计算跨度；

h_k——刃脚斜面部分的高度（图 4-12）。

水平外力按上面两个分配系数分配，只适用于内隔墙底面高出刃脚底面不超过 0.5m，或大于 0.5m 而有垂直埂肋的情况。否则，全部水平力应由悬臂作用承担，即 $\alpha=1.0$，刃脚不再起水平框架作用，但仍应按构造要求布置水平钢筋，使其能承受一定的正、负弯矩。

外力经过上面的分配以后，就可以将刃脚受力情况按竖、横两个方面来计算。

1. 刃脚竖向受力分析（按悬臂梁计算）

刃脚竖向受力情况一般截取单位宽度井壁来分析，把刃脚视为固定在井壁上的悬臂梁，梁的跨度即为刃脚高度。由内力分析有下述两种情况：

1）刃脚向外挠曲的内力计算

刃脚切入土中一定深度，由于沉井自重作用，在刃脚斜面上产生土抗力，使刃脚向外挠曲。这种最不利的情况是刃脚斜面上的土抵抗力最大，而井壁外的土、水压力最小时，具体应根据沉井的构造、土层情况及施工情况分析确定。一般近似认为在沉井下沉施工过程中，刃脚内侧切入土中深度约 0.1m，上节沉井均已接上，且沉井上部露出地面或水面约一节沉井高度时或当采用一次下沉的沉井开始下沉时为最不利情况，以此来计算刃脚的向外挠曲弯矩。

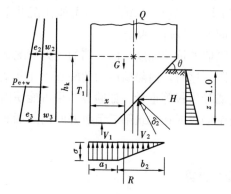

图 4-12 刃脚向外挠曲受力简图

刃脚高度范围内的外力有：刃脚外侧的主动土压力及水压力、沉井自重、土对刃脚外侧的摩阻力以及刃脚下土的抵抗力。其计算简图如图 4-12 所示。

各外力的计算式如下：

（1）作用在刃脚外侧单位宽度上的土压力及水压力

地面下深度 h_i 刃脚承受的土压力 e_i 可按朗肯主动土压力公式计算，即：

$$e_i = \gamma_i h_i \tan^2 \left(45° - \frac{\varphi}{2} \right) \qquad (4\text{-}38)$$

式中 γ_i——土体在 h_i 范围内的平均重度，在水位以下时应考虑浮力；

h_i——计算位置至地面的距离。

水压力计算公式为：

$$w_i = \gamma_w h_{wi} \qquad (4\text{-}39)$$

式中 γ_w——水重度；

h_{wi}——计算位置至水面的距离。

土压力和水压力的合力为：

$$P_{e+w} = \frac{1}{2} (P_{e2+w2} + P_{e3+w3}) h_k \qquad (4\text{-}40)$$

式中 P_{e2+w2}——作用在刃脚根部处的土压力及水压力强度之和；

P_{e3+w3}——刃脚底面处的土压力及水压力强度之和；

h_k——刃脚高度。

水压力应根据施工情况和土质条件计算（可参考刃脚向内挠曲验算时有关说明），为了避免计算所得土、水压力值偏大而使验算方法偏于不安全，一般设计规范均规定了由式（4-40）算得的刃脚外侧土、水压力值不得大于静水压力的 70%，否则按静水压力的 70%计算。

（2）作用在刃脚外侧单位宽度上的摩阻力

作用在刃脚外侧单位宽度上的摩阻力 T_1 可按下列两式计算，并取其较小者：

$$T_1 = \tau h_k \tag{4-41}$$

$$T_1 = 0.5E \tag{4-42}$$

式中　τ——土与井壁间单位面积上的摩阻力，由表 4-2 查用；

　　　E——刃脚外侧总的主动土压力，即：$E = \dfrac{1}{2}h_k(e_3 + e_2)$。

（3）刃脚下抵抗力

刃脚下竖向反力 R（取单位宽度）可按下式计算：

$$R = q - T' \tag{4-43}$$

式中　q——沿井壁周长单位宽度上沉井的自重，在水下部分应考虑水的浮力；

　　　T'——沉井入土部分单位宽度上的摩阻力。

为求 R 的作用点，可将 R 分为 V_1 及 V_2 两部分，然后根据图 4-12 求得。图中刃脚踏面宽度为 a_1，踏面下的反力假定为均匀分布，其合力用 V_1 表示。假定刃脚斜面与水平面成 θ 角，斜面与土间的摩擦角为 δ_2，一般定为 $30°$，故作用在斜面上土反力的合力与斜面的垂直方向成角 δ_2，斜面上反力呈三角形分布，在地面处为 0，将合力分解成竖直为 V_2 及水平力 H 时，它们的应力图形也是呈三角形分布。

$$R = V_1 + V_2 \tag{4-44}$$

R 的作用点距井壁外侧的距离为：

$$x = \frac{1}{R}\left[V_1 \frac{a_1}{2} + V_2\left(a_1 + \frac{b_2}{3}\right)\right] \tag{4-45}$$

式中　b_2——刃脚内侧入土斜面在水平面上的投影长度。

根据力的平衡条件，从图 4-12 可知：

$$V_1 = a_1\sigma = a_1 \frac{R}{a_1 + \dfrac{b_2}{2}} = \frac{2a_1}{2a_1 + b_2}R \tag{4-46}$$

$$V_2 = \frac{b_2}{2a_1 + b_2}R \tag{4-47}$$

$$H = V_2 \tan(\theta - \delta_2) \tag{4-48}$$

刃脚斜面上土的水平反力 H 作用点离刃脚底面距离为 0.33m。

（4）刃脚（单位宽度）自重 g

单位宽度刃脚自重 g 为：

$$g = \frac{\lambda + a_1}{2}h_k \cdot \gamma_k \tag{4-49}$$

式中　λ——井壁厚度；

　　　γ_k——钢筋混凝土刃脚的重度，不排水施工时效应扣除浮力。

刃脚自重 g 的作用点至刃脚根部中心轴的距离为：

$$x_1 = \frac{\lambda^2 + a_1\lambda - 2a_1^2}{6(\lambda + a_1)} \tag{4-50}$$

求出以上各力的大小、方向及作用点后，再算出各力为对刃脚根部中心轴的弯矩总和

值 M、竖向力 N 及剪力 Q，其算式为：

$$M = M_R + M_{e+w} + M_T + M_g \qquad (4\text{-}51)$$

$$N = R + T_1 + g \qquad (4\text{-}52)$$

$$Q = P_{e+w} + H \qquad (4\text{-}53)$$

式中　M_R、M_H、M_{e+w}、M_T、M_g——分别为反力 R、横向力 H、土压力及水压力 P_{e+w}、刃脚底部的外侧摩阻力 T_1 以及刃脚自重 g 对刃脚根部中心轴的弯矩，其中作用在刃脚部分的各水平力均应规定考虑分配系数 a。

上述各式数值的正负号视具体情况而定。

根据 M、N 及 Q 值就可验算刃脚根部应力并计算出刃脚内侧所需的竖向钢筋用量。一般刃脚内侧钢筋截面积不宜少于刃脚根部截面积的 0.1%。刃脚的竖直钢筋应伸入根部以上 $0.5L_1$（L_1 为支承于隔墙间的井壁最大计算跨度），混凝土剪应力一般很小，必要时才进行验算。

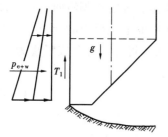

图 4-13　刃脚向内挠曲受力情况

2）刃脚向内挠曲的内力计算

计算刃脚向内挠曲最不利的情况是沉井已下沉至设计标高，刃脚下的土已挖空而尚未浇筑封底混凝，如图 4-13 所示，这时可将刃脚作为根部固定在井壁的悬臂梁来计算最大的向内弯矩。

作用在刃脚上的力有刃脚外侧的土压力、水压力、摩阻力以及刃脚本身的重量。以上各力的计算同前。但计算水压力时，应注意根据施工实际情况。现行的设计规范考虑到一般的情况及从安全出发，要求：①对于不排水下沉沉井，井壁外侧水压力值以 100% 计算；内侧水压力值以 50% 计算，或按施工可能出现的水头差计算；②对于排水下沉沉井，在不透水土中可按静水压力的 70% 计算；在透水性土中可按静水压力的 100% 计算。另外，计算所得各水平外力均应按规定考虑分配系数 a。

根据外力值计算出对刃脚根部中心轴的弯矩、竖向力及剪力后，可以此求出刃脚外壁的钢筋用量。同样，刃脚外壁钢筋截面积不宜少于刃脚根部截面积的 0.1%。刃脚的竖向钢筋应伸入刃脚根部以上 $0.5L_1$。

2. 刃脚水平钢筋的计算（按水平框架计算）

刃脚水平向受力最不利的情况是沉井已下沉至设计标高，刃脚下的土已挖空，尚未浇筑封底混凝土的时候。作用在刃脚上的外力，与计算向内挠曲时一样。由于刃脚有悬臂作用和水平框架的作用，故当刃脚作为悬臂考虑时，刃脚所受水平力乘以 a；而作用刃脚水平框架上的水平反力应乘以分配系数 β（式 4-37），其值作为水平框架上的外力，由此求出框架的弯矩及轴向力值，再计算出框架所需的水平钢筋用量。

对于常用沉井水平框架的平面形式，其内力计算式可参考有关设计手册。一般情况下，刃脚水平框架作用的影响较小。

4.5.4　井壁受力计算

1. 井壁竖向拉应力验算

沉井在下沉过程中，刃脚下的土已被挖空，但沉井上部被摩阻力较大的土体箍住（这一般在下部土层比上部土层软的情况下出现），这时下部沉井呈悬挂状态，井壁就有在自重作用下被拉断的可能，因而应验算井壁的竖向拉应力。拉应力的大小与井壁摩阻力分布有关，在判断可能夹住沉井的土层不明显时，可近似假定沿沉井高度成倒三角形分布（图4-14）：在地面处摩阻力最大，而刃脚底面处为零。

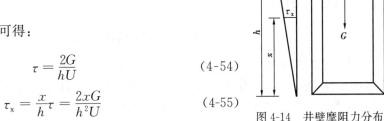

该沉井自重为 G，h 为沉井的入土深度，U 为井壁的周长，τ 为地面处井壁上的摩阻力，τ_x 为距刃脚底 x 处的摩阻力（图4-14）。

由 $G = \dfrac{1}{2}\tau h U$，可得：

$$\tau = \frac{2G}{hU} \tag{4-54}$$

故：

$$\tau_x = \frac{x}{h}\tau = \frac{2xG}{h^2 U} \tag{4-55}$$

图 4-14　井壁摩阻力分布

离刃脚底 x 处井壁的拉力为 S_x，其值为：

$$S_x = \frac{x}{h}G - \frac{\tau_x}{2}xU = \frac{x}{h}G - \frac{x^2}{h^2}G \tag{4-56}$$

为求得最大拉应力，令 $\dfrac{\mathrm{d}S_x}{\mathrm{d}x} = 0$

即：$\dfrac{\mathrm{d}S_x}{\mathrm{d}x} = \dfrac{G}{h} - \dfrac{2Gx}{h^2} = 0$，得到：$x = \dfrac{1}{2}h$

因此：$S_{\max} = \dfrac{\frac{1}{2}h}{h}G - \dfrac{\left(\frac{h}{2}\right)^2}{h^2}G = \dfrac{1}{4}G$ $\tag{4-57}$

除沉井被障碍物卡住的情况以外，可用式（4-57）算出的拉力进行验算，当 $S_{\max}$ 大于井壁圬工材料允许值时，应布置必要的竖向受力钢筋。当井壁截面在竖直方向呈阶梯形变化时，应分别求出各段最大拉应力，再进行强度验算。对每节井壁接缝处的竖直拉力验算，可假定该处混凝土不承受拉应力，全部由接缝处钢筋承受。钢筋的应力应小于 0.75 倍钢筋标准强度，并须验算钢筋锚固长度。当井壁有预留孔洞时，还应验算孔洞削弱处井壁的应力。

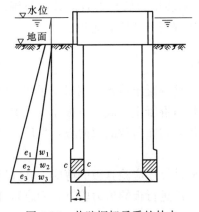

图 4-15　井壁框架承受的外力

2. 井壁横向受力计算

沉井下沉过程中，井壁始终受到水平向的土压力及水压力作用，因而应验算井壁材料的强度。验算时将井壁水平向截取一段作为水平框架，然后计算该框架的受力情况（计算方法与刃脚框架计算相同）。

沉井的最不利下沉情况是下沉至设计标高，刃脚已挖空而尚未封底。验算时在 $c\text{-}c$ 断面（图 4-15）以上截取一段高度为井壁厚 λ 的井壁作为水平框架来考虑，井壁截取位置应是在刃脚根部。其上作用的水平荷载，除了该段井壁范围内的土、水压力外，还有刃脚作为悬臂作用传来的水平剪力（其值等于刃脚向内挠曲时受到的水平外力乘以分配系数 a)。

对于分节浇筑的沉井,整个沉井高度范围的井壁厚度可能不一致,而依厚度变化分成数段。因此,除了应验算靠近刃脚根部以上处的井壁材料强度外,同时还应验算各厚度变化段最下端处单位高度的井壁作为水平框架的强度,并以此来控制该段全高的设计。这些水平框架承受的水平力为该水平框架高度范围内的土压力及水压力,并不需要乘以分配系数 β。

采用泥浆润滑套的沉井,若台阶以上泥浆压力大于上述土压力和水压力之和,则井壁压力应按泥浆压力计算。

4.5.5　混凝土封底的验算

沉井封底混凝土的厚度应根据基底承受的反力情况而定。作用于封底混凝土的竖向反力可分为两种情况:①沉井水下封底后,在施工抽水时封底混凝土需承受基底水和地基土的向上反力;②空心沉井在使用阶段,封底混凝土需承受沉井基础全部最不利荷载组合所产生的基底反力,当沉井井孔内填砂或有水时,可扣除其重量。

封底混凝土厚度,可按下列两种方法计算并取其控制者。

1. 封底混凝土视为支承在凹槽或隔墙底面和刃脚上的底板,按周边支承的双向板(方形或端圆形沉井)或圆板(圆形沉井)计算。底板与井壁的连接一般按简支考虑,当底板与井壁有可靠的整体连接(由井壁内预留钢筋连接等)时,也可按弹性固定考虑。

封底混凝土厚度可按下式计算:

$$h_{t} = \sqrt{\frac{6\gamma_{si}\gamma_{m}M_{tm}}{bR_{w}^{j}}} \tag{4-58}$$

式中　h_t——封底混凝土厚度;

M_{tm}——在最大均布反力作用下的最大计算弯矩,按支承条件考虑的荷载系数可由结构设计手册查取;

R_w^j——混凝土弯曲抗拉极限强度;

γ_{si}——荷载安全系数;

γ_m——材料强度安全系数;

b——计算宽度,此处取 1m。

2. 封底混凝土按受剪计算。即计算封底混凝土承受基底反力后是否有沿井孔范围内周边剪断的可能。若剪应力超过其抗剪强度则应加大封底混凝土的抗剪面积。

4.5.6　混凝土盖板的设计

对于空心沉井或井孔砂砾石的沉井,必须在井顶筑钢筋混凝土盖板,用以支承墩台的全部荷载。当沉井内以混凝土填实,盖板可用混凝土或片石混凝土筑成。盖板厚度一般是预先拟定的,计算时考虑盖板作为承受最不利荷载组合传来均布荷载的双向板,然后以此计算结果来进行配筋计算。

如果墩台身全部位于井孔内,不但需要进行板的配筋计算还应验算板的剪应力和井壁的支承压力。如果墩台身较大,部分支承在井壁上,则不需进行板的剪力验算,而进行井壁压应力验算。

4.6 沉井的施工

沉井基础的施工一般可分为旱地施工、水上筑岛施工及浮运沉井施工三种。

在沉井施工前应作好下列准备工作:

(1) 对施工场地进行勘察,掌握工程地质、水文地质等资料;

(2) 敷设水电管线,修筑临时道路,平整场地,即做好三通一平;

(3) 搭建必要的临时设施,集中必要的材料、机具设备和劳动力;

(4) 熟悉施工图纸,编制施工组织设计和施工方案。

4.6.1 旱地上沉井的施工

沉井基础位于旱地时,一般说来容易进行施工,可采用就地制造、挖土下沉、封底、充填井孔以及浇筑顶板的施工工序,具体施工步骤如下。

1. 整平场地

如天然地面土质较好,只需将地面杂物清掉并整平地面,就可在其上制造沉井。如为了减小沉井的下沉深度亦可在基础位置处先开挖一定深度的基坑,然后在坑底制造沉井下沉,坑底应高出地下水位面 $0.5 \sim 1.0m$。如土质松软,应整平夯实或换土夯实。在一般情况下,应在整平场地上铺上不小于 $0.5m$ 厚的砂或砂砾层。

2. 制作第一节沉井

沉井按其制作和下沉的顺序可分为三种形式:①一次制作,一次下沉;②分节制作,多次下沉;③分节制作,一次下沉。沉井过高时常常不够稳定,下沉时易倾斜。因此沉井制作高度应保证沉井自身的稳定性,同时应考虑有适当的重量,以保证足够的下沉系数。如采用分节制作一次下沉施工工艺,则必须根据地基承载力进行验算。其最大灌注高度可视沉井平面尺寸而定,一般不宜大于 $12m$。

由于沉井自重较大,所以在整平场地后往往沿井壁周边刃脚踏面下对称地铺设一层垫木(可用 $200mm \times 200mm$ 或 $150mm \times 150mm$ 的方木,长约 $2.5m$)以加大支承面积,使沉井重量在垫木下产生的压应力不大于 $100kPa$,避免沉井混凝土在灌注后而尚未达到一定强度以前,产生不均匀沉降造成沉井开裂。垫木的布置应考虑抽除方便,当地基表面土体承载力较高时可用素混凝土垫层代替垫木。然后在刃脚位置处放上刃脚角钢,竖立内模,绑扎钢筋,立外模,最后浇灌第一节沉井混凝土。

刃脚的支设可视沉井的重量、施工荷载和地基承载力情况,采用垫架法、半垫架法、砖垫座或土底模,如图 4-16 所示。较大较重的沉井在较软弱地基制作时,常采用垫架或半垫架法,如图 4-16 (a)、(b) 所示,以免造成地基下沉,刃脚开裂。直径或边长在 $8m$ 以内的较轻沉井,当土质较好时,可采用砖垫座,如图 4-16 (c) 所示,沿周长分成 $6 \sim 8$ 段,中间留 $20mm$ 空隙,以便拆除。重量较轻的沉井,在土质较好时,可采用砂垫层、素混凝土垫层、灰土垫层或在地基中挖槽做成土模,如图 4-16 (d) 所示,其内壁用 $1:3$ 水泥砂浆抹平。

模板应有较大的刚度,以免发生挠曲变形。外模板内侧应平滑以利下沉。钢模较木模刚度大,周转次数多,也易于安装。在场地土质较好处,也可采用土模。

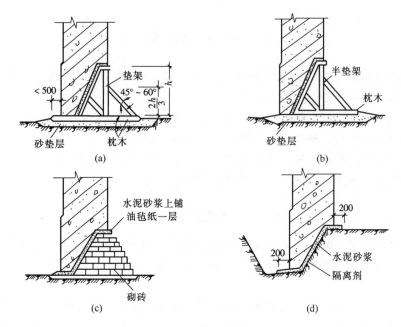

图 4-16　刃脚支设方法

3. 拆模及抽垫

沉井混凝土达到设计强度的 70% 时可拆除模板；大型沉井混凝土达到设计强度的 100%，小型沉井混凝土达到设计强度的 70% 以上时，可抽除垫木。抽除垫木应分区、依次、对称、同步进行，以免引起沉井开裂、移动或倾斜。其顺序是：圆形沉井先抽除一般垫木，后抽除定位垫木；矩形沉井先抽除内隔墙下的垫木，再分组对称地抽除沉井短边下的垫木，最后抽除长边下的垫木。抽沉井长边下的垫木时，以定位垫木（最后抽除的垫木）为中心，对称地由远到近拆除，最后拆除定位垫木。注意在抽垫木过程中，每抽除一根垫木应立即用砂、卵石或砾石回填进去并捣实，同时在刃脚内外侧应填筑成小土堤（图 4-17），并分层夯实。

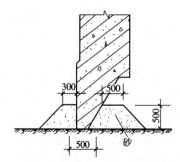

图 4-17　刃脚回填砂或砂卵石

4. 挖土下沉

沉井下沉施工可分为排水下沉和不排水下沉。前者适用于渗水量不大（每平方米不大于 $1m^3/min$）、稳定的黏性土（如黏土、亚黏土以及各种岩质土）或在砂砾层中渗水量虽很大，但排水并不困难，不会因排水而产生大量流砂时采用。其优点是挖土方法简单，下沉较均衡且易纠倾，达到设计标高后又能直接检验基底土的平整，并可采用干封底，所以应尽量优先采用。后者适用于流砂严重的地层中和渗水量大的砂砾地层中，以及地下水无法排除或大量排水会影响附近建筑物安全的情况。

土的挖除可采用人工挖土或机械除土。人工挖土可使沉井均匀下沉和清除井下障碍物，但应采取措施，确实保证施工安全。排水下沉常用人工或风动工具，或在井内用小型反铲挖土机，在地面用抓斗挖土机分层开挖。挖土必须对称、均匀进行，使沉井均匀下沉。不排水下沉通常采用机械除土，挖土工具可以是抓斗、水力吸泥机或水力冲射空气吸泥机等。如土质较硬，水力吸泥机需配以水枪射水将土冲松。由于吸泥机是将水和土一起吸出井外，故需经常向井内加水维持井内水位高出井外水位1～2m，以免发生涌土或流砂现象。

5. 接高沉井

第一节沉井顶面下沉至距地面还剩1～2m时，应停止挖土，接筑第二节沉井。接筑前应使第一节沉井位置竖直并凿毛顶面，然后立模浇筑混凝土。待混凝土强度达到设计要求后再拆模继续挖土下沉。随着时间推移，沉井下沉完毕后还会有一定的下沉量，因此其下沉深度应有一定的预留量。

6. 地基检验和处理

沉井沉至设计标高后，应进行基底检验。检验内容是地基土质是否与设计相符、是否平整，并对地基进行必要的处理。如果是排水下沉的沉井，可以直接进行检查，不排水下沉的沉井由潜水工进行检查或钻取土样鉴定。地基为砂土或黏性土，可在其上铺一层砾石或碎石至刃脚底面以上200mm。如地基为风化岩石，应将风化岩层凿掉；岩层倾斜时，应凿成阶梯形。若岩层与刃脚间局部有不大的孔洞，由潜水工清除软层并用水泥砂浆封堵，待砂浆有一定强度后再抽水清基。不排水情况下，可由潜水工清基或用水枪及吸泥机清基。总之要保证井底地基尽量平整，浮土及软土需清除干净，以保证封底混凝土、沉井及地基紧密连接。

7. 封底、充填井孔及浇筑顶盖

沉井下沉至设计标高，地基经检验及处理符合要求，同时8小时内累计下沉量不大于10mm或沉降率在允许范围内时，即可进行封底。封底可分为干封底和湿封底两种。干封底能保证混凝土的准确厚度及表面平整，且节约材料并保证质量，应优先采用。其方法是灌注混凝土时，在沉井中部设集水井，如有涌水，立即抽干。混凝土的灌注应从四周刃脚开始向中央推移。待底板混凝土强度到达70%后，对集水井进行逐个封堵。湿封底（水下混凝土封底）要求注意保证混凝土质量。因为封底后井内水要排干，以便灌注底板。封底混凝土采用导管法灌注。待水下混凝土到达一定强度后，方可从沉井中抽水，施工钢筋混凝土底板，填筑井内圬工。如井孔中不填料或仅填以砾石，则井顶面应浇筑钢筋混凝土顶盖。

4.6.2 水中沉井的施工

1. 筑岛法沉井的施工

当水的流速不大且水深在3～4m以内，可用水中筑岛的方法施工沉井（图4-18）。筑岛材料为砂或砾石，周围用草袋围护，或采用围堰防护，见图4-18（a）、（b）。岛面应比沉井周围宽出2m以上作为护道，并应高出施工最高水位0.5m以上。筑岛地基强度应符合要求，然后在岛上浇筑沉井。如筑岛压缩水面较大，可采用钢板桩围堰筑岛（图4-18c），但要考虑沉井重量对它产生的侧向压力。为避免沉井对它的影响，可按式（4-59）决定围堰距井壁外缘的距离b，距离b可以作为护道，一般宜不小于2.0m。其余施工方法与旱地施工方法相同。

$$b \geqslant H \tan \left(45° - \frac{\varphi}{2} \right) \tag{4-59}$$

式中 H——为筑岛高度；

   φ——砂或砾石在水中的内摩擦角。

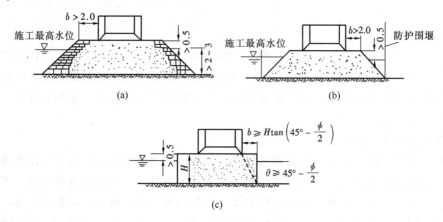

(a)   (b)

(c)

图 4-18   水上筑岛下沉沉井

2. 浮运沉井施工

当水深较大（如超过 10m），采用筑岛法很不经济，且施工困难，可采用浮运法施工沉井。

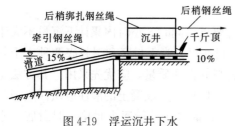

图 4-19   浮运沉井下水

沉井在岸边做成，利用在岸边铺成的滑道滑入水中（图 4-19），然后用绳索引到设计墩位。沉井井壁可以做成空体形式或采用其他措施（如装上钢气筒或临时性木底板）使沉井浮于水上，也可以在船坞内制成，用浮船定位和吊放下沉，或利用潮汐在水位上涨时浮起，再浮运至设计位置。

沉井就位后，用混凝土或水灌入空体，徐徐下沉直至河床。或依靠在悬浮状态下接长沉井及填充混凝土使它逐步下沉，这时每个步骤均需保证沉井本身具有足够的稳定性。沉井刃脚切入河底一定深度后，可按前述下沉方法施工。

4.6.3   沉井下沉过程中遇到的问题及处理

沉井在利用自身重量下沉过程中，常遇到的主要问题有：

1. 沉井下沉困难

导致沉井下沉困难的原因主要有：沉井自身重量克服不了井壁摩阻力；或刃脚下遇到大的障碍物。

解决因摩阻力过大而使下沉困难的方法可从增加沉井自重和减小井壁摩阻力两个方面来考虑。

（1）增加沉井自重。可提前浇筑上一节沉井以增加沉井自重，或在沉井顶上压重物（如钢轨、铁块或砂袋等）迫使沉井下沉。对不排水下沉的沉井，可以抽出井内的水以增加沉井自重（用这种方法要保证土不会产生流砂现象）。

（2）减小沉井外壁的摩阻力。可以将沉井设计成阶梯形、钟形，或在施工中尽量使外壁光滑；也可在井壁内埋设高压射水管组，利用高压水流冲松井壁附近的土，且水流沿井壁上升而润滑井壁，使沉井摩阻力减小。以上几项措施在设计时就应考虑。在刃脚下挖空的情况，可采用炸药，利用炮震使沉井下沉。这种方法对沉井快沉至设计标高时效果较好，但要避免震坏沉井，放用药量要少，次数不宜太多。近年来，对下沉较深的沉井，为了减少井壁摩阻力常采用泥浆润滑套或空气幕下沉沉井的方法。

如果在刃脚下遇到大的障碍物，必须予以清除后再下沉。如遇木桩、树根可拔出，遇钢材可用氧气烧断后取出，遇小孤石可将四周土掏空后取出，遇大孤石可用风动工具或少量炸药破碎成小块取出，但需避免损坏刃脚。在不能排水的情况下，由潜水工进行水下切割或水下爆破。

2. 沉井发生倾斜和偏移

倾斜和偏移的区别就在于沉井发生倾斜时，其中心位置未移动，而偏移是中心位置与设计中心有过大的偏差。在下沉过程中发生偏斜的原因主要有：土体表面松软，使沉井下沉不均；地基土质软硬不匀；挖土不对称；井内发生流砂，沉井突然下沉；刃脚遇到障碍物顶住而未及时发现；井内挖除的土堆压在沉井外一侧，沉井受压偏移或水流将沉井一侧土冲空等。沉井偏斜大多数发生在沉井下沉不深的时候，下沉较深时，只要控制得好，发生偏斜较少。

在沉井下沉过程中，应及时观测沉井的位置和方向，如发现与设计位置有过大的偏差，应分析其偏斜的原因并及时纠正。

沉井如发生倾斜可采用下述方法纠正：在沉井高的一侧集中挖土；在低的一侧回填砂石；在沉井高的一侧加重物或用高压射水冲松土层，必要时可在沉井顶面施加水平力扶正。

纠正沉井中心位置发生偏移的方法是先使沉井倾斜，然后均匀除土，使沉井底中心线下沉至设计中心线后，再进行纠偏。

3. 沉井突沉

在淤泥质黏土层中，沉井可能产生突然下沉，其数值一次可达5m之多。其原因在于开始阶段因挖土不注意，将"锅底"挖得太深，但沉井被外壁摩阻力和刃脚下土托住，沉井处于暂时相对稳定状态。当继续挖土时，井壁摩阻力达到极限值，沉井开始向下移动，此时井壁外摩阻力因土的触变性而突然下降，沉井即迅速下降而出现突沉。

防止突沉的措施有：适当加大下沉系数；控制挖土，"锅底"不应挖得太深；采用泥浆润滑套等减少摩阻力等。

4. 发生流砂

发生流砂现象的主要原因有：①井内"锅底"开挖过深，井外松散土涌入井内；②由于井内排水，造成地下水的渗透水头压力大于土体的有效重度；③爆破处理障碍物时，井外土体受震动后进入井内。

预防及处理方法有：①挖土应避免在刃脚下掏挖，以防流砂大量涌入，中间挖土也不宜形成"锅底"形；②采用排水法下沉时，井内外水头差宜控制在1.5~2.0m；③采用不排水法下沉时，应保证井内水位高于井外水位；④穿越流砂层应快速，最好采取加荷措施，使沉井刃脚切入土层。

习题与思考题

4-1   简述沉井的优缺点及其适应条件。

4-2   沉井按竖向平面形式可分为哪几类？其各自优缺点和适用条件如何？

4-3   沉井由哪几部分组成？各部分有何作用？

4-4   简述非岩石地基上沉井基础的强度及变形计算方法。

4-5   沉井在施工过程中应进行哪些验算？各自计算方法如何？

4-6   沉井在下沉过程中产生偏斜的原因有哪些？如何进行纠偏？

第5章 动力机器基础

5.1 概　述

动力机器基础承受着由机器的不平衡扰力而引起的振动和机器的自重，如果其振动过大，不仅影响机器加工精度，甚至会损坏机器，使之无法正常运转。同时，基础的振动也会对一定距离内的厂房结构，附近的其他设备、仪器和人员的正常生产生活带来不利的影响。因此，必须对动力机器基础进行科学合理的设计，将其振动幅度限制在一定的允许范围内，来满足机器本身和附近设备、仪器的正常运转和不干扰附近工作人员和居民的工作和生活的要求。

5.1.1　动力机器基础的分类

1. 按规范分类

国家标准《动力机器基础设计规范》GB 50040—96 按机器的用途与性质不同，将基础划分为如下七种：①活塞式压缩机基础；②汽轮机组和电机基础；③透平压缩机基础；④破碎机和磨机基础；⑤冲击机器基础；⑥热模锻压力机基础；⑦金属切削机床基础。

2. 按扰力分类

按机器在运转时产生扰力的动力特征可分为五类：

1) 旋转式机器基础

常见的风机、离心式水泵、电机、汽轮发电机组等皆属此类。其扰力的产生，主要由于旋转部件质量分布不平衡和旋转支座轴与基座整个质量中心的偏心而引起的。其扰力按正弦规律变化称为简谐扰力，其大小与转动部件的总质量、偏心距大小、转子转速的平方成正比例关系。

2) 冲击式机器基础

常见的自由锻锤、模锻锤和落锤基础皆属此类。其扰力即为锻锤下落时产生的冲击力，其大小由冲量来表示，它与锤自重、锤头最大下落速度有关。在此冲量激励下，随后产生机器、基础与部分土体三者组成的体系的自由振动，其强迫振动的频率无显著的周期性，且衰减较快，但振动能量较大，因此此类基础主要考虑冲击后主体自由振动的振波影响。所以设计时必须控制其振幅、振动加速度与自振频率。

3) 旋转与往复式机器基础

一般具有曲柄连杆的机器基础皆属此类。因这类机器常有活塞，所以又称活塞式机器基础。常见的有柴油机、煤气机、活塞式水泵、活塞式压缩机等。其旋转运动产生的扰力与旋转式机器相同，往复运动产生的扰力的频率可分别为主轴转速的一倍和二倍，即为一谐波、二谐波。其扰力作用方向决定于气缸活塞的运动方向，有竖向扰力、水平扰力、回转扰力矩、扭转扰力矩。一般常以往复运动产生的扰力起主要作用。如有多个活塞气缸时可求得总扰力。

4）摆动式机器基础

颚式破碎机之类的基础皆属此类。这类机器运动部件有三类不同的运动情况，即一为绕一固定轴摆动，即称简摆；二为摆动轴自身同时还作往复平动，这称复摆；三为绕一固定轴摆动的同时还绕摆的轴线自转，圆锥式破碎机就属此类。它由惯性作用，产生水平向与垂直向两种扰力。

5）随机振动型机器基础

前面四类机器基础均属于确定性振动，而磨机中的短筒（$L/D \leqslant 3$）钢球磨煤机基础则是典型的随机振动。它在电力、冶金、矿山等许多领域应用十分广泛。

磨机的筒体在旋转时，筒内的研磨物体（钢球、钢棒、煤、矿石等）进行着复杂的运动而把物料磨碎。有关研究表明：由磨体和填充物料的运动所引起的不平衡惯性力，具有白噪声宽频带谱密度的随机荷载性质。我国的有关科研设计单位目前正在结合多项实际工作，进行钢球磨煤机基础在运行时的频谱测试，以求得适合国产短筒式钢球磨煤机基础的随机振动计算公式。

3. 按基础的结构形式分类

按机器基础的结构形式来划分，主要有三种：

（1）大块式基础：见图 5-1（a），这是目前最普遍应用的形式，其特点是基础本身刚度大，动力计算时可不考虑本身的变形，即当作刚体考虑；

（2）墙式基础：见图 5-1（b），当机器要求安装在离地面一定高度时，采用这种形式；其纵墙一般与机器扰力方向平行。由于该基础的顶板底下有足够的空间，可以布置管道等辅助设备。

（3）框架式基础：见图 5-1（c），一般用于大型的高、中频机器，如透平压缩机、汽轮发电机、离心机和破碎机等基础。

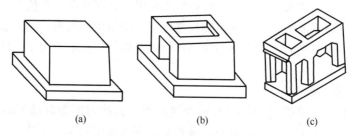

(a)　　　　　　　　　(b)　　　　　　　　　(c)

图 5-1　机器基础形式

（a）大块式；（b）墙式；（c）框架式

5.1.2　动力机器基础上的动荷载类型

在设计动力机器基础时，首先要确定动力机器运转时对基础产生的动力荷载，也就是机器的扰力。按照机器运转的不同性质，机器扰力有以下几种类型。

1. 回转运动产生的扰力

风机、透平压缩机、电动发电机、汽轮发电机等均属于旋转式机器，其运转时将产生简谐振动荷载。如图 5-2 所示为一机器的回转部件，其质量 m_e 集中于质心点。若回转部

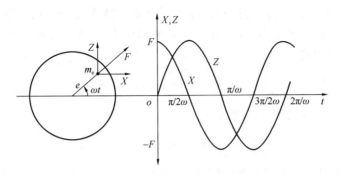

图 5-2 均匀回转运动产生的扰力

件的质心对于回转中心没有偏心，则均匀回转不会对基础产生扰力。如果回转部件的质心对回转中心存在偏心距 e，则均匀回转时将对基础产生扰力 F，具体可以表示为以下形式：

$$F = F_0 \sin\omega t \tag{5-1}$$

$$F_0 = m_e e\omega^2 \tag{5-2}$$

式中　F_0——常数或为简谐运动圆频率 ω 的函数；

m_e——回转偏心部件的质量；

e——从旋转中心到回转部件质心的距离，即偏心距；

ω——回转部件振动的圆频率，简称为频率，rad/s。

当回转运动的转速以每分钟回转次数 n（r/min）来表示时，ω 与 n 之间的关系式可写成以下形式：

$$\omega = n\pi/30 \tag{5-3}$$

由式（5-3）可见，当转速达到每分钟 3000 转时，即使只有 0.1mm 的偏心，也可以产生相当于回转部件本身重量大小的扰力。

从理论上讲，在设计动力基础时，旋转式机器的转动质量是可以平衡的，即可以做到在转动时不产生不平衡扰力，但是在实际中是无法做到的。由于机器安装时的偏差、使用中的损坏或部件装配不紧密和主轴偏心等因素都会产生不平衡扰力。如果旋转式机器由于此类原因导致基础振动超过允许值时，则必须通过整修机器以减小其不平衡扰力。

2. 往复运动产生的扰力

内燃机、蒸汽机、活塞式泵和压缩机以及其他曲柄连杆机器，都属于往复式机器。曲柄连杆机构使旋转运动变为往复运动，从而产生往复扰力。

如图 5-3 所示为一曲柄连杆机构，其中包括一个活塞在气缸内做往复运动，连杆长度

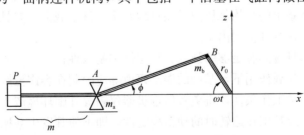

图 5-3 曲柄连杆运动产生的扰力

为 l，一端与活塞连接于 A 点，另一端与长度为 r 的曲柄连接于 B 点。曲柄以圆频率 ω 绕 o 点旋转时，活塞销 A 点沿气缸作直线运动，曲柄销 B 点的运动轨迹为圆形，此时曲柄销 A 点在 x 方向的加速度为：

$$\frac{\mathrm{d}^2 x_\mathrm{a}}{\mathrm{d}t^2} = r_0 \omega^2 \cos\omega t \tag{5-4}$$

活塞销 B 点在 x 方向的加速度为：

$$\frac{\mathrm{d}^2 x_\mathrm{b}}{\mathrm{d}t^2} = r_0 \omega^2 \left(\cos\omega t + \frac{r_0}{l} \cos 2\omega t \right) \tag{5-5}$$

连杆的质量可以分别集中于曲柄销 A 点和活塞销 B 点，于是在 x 方向的总扰力值为：

$$P_\mathrm{x} = (m_\mathrm{a} + m_\mathrm{b}) r_0 \omega^2 \cos\omega t + m_\mathrm{b} \frac{r_0^2}{l} \cos 2\omega t \tag{5-6}$$

在 z 方向的扰力为：

$$P_\mathrm{z} = m_\mathrm{a} r_0 \omega^2 \sin\omega t \tag{5-7}$$

式中　m_a ——往复运动部分的质量；

　　　m_b ——旋转部分的质量。

3. 冲击作用引起的扰力

冲压机、锻锤、落锤等工作时均会产生冲击荷载，这类振动属于单脉冲振动，即前一个脉冲的影响消失之后才开始下一个脉冲。由于每次冲击历时很短，且两次冲击之间的间隔时间相对较长，冲击作用的能量无从积累，所以一般无需考虑共振问题，设计时只需验算振幅是否在允许范围之内。为了计算受冲击荷载的基础反应，必须获得冲击力和时间的数据或冲击能量、冲击速度等数据。其中冲击力和时间的数据，一般只能通过大量实测资料统计而得。

5.1.3　动力机器基础设计的要求、原则与一般设计步骤

1. 动力机器基础设计应满足的基本要求

合理的设计机器基础，可以使其振动减小到足以保证机器平稳运转和不干扰邻近设备、工作人员以及居民的工作和生活，但如果对机器基础的振动要求过于严格，则可能造成不必要的浪费。因此，必须根据机器、基础、地基等方面综合分析，提出安全可靠和经济合理的机器基础设计方案。根据现行相关规范以及国内外经验，动力机器基础一般应满足以下要求：

（1）满足机器在安装、使用和维修方面的要求，因此基础上半部的外形和尺寸（如沟、坑、洞与螺栓等）应按照机器本身的相关要求进行设计；

（2）机器基础地基土的平均静压力不超过地基土容许承载力，并且在静力作用下基础的沉降和倾斜应控制在容许范围内；

（3）机器基础本身应具有足够的强度、稳定性和耐久性；

（4）在机器动力荷载作用下，基础的振动幅值等应限制在容许范围内，以保证机器的正常运行和工人的正常工作条件，避免对邻近机器仪表等外围环境产生不利影响；

（5）保持机器以及基础在运转时的动力稳定性，即不使其发生共振现象。

2. 动力机器基础设计的主要原则

为了达到上述的基本要求，机器基础设计时要考虑以下原则：

(1) 大块式基础的几何尺寸及埋置深度，应当根据机器底座尺寸、孔洞、地脚螺栓、动力荷载等的要求，并结合现场的地质资料，既要满足构造要求，又要满足动力和静力计算要求。

一般基础的最小平面尺寸，要比机器底座尺寸各边大 100mm。基础厚度由下列诸因素确定：要保证其足够的刚度和强度；要使基础埋置在较好的土层上；保证预埋地脚螺栓或预留孔洞的底端离基础底面不小于 150mm 和由于生产上的需要在基础本身或四周设置地沟、地坑等对其厚度的影响等。

(2) 基础的总质心应力求与基础底面形心在同一垂直线上，偏心率不大于 5%。

(3) 受周期性扰力作用的机器基础，应尽可能使"机器－基础－地基土"振动体系的固有频率与机器的扰力频率错开 30% 以上，以避免发生共振。因为共振时，基础的振幅将大大增加，可能导致机器不能正常运转，同时地基上的压力也会相应增加，有可能导致基础产生不允许的沉陷。

(4) 对低频机器（转速 $n \leqslant 750$r/min），一般应使基础的固有频率高于机器的扰力频率，这可通过减小基础质量和加大基础底面积或采用人工地基来增加地基刚度的途径来提高基础的固有频率。对于 $n > 750$r/min 的机器，如在设计中虽然采取上述措施，仍不能使基础的固有频率超过机器的扰力频率，则只能将基础的固有频率降低，此时可采取加大基础质量和减小基础底面积，以降低其地基刚度的办法来达到降低基础的固有频率的目的，使之大大低于机器的扰力频率。必须指出，当基础的固有频率低于机器的扰力频率时，在机器起动和停止运转过程中，必须要通过共振区，这在短时间内基础的振动会瞬时加大，如欲避免这种瞬时性的过大振动，可以设法加大"机器-基础-地基土"振动体系的阻尼比，对于天然地基，可以加大基础和地基土的接触面积来达到加大阻尼比的目的。

(5) 受冲击荷载的基础，如锻锤、冲压机基础，减小基础振动的有效方法是加大基础的质量或采用隔振基础，因为承受冲击荷载的基础质量愈大或隔震基础底下的弹簧刚度越小，则动力基础以及隔振基础上作用着的反力和产生的振动就越小。

(6) 地基土的动力参数，在"质量-弹簧-阻尼器"计算模型中，主要是地基刚度、阻尼比和参振质量，这些参数对正确分析机器基础的动力反应起决定性作用。如果取值不当，就可能导致设计的基础振动过大。因此，地基土的动力参数，原则上应由原位测试来确定。对于所设计的机器基础的固有频率高于机器的扰力频率时，地基刚度取值低一点是安全的。

(7) 机器的竖向扰力，应力求同时通过基组的质心和基础的底面形心。机器的水平扰力应力求与通过基组质心的垂直轴线相交，以避免基础产生扭转力矩。

(8) 机器基础一般都有部分或全部埋置于土中，实验资料表明，基础四周有回填土较之四周无回填土（明置基础）的振动要小，自振频率要高，也即埋置基础的阻尼比和地基刚度均比明置基础要高，特别是在水平扰力作用下，其效果更为明显，在设计中应予考虑，（冲击式机器基础不考虑基础埋深作用）。但回填土的作用，随着基础使用年限的推移，其四周回填土的效应是否会衰减，还是一个问题，因此，为安全起见，建议在设计的基础固有频率高于机器扰力频率的机器基础时，可适当少考虑基础的埋深作用，反之，则必须充分考虑其埋深作用。具有水平扰力的机器，应尽可能降低基础的高度，以减少扰力矩。

（9）机器基础下的地基土，应具有均匀的压缩性，以避免不均匀沉降。粉土对振动比较敏感，如果机器基础建造在粉土上，或者是松散～中密的砂土，即使基础的振动加速度不大，也可能产生不均匀的动沉陷而造成机器不能正常运转，甚至会导致建筑物基础产生不均匀沉降。因此在这类土上建造机器基础，要从严控制其振动加速度和降低地基土的承载力。一般在松散～中密的砂土、粉土上建造振动较大的机器基础时，宜采用桩基或人工加固地基。在岩溶地区则需探明基础底下压力影响深度范围内是否有溶洞，如发现有溶洞，必须采取有效措施才能建造机器基础。

（10）厂房内设有不大于10Hz的低频机器，其不平衡扰力较大时，厂房设计应避开机器的扰力频率，使厂房的固有频率与机器的扰力频率相差50%以上。因为，目前我国一般单层工业厂房的固有频率约为1～4Hz，空压站为3～6Hz，容易和低频机器发生共振。

（11）为了减小振动的传播，振动较大的机器基础，不宜与建筑物连接。对冲击能量大的落锤基础，应与一般建筑物有相当的距离，其最小距离可参考有关规范[33]。

（12）设计锻锤、落锤车间：当地质较差时，屋架下弦净空应增加，预留吊车梁标高调整的余地，并应考虑屋面附加竖向动荷载。

（13）重要的机器基础，在设计中应考虑以后有改变其固有频率的可能性，如增加基础质量、加大基础底面积，或加隔振器的可能性。以便在机器试运转时，如果基础发生过大的振动，尚可采取补救措施。

3. 动力机器基础一般设计步骤

1）设计资料的收集

（1）机器的型号、规格、重量和重心位置；

（2）机器的轮廓尺寸、底座尺寸；

（3）机器的功率、传动方式和转速及其辅助设备和管道的位置；

（4）与设备有关的预留坑、沟、洞的尺寸和地脚螺栓、预埋件的尺寸及位置；

（5）基础的平面布置图；

（6）建筑物所在地的工程地质勘察和水文资料；

（7）机器的扰力作用方向和扰力值及其作用点的位置；

（8）如基础有回转振动时，还需要机器的质量惯性矩（转动惯量）；

（9）有关隔振垫的型号与参数资料。

2）结构选型与设计计算

（1）根据机器的特性、工艺要求，初步确定基础的结构选型与几何尺寸；

（2）确定机器的扰力值和基础的振动允许值；

（3）根据地基强度和基组（基础、基础上的机器、辅助设备和填土的总称）重力，复核基底的承载力；

（4）按初步选用的基础尺寸，计算基组的总质心位置，并力求与基础底面形心在同一垂直线上；

（5）在偏心竖向扰力、水平扰力（矩）或扭矩作用下，还需计算基组的抗弯和抗扭质量惯性矩（转动惯量）；

（6）动力计算，按机器的扰力性质，采用相应的动力计算公式，计算基础的最大振动线位移、振动速度或振动加速度值，使之不超过允许极限值；

（7）静力计算，按基础上的静荷载和动荷载换算成当量静荷载之和作为设计荷载，按现行钢筋混凝土设计规范计算框架式基础构件的强度和配筋。对于大块式基础，一般只要配置构造钢筋即可；

（8）隔振计算，若不隔振的基础设计无法满足规范要求或很不经济时，应采用隔振基础，包括选择隔振方案、隔振元件与隔振计算。

（9）绘制基础施工图。

4. 振动的容许标准

机器的振动主要产生以下不利影响：

（1）对人的影响——人对振动非常敏感，特别是对垂直振动。较小的振动会使人有不愉快感；当振动较大时，人易感觉疲劳、心情烦闷，甚至影响健康。一般来讲，当振动速度达到 0.25～0.75mm/s 时，人就已经能够察觉；当振动速度达到 2.5mm/s，人就会感到厌烦。汽车和火车的振动会对路旁居民达到察觉和明显察觉的量级影响，而打桩、锻锤锻造或爆破则能达到厌烦或难以忍受的量级。

（2）对机器正常工作的影响——轻微的振动不至于影响到机器的平稳运行或降低机床的加工精度，但会增大机器磨损和降低使用年限。机器基础的容许振动量有三种表达方式，即振幅、振动速度和振动加速度。

5.2　动力机器基础设计的有关参数与基础知识

5.2.1　振动对地基承载力的影响及其承载力与动力验算

1. 动力荷载作用下地基土的性能变化

动力荷载作用下土的强度与其在静力荷载作用下明显不同，土的动强度除了受到同样会影响静强度的因素影响之外，其他一些因素如荷载作用方式（速度效应）、循环次数（周期或循环效应）和剪应变幅值等也会对土的动强度产生重要影响。在快速加载的情况下，土的动强度都大于静强度，如砂土约增加 10%～20%，饱和黏性土约增 50%～200%，部分饱和黏性土增 50%～150%，而且土的含水量越大，其动强度增加得越多（特别对黏土）。当含水量为零时，加载速度效应几乎完全消失，如干砂在快速加载和慢速加载两种情况下所得的内摩擦角几乎相同。

在重复荷载作用下，饱和黏土的动强度有可能低于或高于静强度，这具体取决于土的类型和动荷载特性。试验表明，一般黏性土的动强度在重复荷载作用下变化不大，或比静强度要大；但随着加载次数的增加，土体特性将弱化并引起动强度降低，最后接近于或小于静强度，这在软弱黏土中降低更为明显。而且随着加载循环次数的增大，动强度降低越多。

在重复荷载作用下，土的抗剪强度会减小，并随着振动加速度的增大而减小得越多；同时，当振动加速度超过某一限值（如 0.2～0.3g）后，地基土特别是松散的砂土，将因振动挤密而产生动沉降，动沉降比只受静力作用时所产生的静沉降要大得多，甚至大几倍，这已由一些实测结果所证实。对于饱和的粉土，在振动条件下还会产生失去承载力的液化现象。对于软黏土，在振动时会产生振陷现象。由于问题的复杂性，迄今还没有一个比较符合实际情况的计算动沉降的方法。但是，从定性上看，动力机器基础所产生的动沉降与土的性质、基础尺寸、静压力和振动特性等有关。它将随着土的振动加速度（近似等于机器基础的振动加速度）和静压力的增加而增大。因此，在工业厂房设计中，为了避免动力机器基础和强烈振源附近的其他基础产生过大的动沉降，根据设计经验，常采用降低地基承载力设计值的办法来控制。地基承载力的减少程度首先与基础的振动加速度有关，振动加速度越大，地基承载力就减少得越多。一般说，转速很高的旋转式机器（如汽轮机组和电机）基础，由于其振动频率虽高，但振幅很小（一般只有几个微米），这样，地基承载力可减小得较少，锻锤基础因为其振幅和振动加速度都很大，所以地基承载力应减小得较多，其他低转速的机器基础由于其振动频率较小，虽然振幅较大，但振动加速度较小（一般常小于 0.2g），所以地基承载力可不予减小。

2. 动力机器基础下地基承载力计算

由于地基土在动荷载下抗剪强度有所降低，并出现附加沉降，因而地基承载力设计值应予以折减，动力机器基础下地基承载力可按下式验算：

$$P_k \leqslant \alpha_f f_a \tag{5-8}$$

$$f_a = f_{ak} + \eta_b \gamma(b-3) + \eta_d \gamma m(d-0.5) \tag{5-9}$$

$$\alpha_f = \frac{1}{1+\beta_f \dfrac{a}{g}} \tag{5-10}$$

式中 P_k——相应于荷载效应标准组合时，基础底面处平均静压力值（kPa）；

f_{ak}——地基承载力特征值（kPa），可按表 5-1 选用；

f_a——经深度、宽度折减后的地基承载力特征值（kPa）；

α_f——地基承载力动力折减系数，对锻锤基础可按式（5-10）计算，对旋转式机器基础可取用 0.8，其他机器基础暂取用 1.0；

β_f——土的动沉陷影响系数，天然地基可按表 5-1 中数值采用，对桩基可按桩端土层的类别选用；对锻锤基础附近的柱基可取 0.2~0.4；

a——基础的振动加速度（m/s²）；

g——重力加速度（9.8m/s²）。

必须指出，式（5-8）形式上是一种按静力核算的条件，但实质上已经考虑了振动的影响。因此，也可看作是考虑了动力作用的一种控制条件。

地基土类别及其承载力特征值与 β_f 值　　　　　　　　　　表 5-1

地基土类别	土的名称	地基承载力特征值 f_{ak}（kPa）	β_f 值
一类土	碎石	$f_{ak} > 500$	1.0
	黏性土	$f_{ak} > 250$	
二类土	碎石	$300 < f_{ak} \leqslant 500$	1.3
	粉土、砂土	$250 < f_{ak} \leqslant 400$	
	黏性土	$180 < f_{ak} \leqslant 250$	

续表

地基土类别	土的名称	地基承载力特征值 f_{ak} （kPa）	β_f 值
三类土	碎石 粉土、砂土、 黏性土	$180 < f_{ak} \leqslant 300$ $160 < f_{ak} \leqslant 250$ $130 < f_{ak} \leqslant 180$	2.0
四类土	粉土、砂土 黏性土	$120 < f_{ak} \leqslant 160$ $80 < f_{ak} \leqslant 130$	3.0

3. 机器基础的最大振动线位移、速度、加速度的验算

一般动力机器基础除了验算振动影响下的承载力外，还需验算其最大振动线位移及其相应的最大振动速度与加速度，验算公式如下：

$$A_f \leqslant [A] \tag{5-11}$$

$$V_f \leqslant [V] \tag{5-12}$$

$$a_f \leqslant [a] \tag{5-13}$$

式中　A_f——计算求得的基础最大振动线位移（m）；

　　　V_f——计算求得的基础最大振动速度（m/s）；

　　　a_f——计算求得的基础最大振动加速度（m/s²）；

　　　$[A]$——基础的允许振动线位移（m）；

　　　$[V]$——基础的允许振动速度（m/s）；

　　　$[a]$——基础的允许振动加速度（m/s²）。

以上各允许值对各种不同类型的机器基础，在规范[33]中都给出了规定，这是设计的依据之一。

5.2.2　动力机器基础计算理论简述

在机器基础动力分析计算理论方面，代表性的主要有两种：一是质量-弹簧模型理论及后来经过发展改善的质量-弹簧-阻尼器模型理论（图 5-4a、b）；二是刚体-弹性半空间模型理论（图 5-4c）。

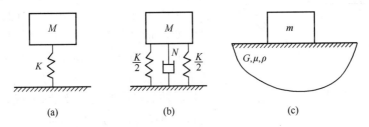

图 5-4　动力机器基础振动计算模型
（a）质量-弹簧模型；（b）质量-弹簧-阻尼器模型；（c）刚体-弹性半空间模型

质量-弹簧模型理论把实际的机器、基础和地基体系的振动问题简化为放在无质量的弹簧上刚体的振动问题，其中基组（包括基础、基础上的机器和附属设备以及基础台阶上的土体）假定为刚体，地基土的弹性作用以无质量弹簧的反力表示。因此，这种理论也可

以称为动力基床系数法。质量-弹簧模型计算简便，如果参数选择得当，则能较好地反映机器基础的动力特性，因此得到了广泛应用。为了考虑共振区的振动特性，人们通过工程实践、试验及理论研究，在上述模型基础上增加了新的组件-阻尼器，用来模拟体系振动时所受的地基阻尼作用，从而形成了比较完整的以质量-弹簧-阻尼器为模式的理论计算体系。质量-弹簧-阻尼器模型中的质量 M 通常取为基组的质量 m，但有时也包括了基础下面一部分地基土的质量。显然，这种理论的关键是如何确定参振质量 M、刚度 K 以及阻尼系数 N。

刚体-弹性半空间理论是把地基视为弹性半空间，基础作为半空间上的刚体，机器基础的振动就是以这个刚体的振动表示。基于弹性动力学及地基中波的传播等基本理论，通过数值分析等手段求出基础与弹性半空间接触面上的动应力。在此基础上，就可以得到基础（刚体）运动方程，从而可以确定基础的振动特性。该理论所需的地基参数是泊松比 μ、剪切模量 G 及质量密度 ρ 等。由于该理论要求的数学工具过高，难以被一般工程技术人员所掌握，因此人们开始寻求一些等代方法，试图将复杂的弹性半空间问题转换成简单的质量-弹簧-阻尼器模型来计算，目前已出现了"比拟法"及"方程对等法"等实用计算方法。我国动力机器基础设计规范中振动计算方法虽然在形式上是质量-弹簧-阻尼器体系，但实质上已具有弹性半空间理论的内涵。

由于我国目前工程中仍多采用质量-弹簧-阻尼器的计算模型，因此本书主要介绍基于这种模型的计算方法。

5.2.3   天然地基的动力特征参数

在使用质量-弹簧-阻尼器模型进行动力计算时，确定地基刚度、阻尼系数以及参振质量等相关计算参数尤为关键。地基刚度是指地基单位弹性位移（转角）所需的力（力矩），它是基础底面以下影响范围内所有土层的综合性参数，影响着体系的自振频率和振幅的大

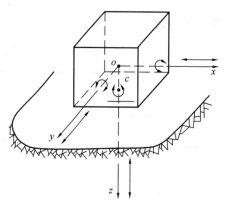

图 5-5   实体式机器基础的坐标
系及振动分量示意图

小，是一个十分重要的参数；阻尼比为体系的实际阻力系数与临界阻力系数之比；对于实体式机器基础，参振质量可以取基组的质量，在某些情况下（如桩基），参振质量除了基组的质量外，还应计及参振的桩土质量。

实体式机器基础（图 5-5）的振动具有 6 个自由度，通常用基组的重心 o 沿基组的惯性主轴 ox、oy、oz 方向的平动和基组绕主轴的转动来描述基组的振动。由于 3 种平移分属于两种类型（沿 oz 轴的竖向振动，及沿 ox 或 oy 轴的水平振动），3 种转动也分属于两种类型（绕 ox 或 oy 轴的回转振动，及绕 oz 轴的扭转振动），因此机器基础振动仅有 4 种类型。相应的，利用质量-弹簧-阻尼器模型进行动力分析时所需的地基刚度及阻尼系数也有 4 种。

1. 天然地基刚度系数

基底处地基单位面积的动反力 p_z（kPa）与竖向弹性位移 z（m）之间的关系为：

$$p_z = C_z z \tag{5-14}$$

式中 C_z——天然地基抗压刚度系数（kN/m²），其物理意义为产生单位竖向位移所需的地表压强；它与地基土的性质、基础的特性（基底形状、面积、埋深、回填土情况、基底压力和基础本身刚性等）及扰力特性有关，是机器基础-地基体系的综合性物理量，因此宜由现场试验确定（例如，由模拟基础的振动性状实测资料，按所选定的计算理论反算）。

根据我国 80 多个高低压模（放在现场地基土上的小型刚性试块）试验资料及大量机器基础实测资料的分析发现，C_z 和基础的底面尺寸有如下关系：当基底面积 $A \geqslant 20\text{m}^2$ 时，C_z 变化不大，可认为是常数；当 $A < 20\text{m}^2$ 时，C_z 值与 A 的立方根成反比。当不具备现场实测条件时，C_z 可根据地基土的土类及地基承载力特征值 f_{ak} 按表 5-2 选用。当土类不属于表中类型时，可参照与之相近的土类选用。表中的 C_z 值适用于 $A \geqslant 20\text{m}^2$ 的情况，当 $A < 20\text{m}^2$ 时，表中 C_z 值应乘以 $\sqrt[3]{\dfrac{2C}{A}}$ 进行修正。

天然地基抗压刚度系数 C_z（kN/m³）　　　　　　　　　　表 5-2

地基承载力的标准值 f_k (kPa)	土的名称		
	黏性土	粉土	砂土
300	66000	59000	52000
250	55000	49000	44000
200	45000	40000	36000
150	35000	31000	28000
100	25000	22000	18000
80	18000	16000	

根据现场基础块振动试验的大量实测资料统计分析，《动力机器基础设计规范》GB 50040—96 对地基土刚度系数作如下规定：

（1）抗压刚度系数 C_z 值可由现场试验确定，当无条件进行试验并有经验时，可按规范选用，见表 5-2。

（2）抗剪刚度系数 C_x 可按下式计算：

$$C_x = 0.7 C_z \tag{5-15}$$

（3）抗弯刚度系数 C_φ 可按下式计算：

$$C_\varphi = 2.15 C_z \tag{5-16}$$

（4）抗扭刚度系数 C_ψ 可按下式计算：

$$C_\psi = 1.05 C_z \tag{5-17}$$

（5）当基础底的影响深度（h_d）范围内，由不同土层组成时，如图 5-6 所示，其抗压刚度系数 $C_{\Sigma z}$ 值可按下式计算：

$$C_{\Sigma z} = \cfrac{2/3}{\sum \cfrac{1}{C_{z_i}}\left[\cfrac{1}{1+\cfrac{2h_{i-1}}{h_b}} - \cfrac{1}{1+\cfrac{2h_i}{h_d}}\right]} \tag{5-18}$$

式中　C_{z_i}——第 i 层土的抗压刚度系数（kN/m³）；

$\quad\quad h_d$——基底影响深度，$h_d = 2\sqrt{A}$(m)，A 为基础底面积；

$\quad\quad h_i$——从基础底至 i 层土底面的深度（m）；

$\quad\quad h_{i-1}$——从基础底至 i-1 层土底面的深度（m）；

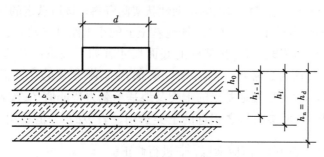

图 5-6　分层土地基

2. 天然地基上基础刚度

1) 明置基础（设置在地面，无埋深的基础）的抗压、抗剪、抗弯及抗扭刚度，可按下列各式计算：

抗压刚度
$$K_z = C_z A \tag{5-19}$$

抗剪刚度
$$K_x = C_x A \tag{5-20}$$

抗弯刚度
$$K_\varphi = C_\varphi I \tag{5-21}$$

抗扭刚度
$$K_\psi = C_\psi I_z \tag{5-22}$$

$$I_x = \frac{1}{12} b d^3 \tag{5-23}$$

$$I_y = \frac{1}{12} d b^3 \tag{5-24}$$

$$I_z = I_x + I_y \tag{5-25}$$

式中　I、I_z——分别为基础底面通过其形心轴的惯性矩和极惯性矩（m⁴），如图 5-7 所示的大块式基础。

2) 埋置基础的刚度计算

（1）与地面非刚接的埋置基础的抗压、抗剪、抗弯及抗扭刚度（冲击机器基础除外），分别按下列公式计算：

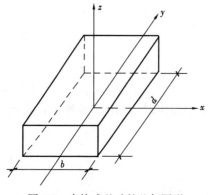

图 5-7　大块式基础的几何图形

抗压刚度
$$K'_z = \alpha_z k_z \tag{5-26}$$

抗剪刚度
$$K'_x = \alpha_{x\varphi} k_x \tag{5-27}$$

抗弯刚度
$$K'_\varphi = \alpha_{x\varphi} K_\varphi \tag{5-28}$$

抗扭刚度
$$K'_\psi = \alpha_{x\varphi} A_\psi \tag{5-29}$$

式中 α_z、$\alpha_{x\varphi}$——基础埋深作用对地基抗压、抗剪、抗弯、抗扭刚度的提高系数。

$$\alpha_z = (1+0.4\delta_b)^2 \tag{5-30}$$

$$\alpha_{x\varphi} = (1+1.2\delta_b)^2 \tag{5-31}$$

$$\delta_b = \frac{h_t}{\sqrt{A}} \tag{5-32}$$

式中 δ_b——埋深比，当 $\delta_b > 0.6$ 时，取 0.6；

h_t——基础底至地表面的距离（m），如果基础四周无填土或设计中不考虑其对地基刚度的提高作用，则 $\alpha_z = \alpha_{x\varphi} = 1.0$。

采用上述公式考虑基础埋深作用时，应具备必要的条件是：基础周边填土和地基土为同样的黏土类、粉质黏土或砂土；回填土重度与天然土密度之比不小于 0.85；地基土的承载力标准值小于 350kPa。承载力大于 350kPa 时地基刚度的计算方法参见《动力机器基础设计手册》（中国建筑工业出版社出版，第一机械工业部设计研究总院编）。

（2）当埋置基础与混凝土地面刚性连接时，地基的抗剪、抗弯及抗扭刚度分别乘以提高系数 α_1，对于软弱地基 α_1 采用 1.4，对于其他地基应适当减小。

（3）当埋置基础垂直于机器扰力方向的侧面有地沟通过时，其埋深作用可按下列公式计算。

$$\alpha_z = (1+0.4\zeta_b\delta_b)^2 \tag{5-33}$$

$$\alpha_{x\varphi} = (1+1.2\zeta_b\delta_b)^2 \tag{5-34}$$

$$\zeta_b = 1-\frac{A_k}{A_0} \tag{5-35}$$

式中 A_k——地沟与基础侧面接触的面积（m²）；

A_0——基础有地沟一侧的侧面面积（m²）。

3. 天然地基阻尼比

1）竖向阻尼比可按下列公式计算：

（1）对于黏性土：

$$\zeta_z = \frac{0.16}{\sqrt{m_b}} \tag{5-36}$$

$$m_b = \frac{m}{\rho A \sqrt{A}} \tag{5-37}$$

（2）对于砂土、粉土：

$$\zeta_z = \frac{0.11}{\sqrt{m_b}} \tag{5-38}$$

式中 ζ_z——天然地基竖向阻尼比；

m_b——基础质量比；

m——基组的质量（t），基组为机器基础和其上的机器、附属设备、填土的总称；

ρ——地基土的密度（t/m³）；

A——基础底面积。

2）水平回转向、扭转向阻尼比可按下列公式计算：

$$\zeta_{x\varphi1} = \zeta_{x\varphi2} = \zeta_{\psi} = 0.5\zeta_z \tag{5-39}$$

式中 $\zeta_{x\varphi1}$——天然地基水平回转耦合振动第一振型阻尼比；

$\zeta_{x\varphi2}$——天然地基水平回转耦合振动第二振型阻尼比；

ζ_{ψ}——天然地基扭转向阻尼比。

3）埋置基础的天然地基阻尼比，还应分别乘以竖向阻尼比的提高系数 β_z 和地基水平回转向、扭转向阻尼比提高系数 $\beta_{x\varphi}$，并可按下列公式计算：

$$\beta_z = 1 + \delta_b \tag{5-40}$$

$$\beta_{x\varphi} = 1 + 2\delta_b \tag{5-41}$$

式中 β_z——基础埋深作用对竖向阻尼比的提高系数；

$\beta_{x\varphi}$——基础埋深作用对水平回转向或扭转向阻尼比的提高系数。

必须指出：上述式（5-36）～式（5-38）是从大量块体基础的现场实测数据，按不同土类进行分析统计并取其包络线的最低值而得，因为阻尼比取最低值是偏于安全的。因此，与现场多数的实测阻尼比值相比，就显得式（5-36）～式（5-38）计算的阻尼比要偏低一些。

4. 地基土的参振质量

为了拟合在现场基础块振动试验中实测的振幅-频率曲线上的共振峰点的频率值，在计算中必须将原有的基础质量上附加一定数量的质量，才能获得符合实际的结果，这部分附加质量，称谓地基土的参振质量。从数以百计的现场基础块振动试验所获得的资料表明，参振质量与基础本身质量之比在 0.43～2.9 范围内，到目前为止还没有找到其定量的方法。为了获得较为接近实际的基础固有频率，对于天然地基，我国现行规范中的地基刚度和质量均不考虑参振质量的因素，因此，规范所提供的抗压刚度系数 C_z 值要比实际值偏低 43%～290%。这样，虽然对计算基础的固有频率没有影响，但使计算基础的振动线位移至少要偏大 43%，为此，我国现行规范规定可将计算所得的竖向振动线位移乘以 0.7 的折减系数，对水平向的振动线位移可乘以 0.85 的折减系数。这也是一种简化的方法，今后应对参振质量问题作进一步的研究，使之能作定量的估算。

5. 影响地基土刚度和阻尼比的因素

影响地基土刚度和阻尼比的因素很多，主要有下列 4 个方面：

1）地基土的性质

地基土的性质是决定地基刚度的基本因素，在一般情况下，地基刚度随着地基土承载力特征值的提高而提高，也即与地基土的弹性模量成正比。地基土越密实，变形越小，强度越高，则 C_z 值越大；

对于阻尼比而言，在一般情况下，黏性土的阻尼比要大于粉土和砂土，岩石和砾石类土的阻尼比最小。

2）基础的底面积

试验表明，基础底面积在 20m² 以下时，地基抗压刚度系数 C_z 随着底面积减小而增大。基础底面积大于 20m² 以后，C_z 变化不大。也就是说，当基础底面积大于 20m² 时，可以认为地基刚度系数与基础底面积无关。

基础底面积对阻尼系数也有较大影响，当基底静压力相同而底面积不同时，阻尼比随着基础底面积的增大而增大。

3）基础的基底压力

基底压应力不同，对地基刚度也有影响。根据现有资料，在一定的基底压力范围内（约 60kPa），地基刚度系数随基底压应力的增大而增大，之后则趋于平稳。

当基础底面积相同而基底压力不同时，阻尼比随着基底压力的增大而减小。

4）基础的埋深

在一般情况下，基础都有一定的埋置深度，这对整个体系的刚度和阻尼都有影响。基础四周的土体能提高地基刚度，从而提高基础的自振频率，埋置深度对基底尺寸的比值越大，其影响效果越明显。

基础的埋深同样能显著的提高阻尼效果，埋置深度对基础尺寸的比值越大，阻尼比增加越多。

5.2.4 桩基的动力特征参数

桩基础与其他浅基础相比，具有刚度大、自振频率高、阻尼比大、振幅小以及沉降量小等优点，当天然地基不能满足动力机器基础的振幅、沉降等要求时，采用桩基础可以起到显著的效果。特别是在软土地基上建造大型动力机器基础时，采用桩基础不仅可满足振动、沉降等方面的技术要求，而且还能大量节约混凝土和土方工作量。

本节所述的桩基适用范围为打入式预制或灌注桩，两者的动力参数相同。

1. 桩基竖向抗压刚度

桩基的抗压刚度为产生单位压陷深度所需的压力，其单位为"kN/m"。桩基的抗压刚度 K_{pz} 与单桩抗压刚度 k_{pz} 有关，而单桩的抗压刚度又取决于桩尖土的抗压刚度 C_{pz} 及桩周土的抗剪刚度 $C_{p\tau}$。我国现行规范的计算方法是将桩侧的抗剪刚度和桩尖的抗压刚度共同组成桩基抗压刚度，当桩的间距为 4~5 倍桩截面的直径或边长时，具体可按下列公式计算：

$$K_{pz} = n_p k_{pz} \tag{5-42}$$

$$k_{pz} = \sum C_{p\tau} A_{p\tau} + C_{pz} A_p \tag{5-43}$$

式中　K_{pz} ——桩基抗压刚度（kN/m）；

　　　k_{pz} ——单桩抗压刚度（kN/m）；

　　　n_p ——桩数；

　　　$C_{p\tau}$ ——桩周各层土的当量抗剪刚度系数（kN/m³）；可按表 5-3 选用；

　　　$A_{p\tau}$ ——多层土中桩周表面积（m²）；

　　　C_{pz} ——桩尖土的当量抗压刚度系数（kN/m³）；可按表 5-4 选用；

　　　A_p ——桩的截面积（m²）。

桩周土当量抗剪刚度系数 $C_{p\tau}$

表 5-3

土的名称	土的状态	当量抗剪刚度系数 $C_{p\tau}$
淤泥	饱和	6000~7000
淤泥质土	天然含水量 45%~50%	8000
黏性土、粉土	软塑	7000~10000
	可塑	10000~15000
	硬塑	15000~25000
粉砂、细砂	稍密~中密	10000~15000
中砂、粗砂、砾砂	稍密~中密	20000~25000
圆砾、卵石	稍密	15000~20000
	中密	20000~30000

桩尖土当量抗压刚度系数 C_{pz}

表 5-4

土的名称	土的状态	桩尖埋置深度	当量抗压刚度系数 C_{pz}
黏性土、粉土	软塑、可塑	10~20	500000~800000
	软塑、可塑	20~30	800000~1300000
	硬塑	20~30	1300000~1600000
粉砂、细砂	中密、密实	20~30	100000~1300000
中砂、粗砂、砾砂	中密	7~15	100000~1300000
圆砾、卵石	密实		1300000~2000000
页岩	中等风化		1500000~2000000

2. 桩基抗剪、抗弯和扭转刚度

1) 预制桩或打入式灌注桩的抗弯刚度可按下式计算：

$$K_{p\varphi} = k_{pz} \sum r_i^2 \tag{5-44}$$

式中 $K_{p\varphi}$——桩基抗弯刚度（kN·m）；

r_i——第 i 根桩的轴线至基础底面形心回转轴的距离（m）。

2) 预制桩或打入式灌注桩的抗剪刚度和抗扭刚度可采用相应的天然地基抗剪刚度和抗扭刚度的 1.4 倍。

3) 当计入基础埋深和刚性地面作用时，桩基抗剪刚度可按下式计算：

$$K'_{px} = K_x(0.4 + \alpha_{x\varphi}\alpha_1) \tag{5-45}$$

4) 当计入基础埋深和刚性地面作用时，桩基抗扭刚度可按下式计算；

$$K'_{p\psi} = K_\psi(0.4 + \alpha_{x\varphi}\alpha_1) \tag{5-46}$$

5) 当采用打入式端承桩或桩上部土层的地基承载力标准值 f_k 大于或等于 200kPa 时，桩基抗剪和抗扭刚度不应大于相应的天然地基的抗剪和抗扭刚度。因为，实践证明，对于地质条件较好，特别是半支承或支承桩，在打桩过程中贯入度较小，每锤击一次，桩本身产生水平摇摆运动，致使桩顶部四周与土脱空，而且由于桩间土的固结，使承台与桩间土分离，这样就大大降低桩基的抗剪和抗扭刚度，此时，桩基的抗剪和抗扭刚度要低于天然地基的抗剪和抗扭刚度。

6) 斜桩的抗剪刚度应按下列规定确定：

(1) 当斜桩的斜度大于 1:6，其间距为 4~5 倍桩截面的直径或边长时，斜桩的当量抗剪刚度可采用相应的天然地基抗剪刚度的 1.6 倍。

(2) 当计入基础埋深和刚性地面作用时，斜桩桩基的抗剪刚度可按下式计算：

$$K'_{px} = K_x(0.6 + \alpha_{x\varphi}\alpha_1) \tag{5-47}$$

3. 桩基的阻尼比

1) 桩基竖向阻尼比可按下列公式计算：

(1) 桩基承台底下为黏性土：

$$\zeta_{pz} = \frac{0.2}{\sqrt{m_b}} \tag{5-48}$$

(2) 桩基承台底下为砂土、粉土：

$$\zeta_{pz} = \frac{0.14}{\sqrt{m_b}} \tag{5-49}$$

(3) 端承桩：

$$\zeta_{pz} = \frac{0.1}{\sqrt{m_b}} \tag{5-50}$$

(4) 当桩基承台底与地基土脱空时，其竖向阻尼比可取端承桩的竖向阻尼比。

2) 桩基水平回转向、扭转向阻尼比可按下列公式计算：

$$\zeta_{px\varphi1} = \zeta_{px\varphi2} = 0.5\zeta_{pz} \tag{5-51}$$

$$\zeta_{p\psi} = 0.5\zeta_{pz} \tag{5-52}$$

式中 ζ_{pz}——桩基竖向阻尼比；

     $\zeta_{px\varphi1}$——桩基水平回转耦合振动第一振型阻尼比；

     $\zeta_{px\varphi2}$——桩基水平回转耦合振动第二振型阻尼比；

     $\zeta_{p\psi}$——桩基扭转向阻尼比。

3) 计算桩基阻尼比时，可计入桩基承台埋深对阻尼比的提高作用，提高后的桩基竖向、水平回转向以及扭转向阻尼比可按下列规定计算。

(1) 摩擦桩：

$$\zeta'_{pz} = \zeta_{pz}(1 + 0.8\delta) \tag{5-53}$$

$$\zeta'_{px\varphi1} = \zeta'_{px\varphi2} = \zeta_{px\varphi1}(1 + 1.6\delta) \tag{5-54}$$

$$\zeta'_{p\psi} = \zeta_{p\psi}(1 + 1.6\delta) \tag{5-55}$$

(2) 支承桩：

$$\zeta'_{pz} = \zeta_{pz}(1 + \delta) \tag{5-56}$$

$$\zeta'_{px\varphi1} = \zeta'_{px\varphi2} = \zeta_{px\varphi1}(1 + 1.4\delta) \tag{5-57}$$

$$\zeta'_{p\psi} = \zeta_{p\psi}(1 + 1.4\delta) \tag{5-58}$$

4. 桩基的参振质量

打入式预制桩或灌注桩桩基动力计算时，必须计入桩基附加的参振质量，可按下列规定计算。

1）竖向振动时，桩基附加的参振质量 m_0 可按下式计算：

$$m_0 = l_t \rho b d \tag{5-59}$$

式中　l_t——桩的折算长度；当桩长 $L < 10\text{m}$ 时，取 1.8m；$L \geqslant 15\text{m}$ 时，取 2.4m；中间值采用插入法计算；

其余符号意义同前。

此时，桩基竖向的总质量为：

$$m_{sz} = m + m_o \tag{5-60}$$

式中　m_{sz}——桩基竖向总质量（t）；

　　　　m——桩基基组的质量（包括桩承台）（t）。

2）水平回转振动时，桩基附加的参振质量为 $0.4m_0$，此时水平向的总质量为：

$$m_{sx} = m + 0.4m_o \tag{5-61}$$

式中　m_{sx}——桩基水平向总质量。

相应的桩基总的抗弯转动惯量为：

$$J' = J\left(1 + \frac{0.4m_0}{m}\right) \tag{5-62}$$

式中　J'——桩基与基组通过其重心轴的总转动惯量（t·m²）；

　　　　J——基组通过其重心轴的转动惯量（t·m²）。

3）扭转振动时，桩基的总质量和总的抗扭转动惯量，可按下列公式计算：

$$m_{s\psi} = m + 0.4m_0 \tag{5-63}$$

$$J'_z = J_z\left(1 + \frac{0.4m_0}{m}\right) \tag{5-64}$$

式中　$m_{s\psi}$——桩基扭转向总质量（t）；

　　　　J'_z——桩基与基组通过其重心轴的总极转动惯量（t·m²）；

　　　　J_z——基组通过其重心轴的极转动惯量（t·m²）。

5.3　大块式机器基础的振动计算

本节主要讨论大块式实体基础的振动计算问题，如图 5-8 所示，当基组重心 o 和基础底面形心 c 可认为在一条竖直直线上时，基组振动可分解为相互独立的三种运动：沿 oz 轴的竖向振动；在 xz 及 yz 平面内的水平回转耦合振动；绕 oz 轴的扭转振动。这三种振动可分开计算，然后叠加。

5.3.1　基础的竖向振动

如图 5-8（a）所示，基组重心 o 与底面形心 c 在一竖直线上，且承受沿此竖线方向扰力 $P_z(t)$ 作用（使基组具有初始速度 v_0 和初始位移 z_0），则此基组将产生竖向强迫振动和自由振动，其计算简图如图 5-8（b）所示。图中，K_z 表示地基抗压刚度；N_z 为地基的阻尼系数（常以阻尼比 D_z 表示）；设动力作用引起基组的竖向位移为 z（z 是时间 t 的函

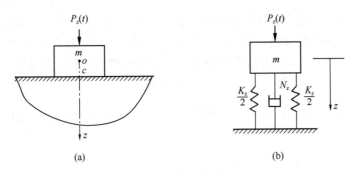

图 5-8 基础竖向振动计算示意图

数），自基组的静平衡位置算起；m 表示基组质量。

$$m = \frac{W_\text{f} + W_\text{m} + W_\text{s}}{g} \qquad (5\text{-}65)$$

式中 W_f ——基础重（kN）；

       W_m ——机器及附属设备重（kN）；

       W_s ——基础台阶上土重（kN）。

首先对基组上所承受的各种竖向荷载进行分析，基组受自身重力 $W = mg$、外部作用力 $P_z(t)$、弹簧的反力 $F_\text{K}(t)$ 以及阻尼力 $F_\text{N}(t) = N_z \dfrac{\mathrm{d}z}{\mathrm{d}t}$ 共同作用，其中弹簧的反力 $F_\text{K}(t)$ 由静反力 W 及动位移引起 $z(t)$ 引起的动反力 $K_z z$ 组成，即 $F_\text{K}(t) = W + K_z z$。同时注意到，由于一个正的位移将产生一个作用在基组上的负方向的弹簧力，而一个正的速度将产生一个作用在质量上的负方向的阻尼力。这样，就可能得到作用在基组上的净不平衡力 $F_z(t)$ 为：

$$F_z(t) = W + P_z(t) - (W + K_z z) - N_z \frac{\mathrm{d}z}{\mathrm{d}t} \qquad (5\text{-}66)$$

根据达伦贝尔原理，作用在质量块（此处为基组）上的净不平衡力等于质量块的质量 m 乘以其加速度 $\dfrac{\mathrm{d}^2 z}{\mathrm{d}t^2}$，从而可得到基组竖向振动的运动微分方程：

$$F_z(t) = m \frac{\mathrm{d}^2 z}{\mathrm{d}t^2}$$

或 $$m \frac{\mathrm{d}^2 z}{\mathrm{d}t^2} + N_z \frac{\mathrm{d}z}{\mathrm{d}t} + K_z z = P_z(t) \qquad (5\text{-}67)$$

为了便于分析，将上式左右两边都除以 m，并引入下列符号：

$$\lambda_z = \sqrt{\frac{K_z}{m}} \text{ 及 } \zeta_z = \frac{N_z}{2\sqrt{mK_z}} \qquad (5\text{-}68)$$

则可得： $$\frac{\mathrm{d}^2 z}{\mathrm{d}t^2} + 2\zeta_z \lambda_z \frac{\mathrm{d}z}{\mathrm{d}t} + \lambda_z^2 z = \frac{P_z(t)}{m} \qquad (5\text{-}69)$$

1. 无阻尼自由振动

令式（5-69）中地基竖向阻尼比 ζ_z 及 $P_z(t) = 0$，可得无阻尼自由振动的运动微分方程：

$$\frac{\mathrm{d}^2 z}{\mathrm{d}t^2} + \lambda_z^2 = 0 \qquad (5\text{-}70)$$

根据上式并结合初始条件（初始冲击或初始位移）便可确定体系的竖向位移。例如，锻锤基础就是由于锤头的撞击，使基础在撞击后的最初一瞬间具有初速度，从而产生基础的竖向自由振动。式（5-70）是二阶常系数线性齐次常微分方程，其通解为：

$$z = A\sin\lambda_z t + B\cos\lambda_z t \tag{5-71}$$

由初始条件 $t = 0$，$z = 0$ 及 $\dfrac{\mathrm{d}z}{\mathrm{d}t} = v_0$，可得 $A = \dfrac{v_0}{\lambda_z}$ 及 $B = 0$，则无阻尼竖向自由振动的动位移为：

$$z = \frac{v_0}{\lambda_z}\sin\lambda_z t \tag{5-72}$$

显然，上式表示的是一种简谐运动，其振幅为：

$$A_z = \frac{v_0}{\lambda_z} \tag{5-73}$$

λ_z 为竖向振动的无阻尼固有圆频率，单位为 "rad/s"。由式（5-68）知 $\lambda_z = \sqrt{\dfrac{K_z}{m}}$，$\lambda_z$ 是体系的固有特性系数，与体系的初始条件（v_0 及 z_0 的大小）无关。

2. 有阻尼自由振动

令式（5-69）中 $P_z(t) = 0$，可得基组有阻尼自由振动方程：

$$\frac{\mathrm{d}^2 z}{\mathrm{d}t^2} + 2\zeta_z\lambda_z\frac{\mathrm{d}z}{\mathrm{d}t} + \lambda_z^2 z = 0 \tag{5-74}$$

因地基的阻尼比 ζ_z 小于 1，故上式的解可表示为：

$$z = e^{-\zeta_z\lambda_z t}(C_1\sin\lambda_d t + C_2\cos\lambda_d t) \tag{5-75}$$

式中，λ_d 为有阻尼竖向固有圆频率，它与无阻尼竖向固有圆频率 λ_z 的关系是：

$$\lambda_d = \sqrt{1 - \zeta_z^2}\,\lambda_z \tag{5-76}$$

式（5-75）中的任意常数 C_1 及 C_2 可由另两个常数 A_1 及 δ_1 表示，即 $C_1 = A_1\cos\delta_1$，$C_2 = A_1\sin\delta_1$，代入式（5-75）中，可得：

$$z = A_1 e^{-\zeta_z\lambda_z t}\sin(\lambda_d t + \delta_1) \tag{5-77}$$

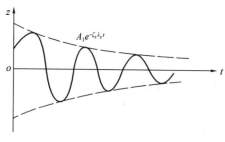

由于上式中 $e^{-\zeta_z\lambda_z t}$ 值随时间 t 的增加而衰减，因此式（5-77）表示了一种振幅随时间增大而减小的减幅振动（图 5-9）。同时，由式（5-76）还可看出，$\lambda_d < \lambda_z$，即地基的阻尼作用降低了基组的固有频率。根据已有的试验资料可知 λ_d 与 λ_z 相差一般不超过 2%。因此，实际计算时，可略去阻尼作用对固有频率的影响。

图 5-9   阻尼比小于 1 的有阻尼自由振动

3. 简谐强迫振动

假设式（5-69）中扰力 $P_z(t) = P_z\sin\omega t$（P_z 为扰力幅值，ω 为扰力的圆频率），则基组的运动方程可表示为：

$$\frac{\mathrm{d}^2 z}{\mathrm{d}t^2} + 2\zeta_z\lambda_z\frac{\mathrm{d}z}{\mathrm{d}t} + \lambda_z^2 z = \frac{P_z}{m}\sin\omega t \tag{5-78}$$

其全解为：

$$z = A_1 e^{-\zeta_z \lambda_z t} \sin(\lambda_d t + \delta_1) + A_z \sin(\omega t - \delta) \tag{5-79}$$

由上式可知，简谐强迫振动由两部分组成：①有阻尼的自由振动（减幅振动），其运动由初始条件确定（即由初始条件确定 A_1 及 δ_1），其频率与扰力频率无关，由于地基的阻尼作用，这一部分自由振动在很短时间内即告消失；②纯强迫简谐振动 $A_2 \sin(\omega t - \delta)$，它与初始条件无关，其频率与扰力频率相同，它是自由振动消失后剩下来的稳态振动。

若仅考虑基组的稳态振动，式（5-79）右边的第一项可略去，即：

$$z = A_z \sin(\omega t - \delta) \tag{5-80}$$

式中，A_z 为基组纯强迫振动的振幅，可表示为：

$$A_z = \frac{P_z}{K_z} \frac{1}{\sqrt{\left(1 - \frac{\omega^2}{\lambda_z^2}\right)^2 + 4\zeta_z^2 \frac{\omega^2}{\lambda_z^2}}} \tag{5-81}$$

式中，δ 表示扰力与竖向位移间的相位差，具体表达式为：

$$\delta = \arctan \frac{2\zeta_z \lambda_z \omega}{\lambda_z^2 - \omega^2} \tag{5-82}$$

若令：

$$A_{st} = \frac{P_z}{K_z} \ \text{及} \ \eta = \frac{1}{\sqrt{\left(1 - \frac{\omega^2}{\lambda_z^2}\right)^2 + 4\zeta_z^2 \frac{\omega^2}{\lambda_z^2}}} \tag{5-83}$$

则基组的竖向位移幅值可改写成：

$$A_z = A_{st} \eta \tag{5-84}$$

显然，A_{st} 就是扰力最大值 P_z 作用下基组的静位移。由式（5-84）可知 $\eta = \frac{A_z}{A_{st}}$，它表示外扰力的动力效应，常称为动力系数。动力系数 η 仅与 $\frac{\omega}{\lambda_z}$ 及 ζ_z 有关。由图 5-10 可见，只有在共振区（$\frac{\omega}{\lambda_z} = 0.75 \sim 1.25$）内，阻尼的作用才较明显。在工程上，一般认为当 $\omega < 0.75\lambda_z$ 或 $\omega > 1.25\lambda_z$ 时，可忽略阻尼效应，即式（5-83）中含 ζ_z 的项可以不计。

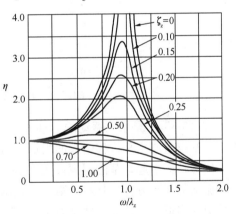

图 5-10 动力效应系数 η

5.3.2 基础的水平回转耦合振动

基础在竖向偏心扰力作用、水平扰力或竖向平面内的扰力矩作用下，均会产生水平或回转的耦合振动。例如，偏心距为 e 的竖向扰力 $P_z \sin\omega t$ 的作用，可分解为通过基组重心 o 的竖向扰力 $P_z \sin\omega t$ 及对主轴力矩 $P_z \sin\omega t$ 的两种作用。前一种作用可按上述的竖向振动问题计算，后一种作用则按下述方法计算。

为了便于分析，以下讨论水平扰力 $P_x \sin\omega t$ 及竖面内的绕力矩 $M_T \sin\omega t$ 作用下的基组振动问题（图 5-11a），图 5-11（b）是相应的质量-弹簧-阻尼器计算模型示意图。设基组重心 o 的水平位移为 $x(t)$；基组在振动平面（xoz 平面）内的回转角为 $\varphi(t)$；地基的抗剪

及抗弯刚度分别为 K_x 及 K_φ;地基对基组水平振动及回转振动的阻尼系数分别为 N_x 及 N_φ。由水平方向力的动力平衡条件,以及对基组重心 o 的力矩的动力平衡条件,可列出水平回转耦合振动的运动微分方程组:

$$m\ddot{x} + N_x\dot{x} + K_x x - (N_x\dot{\varphi}h_2 + K_x\varphi h_2) = P_x\sin\omega t \tag{5-85a}$$

$$I_m\ddot{\varphi} + (N_\varphi\dot{\varphi} + K_\varphi\varphi) - (N_x\dot{x} + K_x x)h_2 + (N_x\dot{\varphi}h_2 + K_x\varphi h_2)h_2 = (M_T + P_x h_3)\sin\omega t \tag{5-85b}$$

式中 m——基组质量;

   I_m——基组对通过其重心 o 并垂直于回转面的水平轴的质量惯性矩;x 及 φ 上的黑点表示对时间 t 的导数;

其余符号见图 5-11。

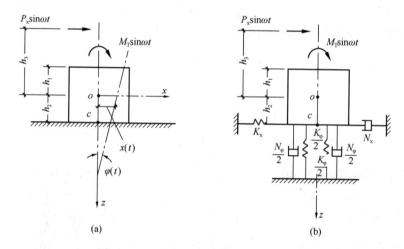

图 5-11   基组水平回转耦合振动计算简图

式(5-85a)是水平振动的运动方程。其左端第一项表示水平运动的惯性力,第二项表示由基组重心水平位移引起的阻尼反力及弹性反力,第三项表示由于基础回转引起基底水平位移从而引起地基的阻尼反力和弹性反力;方程右端表示水平扰力。式(5-85b)是回转振动的运动方程,其左端第一项表示回转运动的惯性力矩,第二项表示由基础回转引起的地基阻尼反力矩及弹性反力矩,第三项表示基组重心水平位移引起的地基水平阻尼力及弹性反力对基组重心的反力矩,第四项表示由于基础回转引起的基底水平位移相应的水平阻尼力及弹性反力对基组重心的反力矩;方程右端为外扰力矩。在列写运动方程时须根据各种力或力矩的方向确定它们各自的正负号。严格来说,式(5-85b)左端尚应补充一项 $(-mgh_2\varphi)$,但由于此项影响很小,常略去不计。

由式(5-85)可看出,水平及回转振动是相互耦合的,即两种运动量 x 及 φ 是相互关联的。如果令式中 h_2 为零,式(5-85)就变成了两个独立的方程,两种运动量 x 和 φ 则不再关联,成为二相互独立量。从物理意义上来说,基组的 h_2 为零,相应于基组重心位于基础底面上,也就是基组无"高度",地基的水平反力通过基组重心。对于实际的基组,这是不可能的。由此可见,基组水平及回转振动互相耦合是由于地基的水平反力不可能通过基组的重心引起的。

1. 无阻尼自由振动

式（5-85）中令 $N_x = N_\varphi = 0$（即不计体系的阻尼作用），再设 $P_x = 0$ 及 $M_T = 0$（即基组振动并非由经常作用的外扰力所引起，而是由给予基组的初变位或初速度所引起），则可得到相应的无阻尼水平回转耦合自由振动的运动方程组：

$$\left.\begin{array}{l} m\ddot{x} + K_x(x - \varphi h_2) = 0 \\ I_m\ddot{\varphi} + (K_\varphi + K_x h_2^2)\varphi - K_x x h_2 = 0 \end{array}\right\} \tag{5-86}$$

上两式还可改写成：

$$\left.\begin{array}{l} \ddot{x} + \lambda_x^2(x - \varphi h_2) = 0 \\ \ddot{\varphi} + \lambda_\varphi^2\varphi - \dfrac{m\lambda_x^2}{I_m}x h_2 = 0 \end{array}\right\} \tag{5-87}$$

$$\left.\begin{array}{l} \lambda_x = \sqrt{\dfrac{K_x}{m}} \\ \lambda_\varphi = \sqrt{\dfrac{K_\varphi + K_x h_2^2}{I_m}} \end{array}\right\} \tag{5-88}$$

式中　λ_x——基组水平固有圆频率；

　　λ_φ——基组回转固有圆频率。

必须指出，这些名称的物理意义并不是很明确的，实际上，将 λ_x 及 λ_φ 作为一种计算参数还恰当一些。

方程组（5-87）的解可取为下列形式：

$$x = X\sin(\lambda t + \delta),\ \varphi = \Phi\sin(\lambda t + \delta) \tag{5-89}$$

这里 X、Φ、λ 及 δ 为任意常数。将上式代入式（5-87）中，约去因子 $\sin(\lambda t + \delta)$，可得对 x 及 Φ 的齐次方程组：

$$\left.\begin{array}{l} (\lambda_x^2 - \lambda^2)X - \lambda_x^2 h_2\Phi = 0 \\ -\dfrac{mh_2\lambda_x^2}{I_m}X + (\lambda_x^2 - \lambda^2)\Phi = 0 \end{array}\right\} \tag{5-90}$$

方程组（5-90）非零解的条件为相应的系数行列式为零，由此可得确定固有频率的方程：

$$\lambda^4 - (\lambda_x^2 + \lambda_\varphi^2)\lambda^2 + \left[\lambda_x^2\lambda_\varphi^2 - \dfrac{mh_2\lambda_x^2}{I_m}\lambda_x^2\right] = 0 \tag{5-91}$$

这是一个 λ^2 的二次代数方程，它的解即为基组水平回转耦合振动的第一及第二固有频率 λ_1 及 λ_2，即：

$$\lambda_{1,2}^2 = \frac{1}{2}\left[(\lambda_x^2 + \lambda_\varphi^2) \mp \sqrt{(\lambda_x^2 - \lambda_\varphi^2)^2 + \dfrac{4mh_2^2\lambda_x^4}{I_m}}\right] \tag{5-92}$$

可以证明，λ_1^2 及 λ_2^2 均为正值，且有下列关系：

$$\lambda_1 < (\lambda_x\ \text{或}\ \lambda_\varphi) < \lambda_2 \tag{5-93}$$

λ_1 及 λ_2 分别是 λ_1^2 及 λ_2^2 的正根。工程上常将 λ_1 及 λ_2 称为水平回转耦合振动的第Ⅰ及第Ⅱ振型的固有频率。

将所得 $\lambda = \lambda_1$ 或 $\lambda = \lambda_2$ 代回式（5-90），并注意此方程组的两个方程是线性相关的，

由它们只能求得基组重心 o 的水平位移幅值 X 与转角幅值 Φ 的比例关系。令相应于 $\lambda = \lambda_1$ 的 $\dfrac{X}{\Phi} = \dfrac{X_1}{\Phi_1} = \rho_1$，相应于 $\lambda = \lambda_2$ 的 $\dfrac{X}{\Phi} = \dfrac{X_2}{\Phi_2} = \rho_2$，可得：

$$\rho_1 = \frac{X_1}{\Phi_1} = \frac{\lambda_x^2 h_2}{\lambda_x^2 - \lambda_1^2} \tag{5-94a}$$

$$\rho_2 = \frac{X_2}{\Phi_2} = \frac{\lambda_x^2 h_2}{\lambda_x^2 - \lambda_2^2} \tag{5-94b}$$

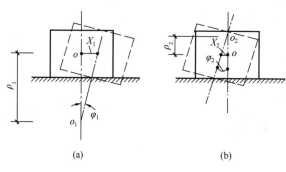

上两式反映了基组水平回转自由振动的第 I 振型（图 5-12a）及第 II 振型（图 5-12b）。由式（5-93）及式（5-94）可知，ρ_1 为正值，而 ρ_2 为负值。这说明在振型 I 中 X_1 与 Φ_1 同向（基组转角若为顺时针方向，则基组重心 o 位移向右），基组绕图 5-12（a）所示的第一转心点 o_1（在重心 o 之下）转动；在振型 II 中 X_2 与 Φ_2 反向（基组转角若为顺时针方向，则基组重心 o 位移向左），基组绕图 5-12（b）所

图 5-12　基组水平回转自由振动振型示意图
(a) 第 I 振型；(b) 第 II 振型

示的第二转心点 o_2（在重心 o 之上）转动。o_1 及 o_2 的位置由式（5-94）中 ρ_1 及 ρ_2 确定。ρ_1 及 ρ_2 的绝对值可称为第 I 振型及第 II 振型的当量回转半径。

2. 强迫振动的求解方法简述

在简谐扰力（或扰力矩）作用下，求解运动微分方程组（5-95）的强迫振动解答可用直接求解联立方程的直接法求得，也可用振型分解法求得。这些求解方法在结构动力学中有详细的阐述，下面仅概略地介绍与曲柄连杆机器基础振动计算有关的振型分解法以及工程实际中采用的某些近似处理。

根据振型分解法的原理，可令方程组（5-95）的解 $\varphi(t)$ 及 $x(t)$ 为：

$$\left. \begin{array}{l} \varphi(t) = \Phi_1(t) + \Phi_2(t) \\ x(t) = \Phi_1(t)\rho_1 + \Phi_2(t)\rho_2 \end{array} \right\} \tag{5-95}$$

式中，$\Phi_1(t)$ 及 $\Phi_2(t)$ 为"组合"函数，它们是时间 t 的待定函数。求 $\Phi_1(t)$ 及 $\Phi_2(t)$ 的方法是：将式（5-95）代入式（5-85），并对阻尼作一定近似处理后，就可得到对于 $\Phi_1(t)$ 及 $\Phi_2(t)$ 而言的两个相互独立的二阶常系数线性齐次常微分方程，从而可用一般的方法求得 $\Phi_1(t)$ 及 $\Phi_2(t)$。

求得"组合"函数后，就可利用式（5-95）得到 $\varphi(t)$ 及 $x(t)$。工程上为了简化 $\varphi(t)$ 及 $x(t)$ 的幅值的计算，通常略去相应于第 I 振型项和第 II 振型项间的相位差，这样的结果偏于安全。

5.3.3　基础的扭转振动

基组在受到绕竖轴（相应于图 5-5 中的 oz 轴）的水平扭转力矩 $M_\psi \sin \omega t$ 作用下，将产生扭转振动。设扭转角为 ψ，地基抗扭刚度为 K_ψ，N_ψ 为扭转阻尼系数，J_m 为基组绕 oz 轴

的质量惯性矩。与竖向振动的运动方程（5-67）相似，扭转振动的运动方程为：

$$J_m \ddot{\psi} + N_\psi \dot{\psi} + K_\psi \psi = M_\psi \sin\omega t \tag{5-96}$$

引入下列符号后：

$$\lambda_\psi = \sqrt{\frac{K_\psi}{J_m}} \ 及 \ \zeta_\psi = \frac{N_\psi}{2\sqrt{J_m K_\psi}} \tag{5-97}$$

式（5-96）就可改写成：

$$\ddot{\psi} + 2\zeta_\psi\lambda_\psi \dot{\psi} + \lambda_\psi^2\psi = \frac{M_\psi}{J_m}\sin\omega t \tag{5-98}$$

扭转振动的固有圆频率就是式（5-97）中的 λ_ψ。在扭转力矩 $M_\psi\sin\omega t$ 作用下强迫振动的稳态解相应的扭转角幅值 A_ψ 为：

$$A_\psi = \frac{M_\psi}{K_\psi} \frac{1}{\sqrt{\left(1 - \dfrac{\omega^2}{\lambda_\psi^2}\right)^2 + 4\zeta_\psi^2\dfrac{\omega^2}{\lambda_\psi^2}}} \tag{5-99}$$

基础顶面要求控制振幅点（它与扭转轴的距离为 l_ψ）的水平振幅 $A_{x\psi}$ 为：

$$A_{x\psi} = A_\psi l_\psi \tag{5-100}$$

以上讨论了大块式机器基础的振动计算方法。实际工作中，利用以前所述的计算原理和方法，结合各类机器基础的一些具体要求和规定，就可以完成各类机器基础设计中的振动计算。

5.4　锻锤基础的设计

5.4.1　锻锤基础的构造及设计的一般原则

锻锤基础的振动是由锤头竖向冲量作用于基础上而引起的。锻锤一般由锤头、砧座（砧子）及机座（锤架）组成，砧座与基础间设有垫层（如木垫、橡胶垫），整个锻锤基础放置在地基上。

锻锤按加工性质，可分为自由锻锤与模锻锤两大类。如果按机架形式又可分为单臂锤和拱式锤两种。一般 1t 以下的锤，大都为单臂锤，它在工艺操作上比拱式锤灵活，但它的机架重心与锤头之间有一个偏心距，设计锤基时应予以注意。

1. 基础的特点、形式与构造

1）基础的特点

自由锻锤与模锻锤不但在使用上不一样，其设备构造也不一样，自由锻的机架与砧座是分离的，需要在混凝土基础上预埋地脚螺栓或预留螺栓孔，通过螺栓将机架与基础连成一闭式框架。模锻锤的机架与砧座直接用螺栓连成整体，并设置在基础上，没有地脚螺栓。因此，在基础构造上的振动计算时均有所区别。

2）基础的形式

（1）锻锤基础的传统形式是大块式，见图 5-13（a）、（b）、（c），还有圆锥壳体式。

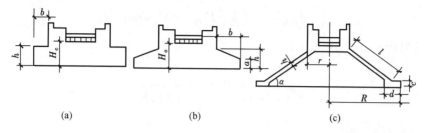

（a）　　　　　　　　　　（b）　　　　　　　　　　（c）

图 5-13　传统的锻锤基础的形式

（a）台阶形整体大块式；（b）梯形整体大块式；（c）截头正圆锥壳体式

（2）新型的锻锤基础是大块式隔振基础和砧座下直接隔振基础，见图 5-14（a）、（b）

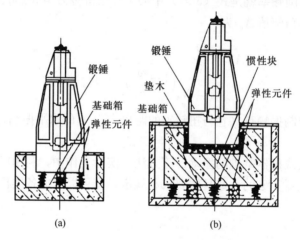

图 5-14　新型的隔振锻锤基础的形式

（a）砧座隔振锻锤基础；（b）带质量块的隔振基础

3）基础配筋构造要求

（1）砧座垫层下基础上部，应配置水平钢筋网，钢筋直径宜为 10～16mm，钢筋间距宜为 100～150mm。钢筋应采用 HRB400 钢，伸过凹坑内壁的长度不宜小于 50 倍钢筋直径，一般伸至基础外缘，其层数见表 5-5，各层钢筋的竖向间距宜为 100～200mm，并按上密下疏的原则布置，最上层钢筋网的混凝土保护层厚度宜为 30～35mm。

（2）砧座凹坑的四周，应配置竖向钢筋网，钢筋间距宜为 100～250mm，钢筋直径：当锻锤小于 5t 时，宜采用 12～16mm；当锻锤大于或等于 5t 时，宜采用 16～20mm，其竖向钢筋宜伸至基础底面。

砧座下钢筋网的层数　　　　　　　　　　　　　　　　　　表 5-5

锤落下部分公称质量（t）	≤1	2～3	5～10	16
钢筋网层数	2	3	4	5

（3）基础底面应配置水平钢筋网，钢筋间距宜为 100～250mm，钢筋直径：当锻锤小于 5t 时，宜采用 12～18mm；当锻锤大于或等于 5t 时，宜采用 18～22mm。

（4）基础及基础台阶顶面，砧底凹坑外侧面及大于或等于 2t 的锻锤基础侧面应配置

12～16mm、间距 150～250mm 的钢筋网。

（5）大于或等于 5t 的锻锤砧座垫层下的基础部分，尚应沿竖向每隔 800mm 左右配置一层直径 12～16mm 间距 400mm 左右的水平钢筋网。

以上所述的钢筋配置示意图见图 5-15。

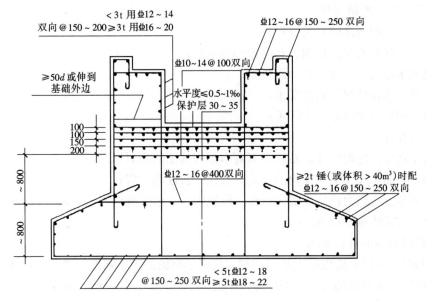

图 5-15　大块式基础配筋示意图

4）砧座垫层

锤基砧座下的垫层，目前在国内通常采用木垫或橡胶垫。

（1）由方木或胶合方木组成的木垫，宜选用材质均匀、耐腐性较强的一等材，并经干燥防腐处理，其树种应按现行国家标准《木结构设计规范》GB 52005—2017 的规定采用。

（2）木垫的材质与铺设方式应符合《动力机器基础设计规范》GB 50004—96 规定

（3）对于 5t 以下的锻锤可采用橡胶垫，橡胶垫可由普通运输胶带或普通橡胶板组成，其质量也应符合《动力机器基础设计规范》GB 50004—96 规定。

（4）砧座与凹坑间的密封。为了防止氧化铁皮、废机油、生产用水、尘泥等进入基础凹坑，宜将砧座与凹坑间的空隙用沥青麻丝分层嵌填密实。当锤基顶面低于车间地面且地下水位又较高时，应在锤基上沿砧座凹坑壁顶四周砌砖墙，直到地面处为止，同样，在砖墙与砧座之间也需用沥青麻丝填实。

5）地脚螺栓

锻锤机架的地脚螺栓有两种类型：一种是固定式的地脚螺栓，一般在螺栓下端带有弯钩或固定锚板，它常用于小于 1t 的锻锤；另一种是活动式地脚螺栓，一般为上、下端带丝扣及垫板和螺帽的地脚螺栓或下端带长方形锚头的丁字形地脚螺栓（俗称锹头螺栓）。

2. 选型原则与设计一般要求

1）选型原则

设计锻锤基础时，应力求使锤击中心、基组质心及基础底面形心位于同一铅垂线上。对于小于 1t 锤的机架质心，大部分与锤击中心偏离的，因此有必要在设计时利用基础进行调整，以减少锤基振动的动应力。在设计大块式锤基时，如上述要求不能满足，则至少应使锤击中心对准基础底面形心，同时，总质心对底面形心的偏离最大不超过偏心方向基底边长的 5%。

2）设计要求

（1）设计所需原始资料

① 节 5.1.3 中所述的有关资料；

② 砧座、基础的允许振幅、允许振动加速度；

③ 建筑场地的有关动参数动测资料；

④ 附近的建筑情况与防振要求；

⑤ 落下部分公称质量及实际重；

⑥ 砧座及锤架重；

⑦ 砧座高度、底面尺寸及砧座顶面对本车间地面的相对标高；

⑧ 锤架底面尺寸及地脚螺栓的形式、直径、长度和位置；

⑨ 落下部分的最大速度或最大行程、汽缸内径、最大进汽压力或最大打击能量；

⑩ 单臂锤架的重心位置。

（2）锻锤基础的材料要求

锻锤基础宜采用钢筋混凝土基础，对大块式基础的混凝土强度等级不应低于 C15，正圆锥壳体或构架式基础的混凝土强度等级不应低于 C20，并且要按有关规范规定配置钢筋网，设置木垫或橡胶垫。

（3）基础的外形尺寸

大块式锤基尺寸除应满足 5.1.3 节所述的普遍要求外，还应满足台阶式或锥形基础的高宽比 $\dfrac{h}{b} \geqslant 1$，梯形基础底面外边的最小厚度应大于或等于 200mm，见图 5-13。为了避免在锤头冲击下砧座底下的基础开裂、脱底，除合理地配置一定数量的钢筋外，尚应保证砧座下的基础有一最小厚度 H。

5.4.2   锻锤基础的设计计算

1. 计算内容与步骤

（1）先根据锻锤落下部分的质量与允许振幅、地基承载力，根据经验公式与有关工艺、构造要求，估算锤基总质量与底面积；

（2）查阅或计算锻锤机器的有关动力参数、锤头最大下落速度等；

（3）由锻基重量、底面积并根据《动力机器基础设计规范》GB 50004—96 有关规定与经验值确定锻基高度；

（4）根据实际锻锤尺寸总重量，重复上述计算；

（5）验算地基承载力与变形；

（6）验算振幅与振动加速度；

（7）若不满足再重新调整基底尺寸与总重量，重复上述计算直至满足。

2. 锻锤基础尺寸的设计与动力计算

1）基底面积与基础总重量估算

可采用以下经验公式：

$$W = \frac{(80 \sim 100)w_0}{[A_z]} \tag{5-101}$$

$$F = \frac{2W}{f_{ak}} \tag{5-102}$$

式中　W——锤架、砧座、基础及基础上填土等的总重力（kN）；

　　W_0——锤落下部分的重力（kN）；

　　$[A_z]$——锤基允许振动线位移（mm）；

　　F——基础底面积。

公式（5-101）中的 80～100 倍，视锤头冲击速度大小而定，当冲击速度大时，采用大值。

2）锤基竖向振动线位移、固有圆频率及振动加速度

$$A_z = k_A \frac{\psi_e V_0 W_0}{\sqrt{K_z W}} \tag{5-103}$$

$$\omega_{nz}^2 = k_\lambda^2 \frac{K_{zg}}{W} \tag{5-104}$$

$$a = A_z \omega_{nz}^2 \tag{5-105}$$

式中　V_0——落下部分的最大速度（m/s）；

　　ψ_e——冲击回弹影响系数；对模锻锤：当锻钢制品时，可取 $0.5\mathrm{s/m^{1/2}}$；对有色金属制品时，可取 $0.35\mathrm{s/m^{1/2}}$；对自由锻锤可取 $0.4\mathrm{s/m^{1/2}}$；$\psi_e = (1+e)/\sqrt{g}$；

　　e——碰撞系数；由撞击定律可知，两个相互碰撞的物体，碰撞后的相对速度与碰撞前的相对速度之比即为 e，其值仅取决于碰撞物体的材料；对于模锻锤，锻钢制品时 $e=0.5$，锻有色金属时 $e=0$；对自由锻锤，$e=0.25$；

　　W——基础、砧座、锤架及基础上回填土等的总重（kN）；

　　k_A——振动线位移调整系数；对除岩石地基外的天然地基可取 0.6；对于桩基可取 1.0；

　　k_λ——频率调整系数；对于除岩石地基外的天然地基，可取 1.6；对于桩基可取 1；

　　a——振动加速度（m/s²）；

　　g——重力加速度（9.81m/s²）。

3）锻锤落下部分冲击速度的确定

锻锤的锤头最大下落速度 V_0，当设计资料不能直接给出时，则可根据有关资料，按下列公式计算：

（1）对单作用的自由下落锤：

$$V_0 = 0.9\sqrt{2gH} \tag{5-106}$$

（2）对双作用锤：

$$V_0 = 0.65\sqrt{2gH \frac{P_0 A_0 + W_0}{W_0}} \tag{5-107}$$

（3）对采用锤击能量时：

$$V_0 = \sqrt{\frac{2.2gu}{W_0}}$$ (5-108)

式中 H——落下部分最大行程（m）；

  P_0——汽缸最大进气压力（kPa）；

  A_0——汽缸活塞面积（m^2）；

  u——锤头最大打击能量（kN·m）。

4）偏心情况下基础边缘的竖向振动线位移计算

当设备与基础的总质心与底面形心间有偏心时，可采用大块式基础，但必须使锤击中心对准基础底面形心，且锤击中心对基础质心的偏心距不应大于基础偏心方向边长的5%，此时，锻锤基础边缘的竖向振动线位移可按下式计算：

$$A_{ez} = A_z \left(1 + 3\frac{e_h}{b_h} \right)$$ (5-109)

式中 A_{ez}——锤击中心对基组质心的偏心距小于基础偏心方向边长的5%时，锤基边缘的竖向振动线位移（m）；

  e_h——锤击中心对基础重心的偏心距（m）；

  b_h——锤基偏心方向的边长（m）。

5）砧座竖向振动线位移计算

砧座上的竖向振动线位移，可按下式计算：

$$A_{zl} = \psi_e W_0 V_0 \sqrt{\frac{d_0}{E_1 W_h A_1}}$$ (5-110)

$$d_0 = \frac{\psi_e^2 W_0^2 V_0^2 E_1}{f_C^2 W_h A_1}$$ (5-111)

式中 A_{zl}——砧座的竖向振动线位移（m）；

  d_0——砧座下垫层总厚度（m），可按公式（5-111）计算，但不应小于表5-6中的数值；

  E_1——垫层的弹性模量（kPa）；

  W_h——对模锻锤为砧座和锤架的总重，对自由锻锤为砧座重（kN）；

  A_1——砧座底面积（m^2）；

  f_C——垫层承压强度设计值（kPa）。

垫层最小总厚度   表 5-6

落下部分 公称质量（t）	木垫 （mm）	胶带 （mm）	落下部分 公称质量（t）	木垫 （mm）	胶带 （mm）
≤0.25	150	20	3.00	600	60
0.50	250	20	5.00	700	80
0.75	300	30	10.00	1000	—
1.00	400	30	16.00	1200	—
2.00	500	40			

以上的计算值必须满足《动力机器基础设计规范》GB 50040—96 规定的允许值，如果不满足则应重新调整基础尺寸，或采取地基加固措施，或采用隔振措施。

6）振动线位移、振动加速度的验算

《动力机器基础设计规范》GB 50040—96 规定了对于 2～5t 的锻锤基础允许振动线位移及允许振动加速度如表 5-7 所示。

锻锤基础允许振动线位移及允许振动加速度   表 5-7

土的类别	允许振幅（mm）	允许振动加速度（m/s²）
一类土	0.80～1.20	0.85g～1.3g
二类土	0.65～0.80	0.65g～0.85g
三类土	0.40～0.65	0.45g～0.65g
四类土	<0.40	<0.45g

对于小于 2t 的锻锤基础可按上表数值乘以 1.15，对于大于 5t 的锻锤基础可按上表数值乘以 0.80。

其中允许值与土体性质的关系如下：

对孔隙比较大的黏性土、松散的碎石土、稍密或很湿的饱和砂土，尤其是细、粉砂以及软塑到可塑的黏性土，应取上表中相应较小值；对湿陷性黄土及膨胀土应采取有关加固措施，加固后仍可按上表相应地基土类别选用允许值；

当锻锤基础与厂房柱基处在不同土质上时，应按较差的土质选用允许值；当锻锤基础与厂房柱基均为桩基时，可按桩尖处的土质选用允许值。

3. 锻锤基础的地基承载力计算

当锻锤基础尺寸、构造都确定后，就可进行静力计算，其基底平均压应力 P_k 为：

$$P_k = \frac{W}{A} \tag{5-112}$$

式中 W——作用于基础底面的总荷载的设计值。

P_k 求得后可按 5.2.1 节式（5-8）～（5-10）验算，如果满足则设计完成，如果不满足可采取加大基底面积、进行地基处理或改用桩基的办法，重复上述步骤，直至满足。

5.4.3 锻锤基础隔振设计要点与步骤

1. 力学模型

一般可取为两个自由度的串联模型。其中图 5-16 即为考虑阻尼的双自由度体系模型；如果忽略了隔振器与地基的阻尼，也可简化为图 5-17 的模型；再如考虑到锻锤隔振后，隔振器的刚度远小于基础箱下地基的刚度，因此机器基础块体和隔振器，基础箱和地基可以分别按单自由度进行计算（图 5-18），这种模型实质上与一般的块式不隔振锻锤基础相同，仅地基的抗压刚度换成隔振器的抗压刚度，计算公式与前者相同，因此在一般设计时应用较多。下面对后两种计算公式作一简介。

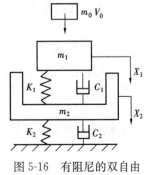

图 5-16 有阻尼的双自由度模型

2. 振动参数计算

1）无阻尼双自由度模型

按无阻尼双自由度模型，可近似求得：

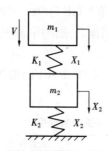

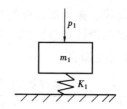

图 5-17   无阻尼的双自由度模型   图 5-18   单自由度模型

基础块体振动线位移 $\qquad A_{z1} = \rho_1 A_{z2}$ $\qquad\qquad$ (5-113)

基础箱振动线位移 $\qquad A_{z2} = \dfrac{V}{\omega_{n1}(\rho_1 - \rho_2)}$ $\qquad$ (5-114)

式中 V——基础块体受锻锤冲击后获得的初速度，它可由两个碰撞体的动量守恒定律求得；

$$V = \frac{m_0 V_0}{m_1 + m_0}(1+e) \qquad\qquad (5\text{-}115)$$

$\quad e$——打击过程的回弹系数，对模锻锤锻钢制品时取 $e = 0.5$，对模锻锤锻有色金属时取 $e = 0$，对自由锻锤取 $e = 0.25$；

$\quad V_0$——锤头最大下落速度；

ρ_1、ρ_2——第一、第二振型中 m_1 与 m_2 的位移比；

$$\rho_1 = \frac{K_1}{K_1 - m_1 \omega_{n1}^2} \qquad\qquad (5\text{-}116)$$

$$\rho_2 = \frac{K_1}{K_1 - m_1 \omega_{n2}^2} \qquad\qquad (5\text{-}117)$$

ω_{n1}、ω_{n2}——第一、第二固有圆频率；

$$\begin{matrix}\omega_{n1}^2 \\ \omega_{n1}^2\end{matrix} = \frac{(K_1 + K_2)m_1 + K_1 m_2}{2 m_1 m_2} \mp \frac{1}{2}\sqrt{\left[\frac{(K_1 + K_2)m_1 + K_1 m_2}{m_1 m_2}\right]^2 - \frac{4 K_1 K_2}{m_1 m_2}} \qquad (5\text{-}118)$$

$\quad m_0$——锤落下部分质量；

$\quad m_1$——隔振器以上部分基础块总质量；

$\quad m_2$——隔振器以下部分基础箱总质量。

2）无阻尼单自由度模型

按无阻尼单自由度模型，可求得：

基础块体振动线位移 $\qquad A_z = (1+e)\dfrac{m_0 V_0}{m_1 \omega_z}$ $\qquad$ (5-119)

固有圆频率 $\qquad\qquad \omega_z = \sqrt{\dfrac{K_1}{m_1}}$ $\qquad\qquad$ (5-120)

以上计算皆未计及系统的阻尼，为了使锻锤在第二次打击砧座之前，使砧座的振动衰减到最小，因此必须使隔振器有合适的阻尼，以防由于频率计算误差而引起冲击共振。一般可选取隔振器的阻尼比应大于 0.1，但不宜大于 0.25。

隔振器的竖向刚度，当基础块体的质量与控制频率都确定时，可以式（5-120）来控制选用隔振器的竖向刚度。

3. 设计的基本要求

（1）基础砧座与块体的振幅小于允许值 $[A_{z1}]$；

（2）基础箱体的振幅小于允许值 $[A_{z2}]$；

（3）基础箱体的振动加速度小于允许值 $[a_{z2}]$；

（4）下一次打击之前基础块体应基本停止振动；

（5）基础块体向上运动时不跳离隔振器；

（6）机器、砧座（块体）和基础箱体、落锤打击中心和隔振器的刚度中心应在同一垂线上，以避免因偏心而出现回转振动；

（7）基础块体与基础箱间应设置水平限位器，以防基础块体与基础箱体间产生水平相对位移；

（8）基础箱体内应预留一定空隙与集水坑，以便检修与排水；

（9）静力承载力验算应满足《动力机器基础设计规范》GB 50040—96 要求；

（10）隔振器的承载力与变形性能应满足规定要求。

4. 设计步骤

1）搜集设计资料：前节设计所需的原始资料应尽量搜集齐全。

2）初步选定隔振基础体系自振圆频率：

$$\omega_{z1} = 2\pi f = 2\pi(N + 0.5)n_0 \tag{5-121}$$

式中　N——冲击周期与体系自振周期比（可取 $N=1$，2，3……，整数）；

　　　n_0——锤头每秒冲击次数；

　　　f——体系自振频率，一般取 3～6Hz。

3）初步确定基础块体质量与体积。质量可按下式估算（当砧座下直接隔振时，取 $m = m_p$）：

$$m = \frac{m_0 V_0(1+e)}{\omega_z[A_z]} - (m_0 + m_p + m_z) \tag{5-122}$$

式中　m_p——砧座块体质量（t）；

　　　m_z——机架质量（t）；

　　　m_0——落体质量（t）；

　　　e——碰撞系数，可按式（5-115）的附注取值；

　　　$[A_z]$——基础砧座允许振幅。

4）初步确定基础块体外形尺寸：其平面尺寸必须满足工艺条件，以确定最小底面积 F。

5）初步确定隔振器竖向总刚度：

$$K_{z1} = m\omega_{z1}^2 \tag{5-123}$$

6）选择隔振器，确定数量与布置；隔振器的受力合力点应与块体质心重合。

7）按实际情况进行基础块体振动线位移、加速度和砧座振动线位移验算。

8）进行基础箱体设计与振动线位移、加速度验算。与不隔振基础同样的方法确定外形尺寸。除应满足地基承载力外，还应在箱壁与内部砧座块体间留有便于修检的空间。振动线位移可按式（5-114）计算，并不应超出允许值。

也可按下式简化计算：

$$A_{z2} = \frac{A_{z1} K_{z1}}{K_{z2}} \tag{5-124}$$

9）以上若不满足可调整有关参数选值，重复验算直至满足。

5.4.4 锻锤基础设计实例

本节以 3t 锻锤砧下直接隔振基础设计为例。

1. 设计资料和设计值

杭州某锻造车间，2000 年安装一台 KGH5.0B 型锻锤，采用了砧座隔振锻锤基础，设备制造厂家是 BecheGrohs 公司，锻锤类型为液压锤；隔振阻尼元件是德国 GERB 公司的产品。

1）锻锤落下部分重量（包括模具）：$W_0 = 3.4 \times 9.81 = 33.35$ kN。

2）砧座及锤身重量：$W_1 = W_p + W_q = 75 \times 9.81 = 735.75$ kN。

3）锤头最大打击能量：$u = 50$ kJ。

4）锻锤每分钟打击次数：$n = 82$ 次/分。

5）砧座底面积：$A_1 = 1.76 \times 2.72 = 4.79$ m²。

6）安装场地的天然地基土为黏性土，属四类土；根据《隔振设计规范》GB 50463—2008 第 6.4.4-2 条的规定：支承结构基础框下的天然地基抗压刚度 $K_2 = 2.67 K_z = 2.67 \times 646721 = 1726746$ kN/m。

式中，地基抗压刚度修正系数为 2.67，K_z 为基础底部地基土的抗压刚度。按《动力机器基础设计规范》GB 50004—96 中的有关规定计算如下：① 四类土 $f_{ak} = 150$ kPa；② 底面积修正系数：$\beta_r = (20/A)^{1/3} = (20/17.75)^{1/3} = 1.041$；③ 从《动力机器基础设计规范》GB 50004—96 表 3.3.2 查得：地基抗压刚度系数 $C_z = 35000$ kN/m³；④ 地基抗压刚度：$K_z = \beta_r C_z A = 1.041 \times 35000 \times 17.75 = 646721$ kN/m（不考虑基础埋深提高系数）。

7）控制条件：锻锤基础框的竖向允许振动线位移 $[A_{z2}] \leqslant 0.40$ mm，基础框的竖向允许振动加速度 $[\alpha_{z2}] \leqslant 0.45g$，砧座的竖向允许振动线位移 $[A_{z1}] \leqslant 20$ mm。

8）锤头的最大打击速度：$V_0 = (2.2gu/W_0)^{1/2} = (2.2 \times 9.81 \times 50/33.35)^{1/2} = 5.69$ m/s。

2. 设备外形、基础框平剖面和隔振器布置

见图 5-19。

3. 动力计算

动力计算内容及结果见表 5-8。

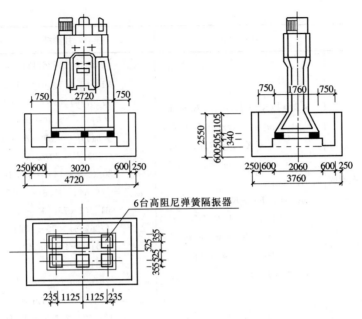

图 5-19 KGH5.0B 型锻锤砧下直接隔振基础

动力计算表   表 5-8

序号	计算内容	计算公式	计算结果	附注
1	砧座初速度	$V_1 = [m_0 V_0/(m_1+m_0)] \cdot (1+e)$	$V_1 = [3.4 \times 5.69/(75+3.4)] \times (1+0.5)$ $= 0.37 \text{m/s}$	公式 (5-115)
2	按满足振动线位移小于允许值、并使砧座不跳离隔振器的条件，初选隔振系统固有频率	根据经验，$f_1 = 3 \sim 6 \text{Hz}$ 为宜 $\omega_1 = 2\pi f_1$	取 $N=3$ 时， $f_1 = 4.873 \text{Hz}$ ； 实选 $f_1 = 4.8 \text{Hz}$ ， $\omega_1 = 2 \times 3.14 \times 4.8 = 30 \text{rad/s}$	公式 (5-121)
3	按消振要求选择隔振系统的阻尼比	按经验确定	选 $\zeta = 0.20$ ，能确保砧座在下一次打击之前停止运动	
4	隔振器总刚度和隔振元件的选择	$K_1 = m_1 \omega_1^2$	$K_1 = 75 \times 30^2 = 67500 \text{kN/m}$ ， 实选 $K_1 = 68640 \text{kN/m}$ ， 全部荷载由 6 台进口 VSG-4.4/32/52 型高阻尼隔振器承受，每台隔振器的刚度为 $K_{zi} = 11440 \text{kN/m}$	公式 (5-123)

续表

序号	计算内容	计算公式	计算结果	附注
5	第一和第二振型固有频率	$\omega_{n1}^2 = [(K_1+K_2)m_1+K_1m_2]/2m_1m_2-1/2\{[(K_1+K_2)m_1+K_1m_2]^2/(m_1m_2)^2\}-4K_1K_2/m_1m_2^{1/2}$; $f_{n1}=\omega_{n1}/2\pi$; $\omega_{n2}^2=[(K_1+K_2)m_1+K_1m_2]/2m_1m_2+1/2\{[(K_1+K_2)m_1+K_1m_2]^2/(m_1m_2)^2-4K_1K_2/m_1m_2\}^{1/2}$; $f_{n2}=\omega_{n2}/2\pi$	$\omega_{n1}^2=[(68640+1726746)\times75+68640\times61]/(2\times75\times61)-1/2\{[(68640+1726746)\times75+68640\times61]^2/(75\times61)^2-4\times468640\times1726746/(75\times61)\}^{1/2}=879\text{rad}^2/\text{s}^2$; $\omega_{n1}=(879)^{1/2}=30\text{rad/s}$; $f_{n1}=30/(2\times3.14)=4.8\text{Hz}$; $\omega_{n2}^2=[(68640+1726746)\times75+68640\times61]/(2\times75\times61)+1/2\{[(68640+1726746)\times75+68640\times61]^2/(75\times61)^2-4\times468640\times1726746/(75\times61)\}^{1/2}$ $=29469\text{rad}^2/\text{s}^2$ $\omega_{n2}=(29469)^{1/2}=172\text{rad/s}$ $f_{n2}=172/(2\times3.14)=27\text{Hz}$。	公式(5-118)
6	振动体系的第一振型中，质量 m_1 和 m_2 处的位移比值 ρ_1	$\rho_1=K_1/(K_1-m_1\omega_{n1}^2)$	$\rho_1=68640/(68640-75\times879)$ $=25.28$	公式(5-116)
7	振动体系的第二振型中，质量 m_1 和 m_2 处的位移比值 ρ_2	$\rho_2=K_1/(K_1-m_1\omega_{n2}^2)$	$\rho_2=68640/(68640-75\times29469)$ $=-0.03$	公式(5-117)
8	砧座最大振动线位移	按无阻尼近似计算: $A_{z1}=\rho_1A_{z2}\leqslant[A_{z1}]$	$A_{z1}=25.28\times0.49$ $=12.4\text{mm}<[20\text{mm}]$	公式(5-113)
9	基础框最大振动线位移	按无阻尼近似计算: $A_{z2}=V_1/[\omega_{n1}(\rho_1-\rho_2)]\leqslant[A_{z2}]$	$A_{z2}=0.37/[30\times(25.28+0.03)]$ $=0.00049\text{m}=0.49\text{mm}\approx[0.4\text{mm}]$	公式(5-114)
10	基础框最大振动加速度	$a_{z2}=A_{z2}\omega_{n1}^2\leqslant[a_{z2}]$	$a_{z2}=0.00049\times879=0.43\text{m/s}^2$ $<[0.45g]=[4.41\text{m/s}^2]$	公式(5-115)

4. 地基承载力验算

静力条件下地基承载力计算内容及结果见表 5-9。

静力计算表   表 5-9

序号	计算内容	计算公式	计算结果	备注
1	经深、宽折减后的地基承载力特征值	$f_a=f_{ak}+\eta_b\gamma(b-3)+\eta_d\gamma_m(d-0.5)$	$f_a=150+0.3\times18(3.76-3)+1.6\times18(2.55-0.5)$ $=213\text{kPa}$	公式(5-9)

续表

序号	计算内容	计算公式	计算结果	备注
2	地基承载力的动力折减系数	$\alpha_{\mathrm{f}} = 1/[1+\beta_{\mathrm{f}}(\alpha/g)]$	$\alpha_{\mathrm{f}} = 1/[1+3\times(0.37/9.81)]$ $= 1/1.113 = 0.9$	公式 (5-10)
3	基础底面处平均静压力值	$P_{\mathrm{k}} = W/A$	$P_{\mathrm{k}} = W/A = 1.2\times(769.1+586)/$ (3.76×4.72) $= 92\mathrm{kPa}$	公式 (5-112)
4	基础下地基承载力验算	$P_{\mathrm{k}} \leqslant \alpha_{\mathrm{f}} f_{\mathrm{a}}$	$92\mathrm{kPa}<0.9\times213=192\mathrm{kPa}$	公式 (5-8)

5.5 曲柄连杆机器基础的设计

曲柄连杆机器是一种往复运动的机械，它包括活塞式压缩机、柴油机、破碎机和蒸汽往复泵等。本节主要以活塞式压缩机为例，说明这类机器基础的设计计算方法。

5.5.1 曲柄连杆机器基础设计的一般原则

1. 曲柄连杆机器的类型

活塞式机械常由气缸、活塞、连杆、曲柄等部件组成。它可将活塞的往复平动转换成轮子的转动，或反之将轮子的转动转换成活塞的往复平动。按气缸放置状态和曲柄形式的不同它可分为图 5-20 五种类型。

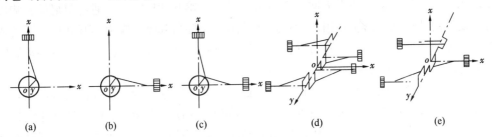

图 5-20　各种类型活塞式机器示意图
(a) 立式；(b) 卧式；(c) 角度式；(d) 对动平衡式；(e) 对置式

2. 设计的一般原则与要求

1）机器基础的形式与材料要求

一般宜采用大块式钢筋混凝土基础，如工艺有特殊要求需将机器设置在二层时，宜与主体楼面结构分开，而采用墙式或构架式钢筋混凝土结构直接落地。混凝土强度等级，对块式基础不宜低于 C20，对于墙式、构架式结构不宜低于 C25。受力钢筋宜采用 HRB235 或 HRB335 级，不得采用冷加工钢筋，并避免采用焊接接头。

2）对地基要求

此类机器对不均匀沉降较敏感，否则会影响机器的正常运转与寿命，只有均匀的低压缩性土层，才可作基础的持力层。若遇软黏土、湿陷性黄土、膨胀土、易液化的粉土、人工填土等，都不宜采用天然地基，应采用桩基和地基处理加固的方案。其标准组合时的基底平均静压力，应小于修正后的地基承载力特征值。

3）基组对中要求

基础机组的总质心应与基底形心尽量位于同一铅垂线，工艺布局确有困难时，偏心距也不得大于底基长边的 5%。

4）对地基不均匀沉降要求

压缩机基础应避免有害的不均匀沉降。地基的不均匀沉降用地基倾斜率表示，地基倾斜率应不超过下列规定：

（1）当电机功率不小于 1000kW 时，倾斜率≤0.1%；

（2）当电机功率小于 500kW 时，倾斜率≤0.2%；

（3）当电机功率介于 500kW 与 1000kW 之间时，允许倾斜率由插入法确定。

5）尽量避开共振

活塞式曲柄连杆机器运转的速度一般都不很大，约在 125～1500r/min，按转速的大小可分为：低转速（375r/min 以下）、中转速（400～750r/min）和高转速（980r/min 以上）。中低速压缩机比较容易产生共振，因为其频率接近于基础或建筑物的固有频率。当发生共振时，会造成基础或建筑物的较大振动或遭受破坏。通常为了避开共振应使机器转动频率（ω_0 或 $2\omega_0$）与基础或建筑物的固有频率（ω）之比值在共振区范围以外，即 ω_0/ω 或 $2\omega_0/\omega < 0.75$ 或 > 1.25。为此，对低频机器可调整基础底面尺寸，把基础做得浅而大，使基础固有频率高于机器频率，远离共振区；对于高频机器可适当地加重基础质量，使固有的频率小于机器频率，但效果不大显著；对中频机器可采用人工地基或桩基以提高地基刚度，或在不增加质量的前提下增大底面积。当难以避开共振时，可通过阻尼的影响以控制可能发生的共振振幅。也可用增大建筑物的刚度来提高其固有频率避开共振，或将机器主要扰力方向（活塞运动方向）布置在平行于建筑物刚度较大的方向，以减少振动影响。

6）控制基础的振动线位移（或速度）

振动对机器及基础本身和建筑物的影响程度，一般用基础的振幅或速度来衡量，振幅或速度越大，危害也越大。为了使机器正常运转和延长使用寿命，保证基础和建筑物不产生危害，以及操作人员能正常工作，控制基础的振幅或速度，也是活塞式机器基础设计中的一个重要原则。一般规定基础顶面的振幅计算值不大于容许值。300r/min 以下的活塞式压缩机基础按振幅控制，300r/min 以上的按速度不应大于 6.3mm/s 控制，见表 5-10。在特殊情况下，根据设计要求，则以机器轴套处的振动作为控制，这主要是为了控制机器轴承的磨损。

活塞式压缩机基础顶面容许振幅值（mm）　　　　　　　　　　表 5-10

机器当量转速 n_d（r/min）	竖向振幅	水平振幅
$n_d \leqslant 300$	0.160	0.200
$n_d > 300$	$48/n_d$	$60/n_d$

表 5-10 中的 n_d 按下式计算：

$$n_d = \frac{A_1 + 2A_2}{A_1 + A_2} n \qquad\qquad (5\text{-}125)$$

式中 A_1——机器在一谐波扰力或扰力矩作用下基础顶面振幅（m）；

　　A_2——机器在二谐波扰力或扰力矩作用下基础顶面振幅（m）。

7）一般构造与配筋要求

（1）体积大于 $40m^3$ 的大块式基础，应沿四周和顶底面配置直径 $10\sim12mm$，间距 $200\sim300mm$ 的钢筋网。

（2）凡开孔或切口尺寸大于 $600mm$ 时，应沿孔或切口周围配置直径不小于 $12mm$，间距不大于 $200mm$ 的加强钢筋。

（3）基础底板悬臂部分的钢筋应按强度计算确定，一般应上下配直径 $12\sim18mm$，间距为 $200\sim300mm$ 钢筋。

（4）墙式基础沿墙面应配置钢筋网，其钢筋直径一般为：垂直向直径 $12\sim16mm$；水平向直径 $10\sim14mm$；钢筋间距一般为 $200\sim300mm$。顶板及底板配筋应按强度计算确定，墙体与底板及顶板连接处，应适当增加构造钢筋，保证其整体刚度。

（5）联合基础的底板厚度应满足刚度要求，并不应小于 $800mm$，块体之间的底板宜上下配筋。联合基础钢筋和混凝土制作及浇捣宜同时施工，一次完成。

5.5.2 曲柄连杆机器基础的扰力计算[39]

1. 扰力的发生

曲柄连杆机器的运动有两种形式。一种是压缩机之类，是由电动机的匀速旋转运动通过曲柄连杆，转变为活塞的往复运动；另一种柴油机之类，是由活塞的往复运动，经由连杆、曲柄带动主轴旋转运动。两者的扰力产生机理是相同的，皆由曲柄、连杆与主轴旋转运动产生的不平衡质量惯性力，以及由连杆、活塞等往复运动产生的质量惯性力组成。

2. 扰力的特点

1）曲柄连杆式机器的扰力按其频率可分为一谐波、二谐波。

由旋转运动产生的不平衡质量惯性力（即离心力）只有一谐波，其频率与主轴转速相同；而由往复运动产生的质量惯性力有一谐波、两谐波，其频率可分别为主轴转速的一倍和二倍，而公式推导中出现的四谐波、六谐波等更高谐波，因数值极小，可以忽略。

2）曲柄连杆式机器的扰力按其作用方向分为竖向扰力、水平扰力、回转力矩和扭转力矩，作用点为主轴上气缸布置中心。

曲柄连杆式机器的扰力以往复运动质量惯性力为主，其方向依气缸布置方向而定，如立式气缸的机器以竖向扰力为主，卧式气缸的机器以水平扰力为主，同时具有立式、卧式气缸，即 L 形布置的机器以竖向扰力、水平扰力为主。由于机器的旋转不平衡质量往往因平衡重的配置而大为减小，故旋转不平衡质量惯性力也较小。

曲柄连杆式机器通常由多列气缸组成，当各列气缸的分竖向扰力、分水平扰力向总扰力作用点平移并叠架时，即可合成总竖向扰力、总水平扰力、回转力矩和扭转力矩，其频率均由一谐波和二谐波组成。

3. 扰力、扰力矩值的确定

1）坐标系的建立

机器坐标系 $CXYZ$ 见图 5-21。坐标原点 C 设定在机器曲轴上各气缸布置的中心。Z 轴向上为正，X 轴处右为正，主轴方向为 Y 轴，曲轴以角速度 ω_0 顺时针方向旋转。按照右手定则投影确定扰力 P_z、P_x，扰力矩 M_θ、M_φ 的正向，如图 5-21 所示。

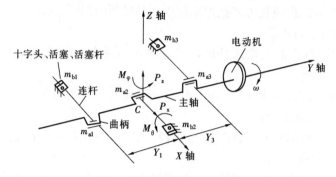

图 5-21   坐标轴选取示意图

2）扰力、扰力矩的计算通式

一谐竖向扰力计算通式：

$$P'_z = \sum P'_{zi}$$
$$= r_0 \omega_0^2 [\sum m_{ai} \cos\beta_i + \sum m_{bi} \cos\alpha_i \cos\varphi_i](\text{kN}) \tag{5-126}$$

二谐竖向扰力计算通式：

$$P''_z = \sum P''_{zi}$$
$$= r_0 \omega_0^z \lambda \sum m_{bi} \cos Z\alpha_i \cos\varphi_i (\text{kN}) \tag{5-127}$$

一谐水平扰力计算通式：

$$P'_x = \sum P'_{xi}$$
$$= r_0 \omega_0^2 [\sum m_{ai} \sin\beta_i + \sum m_{bi} \cos\alpha_i \sin\varphi_i](\text{kN}) \tag{5-128}$$

二谐水平扰力计算通式：

$$P''_x = \sum P''_{xi}$$
$$= r_0 \omega_0^z \lambda \sum m_{bi} \cos Z\alpha_i \sin\varphi_i (\text{kN}) \tag{5-129}$$

一谐回转力矩计算通式：

$$M'_\theta = \sum P'_{zi} Y_i (\text{kN} \cdot \text{m}) \tag{5-130}$$

二谐回转力矩计算通式：

$$M'_\theta = \sum P''_{zi} Y_i (\text{kN} \cdot \text{m}) \tag{5-131}$$

一谐扭转力矩计算通式：

$$M'_\varphi = \sum P'_{xi} Y_i (\text{kN} \cdot \text{m}) \tag{5-132}$$

二谐扭转力矩计算通式：

$$M''_\varphi = \sum P''_{xi} Y_i (\text{kN} \cdot \text{m}) \tag{5-133}$$

式中 P'_{zi}、P''_{zi}——第 i 列曲柄连杆机构的一、二谐分竖向扰力，作用点为主轴上第 i 列气缸中心线处（kN）；

P'_{xi}、P''_{xi}——第 i 列曲柄连杆机构的一、二谐分水平扰力，作用点为主轴上第 i 列气缸中心线处（kN）；

u——曲柄连杆机构的总列数；

Y_i——坐标原点 C 至第 i 列气缸中心线的距离（m）；

r_0——曲柄半径（m），如图 5-22 所示；

ω——主轴圆频率（rad/s），$\omega = 0.105n$；

n——机器主轴每分钟转速（r/min）；

m_{ai}——第 i 列曲轴-连杆-活塞机构各部分换算到曲柄销的质量（即旋转不平衡质量）（t）；

$$m_{ai} = \left[W_1 + \frac{r_c}{r_0} W_2 + \left(1 - \frac{l_c}{l_0} \right) W_3 - \frac{r_2}{r_0} W_4 \right] / g \qquad (5\text{-}134)$$

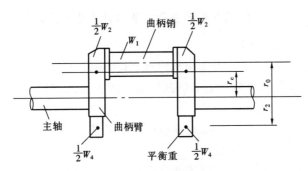

图 5-22　曲柄示意图

m_{bi}——第 i 列曲轴-连杆-活塞机构各部分换算到十字头的质量（即往复运动质量）（t）；

$$m_{bi} = \left(W_c + \frac{l_c}{l_0} W_3 \right) / g \qquad (5\text{-}135)$$

W_1——曲柄销的重力（kN）；

W_2——曲柄臂的重力（kN）；

W_3——连杆的重力（kN）；

W_4——平衡重的重力（kN）；

W_c——往复运动部件的重力（包括十字头、活塞杆及活塞的重力）（kN）；

r_c——曲柄臂质心至主轴中心线的距离（m）；

l_0——连杆长度（m）；

l_c——连杆质心至曲柄销的距离（m），l_c/l_0 一般取 0.3；

r_2——平衡重的质心到主轴中心线的距离（m）；

g——重力加速度，取 9.81m/s^2；

λ——结构比，$\lambda = r_0/l_0$；

β_i——Z 轴正向与第 i 列曲柄的夹角，时间 t 的函数；

α_i——第 i 列气缸中心线与第 i 列曲柄的夹角，时间 t 的函数；

φ_i——Z 轴正向与第 i 列气缸中心线的夹角。

α_i、β_i、φ_i 均为顺时针指向为正，三者关系如下，见图 5-23。

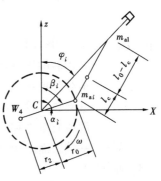

图 5-23　α_i、β_i、ψ_i 关系图

$$\alpha_i = \beta_i - \varphi_i \tag{5-136}$$

扰力、扰力矩 P'_z、P''_z、P'_x、P''_x、M'_θ、M''_θ、M'_φ、M''_φ 的作用点均为坐标原点 C，正方向如图 5-23 所示。

各类曲柄连杆式机器的扰力、扰力矩还与气缸列数、布置方向和曲柄夹角大小有关，可按立式、卧式、角度式（V 形、W 形、L 形）、对置式，对称平衡型等，分别推导出其扰力、扰力矩计算公式，这里不作介绍了。

5.5.3　活塞式机器基础的静力计算与动力计算

1. 基础坐标系 $oxyz$ 的建立

先建立辅助坐标系 $o'x'y'z'$：设定坐标原点 o' 位于基础底板底面角点，压缩机主轴方向为 y' 轴，垂直于 y' 轴的水平轴（若有卧式气缸，即为卧式气缸方向）为 x' 轴，竖向为 z' 轴。

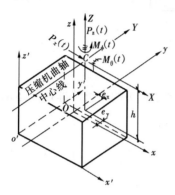

图 5-24　机器坐标系与基础坐标系关系图

按坐标系 $O'X'Y'Z'$ 进行计算，先求得基础总重心 O 的坐标。

以基础总重心 O 为坐标原点，建立基础坐标 $OXYZ$，x、y、z 轴的方向分别平行于 x'、y'、z' 轴的方向。

基础坐标系 $OXYZ$ 和本章第 5-2 节的机器坐标系 $CXYZ$ 的关系见图 5-24。

2. 静力计算

1) 基础对中验算

为了防止基础发生过大的偏沉，设计时应使基础的总重心与基础底面形心（若采用群桩，则指群桩重心）力求位于同一铅垂线上，如偏心不可避免时，则两者间的偏心距和平行于偏心方向基底边长的比值不应超过下列限值：

当地基承载力特征值 $f_{ak} \leqslant 150\text{kPa}$ 时，取 3%；当地基承载力特征值 $f_{ak} > 150\text{kPa}$ 时，取 5%。

2) 地基承载力验算

活塞式压缩机基础地基承载力应满足下式要求：

$$P_k \leqslant f'_a \tag{5-137}$$

$$P_k = \frac{\gamma_G mg}{A} \tag{5-138}$$

式中　P_k——标准组合时，基础底面处的平均静压力值（kPa）；

$\quad\quad f'_a$——修正后的地基承载力特征值（kPa）；

$\quad\quad \gamma_G$——荷载分项系数，取 1.2 或 1.35；

$\quad\quad m$——基础总质量（t），包括基础和基础底板上的填土、机器和传至基础上的其他设备质量之和；

$\quad\quad A$——基础底面面积（m²）。

3. 动力计算

1) 作用于基础上的扰力和扰力矩

每台压缩机运转时产生一谐、二谐竖向扰力 P'_z、P''_z，水平扰力 P'_x、P''_x，绕 x 轴的回转力矩 M'_θ、M''_θ，绕 Z 轴的扭转力矩 M'_φ、M''_φ，作用于机器坐标系 $CXYZ$ 的原点 C（即机器曲轴上各气缸布置中心），其计算通式见式（5-126）～式（5-133）。

基础动力计算采用基础坐标系 $OXYZ$，此时应将机器的扰力、扰力矩平移至基础重心 O，见图 5-24 和图 5-25。

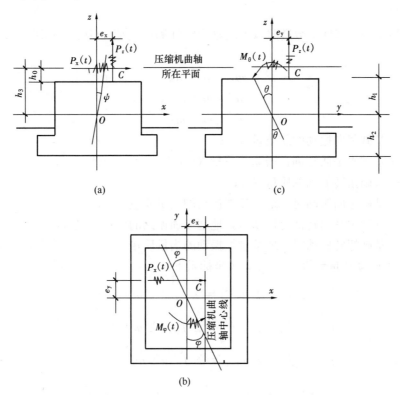

图 5-25　扰力、扰力矩示意图（图中所示为正方向）
（a）正立面图；（b）平面图；（c）侧立面图

作用于 C 点的扰力 P_z、P_x 平移至 O 点时，生成新的力矩：绕 y 轴的 $P_z e_y$，绕 y 轴的 $P_x h_3 + P_z e_x$，绕 z 轴的 $P_x e_y$。此处，e_x、e_y 为机器扰力 P_z、P_x 沿 x 轴、y 轴向的偏心距（m）。

作用于基础重心 O 的扰力、扰力矩为：

扰力：z 向：P'_z、P''_z

x 向：P'_x、P''_x

扰力矩：绕 x 轴：$M'_\theta + P'_z e_y$、$M''_\theta + P''_z e_y$

绕 y 轴：$P'_x h_3 + P'_z e_x$、$P''_x h_3 + P''_z e_x$

绕 z 轴：$M'_\varphi + P'_x e_y$、$M''_\varphi + P''_x e_y$

2）基组的参振质量计算

（1）当天然地基动力特性参数按《动力机器基础设计规范》GB 50004—96 第 3.3.2～3.3.10 条确定时：

$$m = m_f + m_m + m_s = m_z = m_x = m_y = m_\varphi \tag{5-139}$$

式中　m——基础的参振质量（t），计算时可用 m_z、m_x、m_y、m_φ 代入；

m_f——基础自身的质量（t）；

m_m——基础上的机器质量（t），包括压缩机和附属设备；

m_s——基础底板上回填土的质量（t）。

（2）当预制桩或打入式灌注桩基的动力特性参数按《动力机器基础设计规范》GB 50004—96第3.3.13～3.3.22条规定时，可按式（5-59）～式（5-61）和式（5-64）求得有关参振质量。

（3）当地基动力特性参数遵照《地基动力特性测试规范》GB/T 50269—2015由现场测试时：

$$m_z = m + m_{dz} \tag{5-140}$$

$$m_x = m + m_{dx\varphi} \tag{5-141}$$

$$m_\varphi = m + m_{d\varphi} \tag{5-142}$$

式中　m_z——基础竖向振动的总质量（t）；

m_x——基础水平回转耦合振动总质量（t）；

m_φ——基础扭转振动总质量（t）；

m_{dz}——基础竖向振动时，地基参加振动的当量质量（t）；

$m_{dx\varphi}$——基础水平回转耦合振动时，地基参加振动的当量质量（t）；

$m_{d\varphi}$——基础扭转振动时，地基参加振动的当量质量（t）。

3）基础的转动惯量计算（X，Y，Z坐标系下）

$$J_x = \sum J_{xi} + \sum m_i r_{xi}^2 = \sum J_{xi} + \sum m_i(y_i^2 + z_i^2) \tag{5-143}$$

$$J_y = \sum J_{yi} + \sum m_i r_{yi}^2 = \sum J_{yi} + \sum m_i(x_i^2 + z_i^2) \tag{5-144}$$

$$J_z = \sum J_{zi} + \sum m_i r_{zi}^2 = \sum J_{zi} + \sum m_i(x_i^2 + y_i^2) \tag{5-145}$$

$$r_{xi}^2 = y_i^2 + z_i^2 \quad r_{yi}^2 = z_i^2 + x_i^2 \quad r_{zi}^2 = x_i^2 + y_i^2 \tag{5-146}$$

式中　J_x——基础对基础坐标系 x 轴的转动惯量（t·m²）；

J_y——基础对基础坐标系 y 轴的转动惯量（t·m²）；

J_z——基础对基础坐标系 z 轴的转动惯量（t·m²）；

J_{xi}——第 i 块刚体对通过其重心 O_i 且平行 x 轴的轴的转动惯量（t·m²）；

J_{yi}——第 i 块刚体对通过其重心 O_i 且平行 y 轴的轴的转动惯量（t·m²）；

J_{zi}——第 i 块刚体对通过其重心 O_i 且平行 z 轴的轴的转动惯量（t·m²）；

m_i——第 i 块刚体的质量（t）；

r_{xi}——第 i 块刚体的重心 O_i 到 x 轴之距离（m）；

r_{yi}——第 i 块刚体的重心 O_i 到 y 轴之距离（m）；

r_{zi}——第 i 块刚体的重心 O_i 到 z 轴之距离（m）；

x_i、y_i、z_i——第 i 块刚体的重心 O_i，对基础坐标系各轴的坐标（m）。

4. 竖向振动求解

基础竖向振动圆频率可用式（5-68）求解。在一阶、二阶竖向扰力的作用下，基础产生的竖向振幅可用式（5-81）求解。

5. 扭转振动求解

基础扭转振动圆频率可用式（5-97）求解。在一阶、二阶扰力矩作用下，基础产生的扭转角位移也可用式（5-99）求解。同样基顶角点扭振线位移，可用式（5-100）求解。

6. x 向水平、绕 y 轴回转的耦联振动求解

基础的前二阶圆频率可用式（5-92）求解。其第一、第二振型的回转角位移可用式（5-95）求解，若为 y 向水平、绕 x 轴回转的耦联振动，可将以上式中 x 与 y 对换即可。

5.5.4　曲柄连杆机器基础的隔振设计计算

曲柄连杆机器的主轴转速范围较宽，一般 300～1500r/min。而且压缩机的扰力和扰力矩一般都较大，对于转速小于 300r/min 的低速机器，采用隔振效果不很显著，这时常采用提高基础的自频设计值，使其高于机器扰力频率，以远离共振区为宜。若机器转速大于 500r/min 时，则采用隔振设计方案会有较好的效果。

1. 隔振方案的选择

隔振方案的选择主要取决于机器最大扰力的作用方向与性质。一般以垂直方向扰力为控制时，可采用隔振器放置在设备台座下的直接支承方案；如以水平方向的扰力控制时，可采用悬挂式方案；如双向扰力都不可忽略时，则可采用双向支承方案；若设备与台座重心较高，且水平扰力又较大时，可采用隔振器放置在设备台座中部的中支承方案，以减少水平扰力产生的回转耦联振动。

2. 隔振设计要点

1）求机器的扰力与扰力矩

确定控制性扰力，以选择隔振方案作依据。

2）估算基础板质量

可采用下述公式估算：

$$m_2 \geqslant \frac{P_0}{[A]\omega^2} - m_1 \tag{5-147}$$

式中　m_1——设备本身质量（t）；

$\quad\quad\;\; P_0$——机器总扰力（kN）；

$\quad\quad\;\; [A]$——隔振基础容许振动线位移，由表 5-10 查得（m）；

$\quad\quad\;\; \omega$——机器圆频率（rad/s）。

3）最大扰力方向的隔振系数 η

$$\eta = \frac{1}{\left(\dfrac{\omega}{\omega_n}\right)^2 - 1} \tag{5-148}$$

ω/ω_n 取不小于 2.5，并应满足下式要求：

$$\eta \leqslant \frac{1}{5.25} \tag{5-149}$$

4）求隔振器总刚度 K 与数量 N

$$K = \frac{\omega^2 m}{1/\eta + 1} \tag{5-150}$$

$$N = \frac{K}{K_i} \tag{5-151}$$

式中　K_i——每个隔振器的相应线刚度。

隔振器的回转刚度 $K_{\varphi x}$、$K_{\varphi y}$ 及扭转刚度 $K_{\varphi z}$，可按下式计算：

$$\left. \begin{array}{l} K_{\varphi x} = \sum K_{zi} a_{ix}^2 \\ K_{\varphi y} = \sum K_{zi} a_{iy}^2 \\ K_{\varphi z} = \sum K_{xi} (a_{ix}^2 + a_{iy}^2) \end{array} \right\} \tag{5-152}$$

式中　K_{xi}、K_{zi}——一个隔振器的水平向、垂直向刚度；

　　　a_{ix}、a_{iy}——某 i 个隔振器的刚度中心在 x、y 轴上座标。

基础图示见图 5-26。

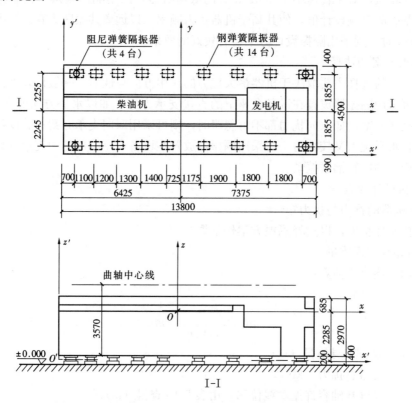

图 5-26　基础台座平面、坐标系和隔振器布置图及剖面图

5.5.5　活塞式机器基础的设计实例

本节以 7MW 柴油发电机隔振基础动力计算为例。

1. 原始数据

电机功率：7000kW。

允许振动标准：国家标准 GB/T 6075.6—2002 关于有隔振装置的柴油机基础允许振动标为：良好级 $[V_z]=28$mm/s，可容忍级 $[V_y]=71$mm/s。

机器工作转速：$n=500$r/min，$\omega=0.105n=52.36$rad/s，$f=n/60=8.33$Hz。

2. 隔振器选择

该柴油发电机隔振基础选用钢弹簧隔振器 14 台和阻尼弹簧隔振器 4 台,在使用荷载下的静态压缩量为 38mm,竖向固有频率 2.554Hz,隔振效率 89.63%。

3. 计算振动线位移

基础控制点的总振动线位移:竖向 $A_{zmax}=157\mu m \approx$ 良好级 $[134\mu m]$,水平向 $A_{xmax}=43.4\mu m <$ 良好级 $[134\mu m]$,$A_{ymax}=531.1\mu m <$ 可容忍级 $[1000\mu m]$。

允许振动速度换算成允许振动线位移:竖向良好级 $[A_z]=[V]/\omega=[V]/(2\pi f)=(28\times10^3)/[2\times3.14\times(2000/60)]=134\mu m$(当验算转速为 2000r/min 时),水平向可容忍级 $[A_y]=[V]/\omega=[V]/(2\pi f)=(71\times10^3)/[2\times3.14\times(678/60)]=1000\mu m$(当验算转速为 678r/min 时)。

本工程的计算振动线位移虽然偏大,y 水平向只能满足规范规定的"可容忍级"振动标准,但因为在基础的四个角上配置了阻尼器,可以使机器在正常运转时的振动线位移减小,达到良好级标准。如果在工程设计时,把质量比选为 3 以上,柴油发电机隔振基础的计算振动线位移一定能达到良好级标准。

4. 隔振基础的振动特性评定

经动力计算得到 6 个固有频率从 1.255 至 3.626Hz,均远离最低扰力频率 8.33Hz,处于非共振区。6 个频率比从 2.298 至 6.64,隔振效率 76.65%~97.68%,表明该隔振基础的振动特性优良。

5. 确定基础尺寸

根据机器布置图并按照本章节的构造要求,确定基础尺寸如图 5.5.7。

动力计算通常采用计算机程序完成,本实例某电厂 7MW 柴油发电机隔振基础的动力分析仅列出如下输入、输出数据。

基组几何物理量计算结果见表 5-11~表 5-13(基组包括机器和基础台座)。

隔振体系数据 表 5-11

项 目	数值	项 目	数值
(1) 机器质量 m_m	213.1t	(7) 转动惯量 J_x	2701tm²
(2) 基础台座质量 m_f	392.4t	(8) 转动惯量 J_y	10596tm²
(3) 基组总质量 m	605.5t	(9) 转动惯量 J_z	9628tm²
(4) 基组总质心坐标 x_c	6.425m	(10) 刚度中心对质心的偏心率(x 向)	0.200%
(5) 基组总质心坐标 y_c	2.245m	(11) 刚度中心对质心的偏心率(y 向)	0.000%
(6) 基组总质心坐标 $z_c=h_2$	2.285m	(12) 质量比 m_f/m_m	1.84

机器单元数据 表 5-12

单元代码	重量 W_i (kN)	几何尺寸(R 为圆柱体半径)			单元体质心坐标(以 O' 为原点)		
		x 向 (m)	y 向 (m)	z 向 (m)	x_i' (m)	y_i' (m)	z_i' (m)
5F	466.0	2.700	2.000	2.000	11.628	2.25	3.570
60	23.5	0.100	0.100	0.100	4.770	2.25	2.800
61	137.3	0.400	R0.200	R0.200	9.040	2.25	3.570
62	29.4	0.100	R0.200	R0.200	9.640	2.25	3.570
63	9.8	0.325	R0.414	R0.414	2.500	2.25	3.570

续表

单元代码	重量 W_i (kN)	几何尺寸（R 为圆柱体半径）			单元体质心坐标（以 O' 为原点）		
		x 向（m）	y 向（m）	z 向（m）	x_i'（m）	y_i'（m）	z_i'（m）
65	1424.4	8.200	2.700	3.702	4.253	2.25	4.651
小计	2090.4						

机器单元合计转动惯量：$J_x'=1678.5$tm，$J_y'=4532.2$tm，$J_z'=3078$tm

台座单元数据和基础数据　　　　　　表 5-13

单元代码	重量 W_i (kN)	几何尺寸			单元体质心坐标（以 O' 为原点）		
		x 向（m）	y 向（m）	z 向（m）	x_i'（m）	y_i'（m）	z_i'（m）
4E	4610.9	13.80	4.50	2.97	6.900	2.25	1.315
53	−162.8	10.05	1.62	0.40	5.025	2.25	2.600
55	−285.2	3.25	2.34	1.50	11.675	2.25	2.050
56	−100.5	1.20	2.28	1.47	12.700	2.25	0.565
57	−25.7	0.50	2.28	0.90	13.550	2.25	1.750
5A	−112.5	9.45	1.36	0.35	4.725	2.25	2.225
小计	3924.2						

基础台座单元合计转动惯量：$J_x''=1022.5$tm，$J_y''=6063.8$tm，$J_z''=6550$tm

基础台座顶面至质量中心的垂直距离：$h_1=0.685$m

基础台座顶面控制点至质量中心的水平向距离：$L_x=7.375$m，$L_y=2.255$m

弹簧组总体刚度特性和阻尼器组总体阻尼特性数据见表 5-14 和表 5-15。

1）弹簧单元数据

隔振器和阻尼器的布置见图 5-26。单台弹簧隔振器的刚度：竖向 $K_{zi}=7090$kN/m、水平向 $K_{xi}=K_{yi}=4380$kN/m，共 14 台；单台阻尼弹簧隔振器的竖向刚度 $K_{zi}=14180$kN/m、水平向刚度 $K_{xi}=K_{yi}=8760$kN/m，共 4 台。

第 i 个隔振器以台座左下角 O' 为坐标原点的坐标值（m）：共 18 台隔振器，其坐标值依次为：$x_i'=0.7$，1.8，3，4.3，5.7，7.6，9.5，11.3，13.1（各 2 台）；$y_i'=0.39$，4.1（各 9 台）；$z_i'=-0.2$（共 18 台）。

第 i 个隔振器以基组重心 O 为坐标原点的坐标值（m）：共 18 台隔振器，其坐标值依次为：$x_i=-5.725$，−4.625，−3.425，−2.125，−0.725，1.175，3.075，4.875，6.675（各 2 台）；$y_i=-1.855$，1.855（各 9 台）；$z_i=-2.485$（共 18 台）。

弹簧组总体刚度特性数据　　　　　　表 5-14

序号	计算内容	计算结果	备注
1	x 水平向总刚度	$K_x=4\times8760+14\times4380=96360$kN/m	
2	y 水平向总刚度	$K_y=4\times8760+14\times4380=96360$kN/m	
3	z 竖向总刚度	$K_z=4\times14180+14\times7090=155980$kN/m	
4	绕 x 轴抗弯总刚度	$K_\theta=(4\times14180+14\times7090)\times1.855^2+(4\times8760+14\times4380)\times2.485^2=1131776$kN/m	

续表

序号	计算内容	计算结果	备注
5	绕 y 轴抗弯总刚度	$K_\varphi = 2 \times 14180 \times (5.725^2 + 6.675^2) + 2 \times 7090 \times (4.625^2 + 3.425^2 + 2.125^2 + 0.725^2 + 1.175^2 + 3.075^2 + 4.875^2) + (4 \times 8760 + 14 \times 4380) \times 2.485^2 = 3819958\text{kN/m}$	
6	绕 z 轴扭转总刚度	$K_\psi = 96360 \times 1.855^2 + 2 \times 8760 \times (5.725^2 + 6.675^2) + 2 \times 4380 \times (4.625^2 + 3.425^2 + 2.125^2 + 0.725^2 + 1.175^2 + 3.075^2 + 4.875^2) = 2323837\text{kN/m}$	
7	刚度中心坐标(以左下角 O' 为坐标原点): $x_{kc} = 6.436\text{m}$; $y_{kc} = 2.245\text{m}$。 刚度中心与质量中心的相对误差: $\Delta_x = 0.200\% < 5\%$, $\Delta_y = 0.000\% < 5\%$, 符合规范规定		

2) 阻尼单元数据

黏滞阻尼器单个元件的阻尼系数 $C_{xi} = C_{yi} = 480\text{kN} \cdot \text{s/m}$、$C_{zi} = 510\text{kN} \cdot \text{s/m}$。

第 i 个阻尼器以台座左下角 O' 为坐标原点的坐标值(m): 共 4 台阻尼器, 其坐标值依次为: $x'_i = 0.7$, 13.1, (各 2 台); $y'_i = 0.39$, 4.1, (各 2 台); $z'_i = -0.2$(共 4 台)。

第 i 个阻尼器以基组重心 o 为坐标原点的坐标值(m): 共 4 台阻尼器, 其坐标值依次为: $x_i = -5.725$, 6.675(各 2 台); $y_i = -1.855$, 1.855(各 2 台); $z_i = -2.485$(共 4 台)。

阻尼器组总体阻尼特性数据   表 5-15

序号	计算内容	计算结果	备注
1	x 水平向总阻尼	$C_x = 1920\text{kN} \cdot \text{s/m}$	
2	y 水平向总阻尼	$C_y = 1920\text{kN} \cdot \text{s/m}$	
3	z 竖向总阻尼	$C_z = 2040\text{kN} \cdot \text{s/m}$	
4	绕 x 轴抗弯总阻尼	$C_\theta = 18558\text{kN} \cdot \text{s/m}$	
5	绕 y 轴抗弯总阻尼	$C_\varphi = 90454\text{kN} \cdot \text{s/m}$	
6	绕 z 轴抗扭总阻尼	$C_\psi = 80809\text{kN} \cdot \text{s/m}$	

自由振动计算结果见表 5-16。

自由振动计算结果   表 5-16

振 动 方 向	固有圆频率 ω_n(rad/s)	固有频率 f_n(Hz)	转心距离 ρ(m)	阻尼比 ζ
竖向振动	16.050	2.554	—	0.105
x 向水平绕 y 轴回转耦合振动第一振型	11.131	1.772	10.3648	0.118
x 向水平绕 y 轴回转耦合振动第二振型	19.975	3.179	1.6883	0.227
y 向水平绕 x 轴回转耦合振动第一振型	7.885	1.255	3.9836	0.059
y 向水平绕 x 轴回转耦合振动第二振型	22.783	3.626	1.1199	0.200
扭转振动	15.562	2.477	—	0.270

强迫振动计算结果见表 5-17。

强迫振动计算结果

表 5-17

振 动 方 向	最大振动位移	验算点代码	验算转速
x 水平向(最大线位移 A_{xmax})	43.45μm	611	690
y 水平向(最大线位移 A_{ymax})	531.07μm	611	678
竖向(最大线位移 A_{zmax})	156.96μm	610	2000
绕 x 轴(最大角位移 φ_x)	0.0000693rad	613	2000
绕 y 轴(最大角位移 φ_y)	0.00000863rad	613	875
绕 z 轴(最大角位移 φ_z)	0.00000738rad	613	750

本题参考:《大块式动力机器基础设计程序 BDMF V1.0》(For Windows95 & 98)。

5.6 旋转式机器基础设计

5.6.1 旋转式机器基础设计的一般原则

1. 旋转式机器的类型

按功能分类,旋转式机器常见的有汽轮发电机、透平压缩机、电动机、风机、水泵等。其中汽轮发电机、透平压缩机等常为大型旋转式机器,其基础形式一般都为框架式或墙式。本书中对此不作详细介绍。一般小容量的电动机、风机、水泵等其大都采用大块式基础,本节中仅对此作一介绍。

2. 基础设计的基本要求

除了 5.1.2 节中所述的普遍要求外,因为旋转式机器种类繁多,用途不一、工作转速与功率对不同用途类别的机器差别很大,所以要合理可靠地设计机器基础,首先必须充分了解各种机械设备的特性与要求。

各种类型的旋转式机器基础的允许振动线位移一般应由厂方提供。对于透平压缩机,一般常用基础顶面控制点的最大振动速度来控制振动,《动力机器基础设计规范》GB 50004—96 规定其值应小于 5.0mm/s。

3. 扰力的计算

这类机器的扰力是由于旋转部分质量对转轴中心存在偏心距,因而在旋转运动时产生离心力。

对风机、水泵、电机等扰力 P (t) 可由下式计算:

$$P(t) = m_0 e \omega^2 \sin \omega t \quad (kN) \tag{5-153}$$

扰力矩 M (t) 为:

$$M(t) = P(t) \cdot h (kN \cdot m) \tag{5-154}$$

式中 m_0——旋转部分质量(t);

  e ——偏心距(m);

  ω——机器旋转圆频率(rad/s)。

旋转部分质量一般包括:叶轮或转子、轴承、联轴器或飞轮等,为了计算方便统一,可只取叶轮或转子的质量，而其他部分因影响较小，可将这些因素综合到当量偏心距 e_0 中去。

　　一般机器在正常使用条件下，其偏心距皆要大于出厂时的标定值。这主要是由安装偏差、使用损耗、转子弯曲变形等原因造成的，经有关统计资料，列出表 5-18 供设计参考。

当量偏心距 e （mm）　　　　　　　　　　　　表 5-18

机器类型	风　机					水　泵				电　机			
	≤5 号直接式	皮带传动式				转速（r/min）							
		6 号	7 号	8 号	10～12 号	2900	1450	1000	750	2900	1450	1000	750
e_0	0.25	0.5～0.6	0.5～0.55	0.45～0.5	0.4～0.45	0.2	0.4	0.6	0.8	0.05	0.10	0.15	0.30

　　对汽轮发电机与低转速电机，其扰力值可根据《动力机器基础设计规范》GB 50004—96 取值。对透平压缩机的扰力可按下列公式计算：

$$P_z = 0.25 W_g \left(\frac{n}{3000}\right)^{3/2} \tag{5-155}$$

$$P_x = P_z \tag{5-156}$$

$$P_y = 0.5 P_x \tag{5-157}$$

式中　P_z——竖向扰力（kN）；

　　　P_x——旋转方向的水平扰力（kN）；

　　　P_y——平行于转子方向的水平扰力（kN）；

　　　W_g——转子重力（kN）；

　　　n——转速（r/min）。

5.6.2　旋转式机器大块式基础的设计计算

　　一般旋转式机器的扰力比冲击式与往复运动的活塞机器的扰力小得多，因此《动力机器基础设计规范》GB 50004—96 与有关设计手册中规定，对表 5-19 中的有关机器基础，都可不做动力验算。

大块式基础可不进行动力计算的条件　　　　　　表 5-19

机器类型	工作转速（r/min）	基础重量/机器重量
<80kW 的压缩机（立式除外） <500kW 的对称平衡型压缩机	—	>5
<2000kW 的电动给水泵、汽动给水泵、励磁机、各种离心泵	1000<n<3000	>5
风机、小型电机、泵类	n>1000	>3～4
	n<1000	—

　　对表 5-19 以外的大块式旋转式机器基础，都需进行动力验算，其验算方法与公式，与上一节活塞式机器基础完全一样，就是扰力公式为本节介绍的相应的公式与表值，且允许振幅与速度也采用本节相应的数值。

当采用框架式基础时，应进行有关的框架动力分析，因此比较复杂，这里不作介绍了。

5.6.3 旋转式机器基础的隔振设计计算

整个计算步骤与公式和上节曲柄连杆机器基础验算皆相同。但扰力与允许位移、允许速度需用本节公式与表值。

但由于旋转式机器常为风机、水泵与汽轮机等，因此机器有很多管道与外界相连，为此还必须采取以下构造措施。

（1）为使各种管道连接刚度与质量不影响计算的精确度，并不使机器振动从管道外传而影响环境，因此管道与机器设备的连接管必须采用软管接头，管道支承宜采用柔性悬挂式拉杆。

（2）隔振器与地坪（或楼板）和台座的连接方法，主要取决于体系的总质量与扰力的大小。对于水平扰力很小的机器设备不必外加连接，只要放置其上，靠摩擦力足够保证稳定；当扰力稍大时，可将隔振器与台座间用螺栓连接，与地坪间可不加连接；对水平扰力较大时三者间都需加连接，甚至在水平向再另加减振措施。

（3）采用钢支架作小型设备台座时，必须保证支架有足够的刚度，避免自振频率过低，与设备的强迫振动频率接近而发生共振。特别在设备启动与关闭的瞬间。

（4）在潮湿、高温、侵蚀性气体等不利环境下运转的隔振器，应加防护罩保护，并应方便维修更换。

5.6.4 风机基础隔振设计实例

本节以 2246B／1201 型离心风机隔振基础设计为例。

1. 原始数据

设备制造厂家：上海鼓风机厂。

允许振动线位移：$[A_z]=100\mu m$，$[A_x]=100\mu m$。

机器工作转速：$n=980r/min$，$\omega=0.105n=102.6rad/s$，$f=n/60=16.33Hz$。

机器扰力：风机扰力 $P_1=me\omega^2=(30/9.81)\times0.0007\times102.6^2=22.53kN$；电机扰力 $P_2=0.20W_g=0.20\times20=4kN$。

机器质量：$m_m=17t$。

2. 确定基础尺寸

根据机器布置图并按照本章节的构造要求，确定基础尺寸见图 5-27。

3. 基组几何物理量计算

基组几何物理量计算见表 5-20 和表 5-21。

基组几何物理量总质心坐标计算表　　　　表 5-20

单元名称	质量 $m_i(t)$	单元体质心坐标(m)			m_ix_i'	m_iy_i'	m_iz_i'
		x_i'	y_i'	z_i'			
风机	11.00	2.70	2.40	2.95	29.70	26.40	32.45
电机	5.20	5.85	2.40	2.95	30.42	12.48	15.34

续表

单元名称	质量 m_i(t)	单元体质心坐标(m)			$m_i x_i'$	$m_i y_i'$	$m_i z_i'$
		x_i'	y_i'	z_i'			
电机底座	0.75	5.85	2.40	2.30	4.39	1.80	1.73
台座1	75.40	3.25	2.90	0.40	245.05	218.66	30.16
台座2	8.05	0.57	2.40	1.50	4.59	19.32	12.08
台座3	21.35	4.97	2.40	1.50	106.11	51.24	32.03
台座4	2.10	2.70	0.30	1.50	5.67	0.63	3.15
台座5	2.77	1.75	4.19	1.50	4.85	11.61	4.16
台座6	2.77	3.65	4.19	1.50	10.11	11.61	4.16
台座7	−4.93	2.70	4.09	0.40	−13.31	−20.16	−1.97
台座8	1.71	6.66	2.40	1.68	11.39	4.10	2.87
合计	126.2				438.97	337.69	136.16
基组总质心坐标的计算	$x_0' = \sum m_i x_i' / \sum m_i$				$x_0' = \sum 438.97/126.2 = 3.48\text{m}$		
	$y_0' = \sum m_i y_i' / \sum m_i$				$y_0' = 337.69/126.2 = 2.68\text{m}$		
	$z_0' = \sum m_i z_i' / \sum m_i$				$z_0' = h_2 = 136.16/126.2 = 1.08\text{m}$		

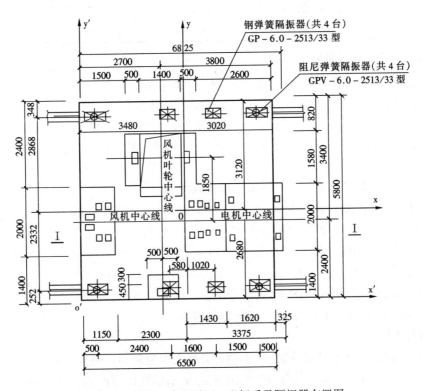

图 5-27　混凝土台座平面、坐标系及隔振器布置图

基组几何物理量转动惯量计算表　　　　　　表 5-21

单元名称	单元体尺寸 长，宽，高(m)	转动惯量(tm^2)					
		$m_i r_{xi}^2$	$m_i r_{yi}^2$	$m_i r_{zi}^2$	J_{xi}	J_{yi}	J_{zi}
风机	2.00，4.00，4.00	39.328	45.158	7.555	29.333	18.333	18.333
电机	1.70，1.20，1.20	18.592	47.392	29.616	0.936	1.720	1.720
电机底座	1.70，1.20，0.20	1.175	5.329	4.271	0.092	0.183	0.271
台座 1	6.50，5.80，0.80	38.514	38.854	7.638	215.393	269.492	476.842
台座 2	1.15，2.00，1.40	2.051	69.588	68.799	3.998	2.202	3.571
台座 3	3.05，2.00，1.40	5.440	51.165	49.073	10.604	20.038	23.667
台座 4	1.00，0.60，1.40	12.266	1.648	13.173	0.406	0.518	0.238
台座 5	0.50，1.58，1.40	6.805	8.779	14.606	1.029	0.510	0.634
台座 6	0.50，1.58，1.40	6.805	0.569	6.396	1.029	0.510	0.634
台座 7	1.40，1.76，0.80	−12.081	−5.279	−12.801	−1.536	−1.068	−2.078
台座 8	0.325，2.00，1.05	0.750	17.908	17.426	0.727	0.172	0.585
合计		119.645	281.111	205.752	262.011	312.610	524.417
基组转动惯量的计算	$J_x = \sum J_{xi} + \sum m_i r_{xi}^2 = \sum J_{xi} + \sum m_i (y_i^2 + z_i^2)$				$J_x = 119.645 + 262.011 = 381.7$		
	$J_y = \sum J_{yi} + \sum m_i r_{yi}^2 = \sum J_{xi} + \sum m_i (x_i^2 + z_i^2)$				$J_y = 281.111 + 312.610 = 593.7$		
	$J_z = \sum J_{zi} + \sum m_i r_{zi}^2 = \sum J_{xi} + \sum m_i (x_i^2 + y_i^2)$				$J_z = 205.752 + 524.417 = 730.2$		

4. 弹性支承的物理参数

单台刚度：$K_{zi} = 5760 kN/m$，$K_{xi} = K_{yi} = 6780 kN/m$。

单台阻尼系数：$C_{zi} = 275 kN \cdot s/m$、$C_{xi} = C_{yi} = 560 kN \cdot s/m$。

弹性支承点的坐标：第 i 个隔振器以基组重心 o 为坐标原点的坐标值(m)：共 8 台隔振器，其坐标值依次为：$x_i = -2.98$，-0.58，1.02，2.52（各 2 台）；$y_i = -2.332$（4 台），2.868（4 台）。

竖向总刚度：$K_z = \sum K_{zi} = 8 \times 5760 = 46080 kN/m$。

水平向总刚度：$K_x = K_y = \sum K_{xi} = \sum K_{yi} = 8 \times 6780 = 54240 kN/m$。

绕 x 轴回转总刚度：$K_\theta = \sum K_{zi} y_i^2 = 5760 \times (4 \times 2.332^2 + 4 \times 2.868^2) = 314807 kN/m$。

绕 y 轴回转总刚度：$K_\varphi = \sum K_{zi} x_i^2 = 5760 \times [2 \times (2.98^2 + 0.58^2 + 1.02^2 + 2.52^2)] = 191320 kN/m$。

绕 z 轴扭转总刚度：$K_\psi = \sum K_{xi} y_i^2 + \sum K_{yi} x_i^2 = 6780 \times \{(4 \times 2.332^2 + 4 \times 2.868^2) + [2 \times (2.98^2 + 0.58^2 + 1.02^2 + 2.52^2)]\} = 595752 kN/m$。

5. 动力计算

动力计算内容及结果见表 5-22。（本例计算略去阻尼影响，偏安全）

合计扰力 $P_z = P_y = 26.53 kN$，$P_x = 0$；重心至基础块体顶面的最远距离 $L_x = 3.48 m$，$L_y = 3.12 m$；扰力偏心 $e_{xf} = 0.78 m$（风机扰力），$e_{xd} = 2.3725 m$（电机扰力）；$e_y = 0.28 m$；$e_z = 1.87 m$。

动力计算表　　　　　　表 5-22

序号	计算内容	计算公式	计算结果	备注
1	基组竖向振动固有频率	$\lambda_z=(K_z/m)^{1/2}$ $f_{nz}=\lambda_z/2\pi$	$\lambda_z=(46080/126.2)^{1/2}=19.11\text{rad/s}$ $f_{nz}=19.11/2\pi=3.04\text{Hz}$	式(5-68)
2	基组竖向振幅	$A_z=(P_z/K_z)\times\{1/[(\omega/\lambda_z)^2-1]\}$	$A_z=[(26.53/46080)\times(102.6/19.11)^2-1]=0.000021\text{m}=21\mu\text{m}$	式(5-81)
3	基组绕 z 轴扭转振动固有频率	$\lambda_\psi=(K_\psi/J_z)^{1/2}$ $f_{n\psi}=\lambda_\psi/2\pi$	$\lambda_\psi=(595752/730.2)^{1/2}=28.56\text{rad/s}$ $f_{n\psi}=28.56/2\pi=4.55\text{Hz}$	式(5-97)
4	基组绕 z 轴扭转振动角位移	$A_\psi=\{M_\psi/K_\psi\}/[(\omega/\lambda_\psi)^2-1]$	$A_\psi=[(22.53\times0.78+4\times2.3725)/593467]/[(102.6/28.56)^2-1]=0.00000375\text{rad}$	式(5-99)
5	基础顶面角点扭振位移 $A_{x\psi}$	$A_{x\psi}=A_\psi L_y$	$A_{x\psi}=0.00000375\times3.12=0.0000117\text{m}=11.7\mu\text{m}$	式(5-100)
6	基础顶面角点扭振位移 $A_{y\psi}$	$A_{y\psi}=A_\psi L_x$	$A_{y\psi}=0.00000375\times3.48=0.0000131\text{m}=13.1\mu\text{m}$	式(5-100)
7	x 向圆频率的平方	$\lambda_x^2=K_x/m$	$\lambda_x^2=54240/126.2=430\text{rad}^2/\text{s}^2$	式(5-68)
8	绕 y 轴回转振动圆频率的平方	$\lambda_\varphi^2=(K_\varphi+K_xh_2^2)/J_y$	$\lambda_\varphi^2=(191320+54240\times1.08^2)/593.7=429\text{rad}^2/\text{s}^2$	式(5-88)
9	x 向水平、绕 y 轴回转耦合振动第一振型固有频率	$\lambda_1^2=1/2\{(\lambda_x^2+\lambda_\varphi^2)-[(\lambda_x^2-\lambda_\varphi^2)^2+(4mh_2^2/J_y)\times\lambda_x^4]^{1/2}\}$ $f_{n\varphi1}=\lambda_1/2\pi$	$\lambda_1^2=1/2\{(430+429)-[(430-429)^2+(4\times126.2\times1.08^2/593.7)\times429.8^2]^{1/2}\}=215.8\text{rad}^2/\text{s}^2$ $\lambda_1=215.8^{1/2}=14.69\text{rad/s}$ $f_{n\varphi1}=14.69/2\pi=2.33\text{Hz}$	式(5-92)
10	x 向水平、绕 y 轴回转耦合振动第二振型固有频率	$\lambda_2^2=1/2\{(\lambda_x^2+\lambda_\varphi^2)+[(\lambda_x^2-\lambda_\varphi^2)^2+(4mh_2^2/J_y)\times\lambda_x^4]^{1/2}\}$ $f_{n\varphi2}=\lambda_2/2\pi$	$\lambda_2^2=1/2\{(430+429)+[(430-429)^2+(4\times126.2\times1.08^2/593.7)\times429.8^2]^{1/2}\}=642.8\text{rad}^2/\text{s}^2$ $\lambda_2=642.8^{1/2}=25.35\text{rad/s}$ $f_{n\varphi2}=25.35/2\pi=4.04\text{Hz}$	式(5-92)
11	第一振型耦合振动中心 $O_{\varphi1}$ 至基组质心的距离	$\rho_1=\lambda_x^2h_2/(\lambda_x^2-\lambda_1^2)$	$\rho_1=430\times1.08/(430-215.8)=2.169\text{m}$	参照式(5-94a)
12	第二振型耦合振动中心 $O_{\varphi2}$ 至基组质心的距离	$\rho_2=\lambda_x^2h_2/(\lambda_2^2-\lambda_x^2)$	$=430\times1.38/(642.8-430)=2.179\text{m}$	参照式(5-94b)
13	绕 y 轴回转耦合振动第一振型的总扰力矩	$M_{y\varphi1}=P_x(h_1+h_0+\rho_{\varphi1})+M_y$	$M_{y\varphi1}=0+22.53\times0.78+4\times2.3725=27.06\text{kNm}$	参照式(5-85)

续表

序号	计算内容	计算公式	计算结果	备注
14	绕 y 轴回转耦合振动第二振型的总扰力矩	$M_{y\varphi2}=P_x(h_1+h_0-\rho_2)+M_y$	$M_{y\varphi2}=0+22.53\times0.78+4\times2.3725$ $=27.06\text{kNm}$	参照式(5-85)
15	x 向水平、绕 y 轴回转耦合振动第一振型的回转角位移	$A_{x\varphi1}=\{M_{y\varphi1}/[(J_y+m\rho_1^2)\lambda_1^2]\}\times1/[(\omega/\lambda_1)^2-1]$	$A_{x\varphi1}=\{27.06/[(593.7+126.2\times2.169^2)\times215.8]\}\times1/[(102.6/14.69)^2-1]$ $=0.000002\text{rad}$	
16	x 向水平、绕 y 轴回转耦合振动第二振型的回转角位移	$A_{x\varphi2}=\{M_{y\varphi2}/[(J_y+m\rho_2^2)\lambda_2^2]\}\times1/[(\omega/\lambda_2)^2-1]$	$A_{x\varphi2}=\{27.06/[(593.7+126.2\times2.179^2)\times642.8]\}\times1/[(102.6/25.35)^2-1]$ $=0.000002\text{rad}$	
17	基础顶面角点，由于 x 向水平绕 y 轴回转耦合振动产生的竖向振动线位移	$A_{z\varphi}=(A_{x\varphi1}+A_{x\varphi2})L_x$	$A_{z\varphi}=(0.000002+0.000002)\times3.48=0.0000139\text{m}=13.9\mu\text{m}$	
18	基础顶面角点，由于 x 向水平绕 y 轴回转耦合振动产生的 x 向水平振动线位移	$A_{x\varphi}=A_{x\varphi1}(\rho_1+h_1)+A_{x\varphi2}(h_1-\rho_2)$	$A_{x\varphi}=0.000002(2.169+1.12)+0.000002(1.12-2.179)=0.0000043\text{m}=4.3\mu\text{m}$	
19	y 向圆频率的平方	$\lambda_y^2=K_y/m$	$\lambda_y^2=54240/126.2=430\text{rad}^2/\text{s}^2$	参照式(5-68)
20	绕 x 轴回转振动圆频率的平方	$\lambda_\theta^2=(K_\theta+K_yh_2^2)/J_x$	$\lambda_\theta^2=(314807+54240\times1.08^2)/381.7=986\text{rad}^2/\text{s}^2$	参照式(5-88)
21	y 向水平、绕 x 轴回转耦合振动第一振型固有频率	$\lambda_{\theta1}^2=1/2\{(\lambda_y^2+\lambda_\theta^2)-[(\lambda_y^2-\lambda_\theta^2)^2+(4mh_2^2/J_x)\times\lambda_y^4]^{1/2}\}$ $f_{n\theta1}=\lambda_{\theta1}/2\pi$	$\lambda_{\theta1}^2=1/2\{(430+986)-[(430-986)^2+(4\times126.2\times1.08^2/381.7)\times430^2]^{1/2}\}=322.4\text{ rad}^2/\text{s}^2$ $\lambda_{\theta1}=322.4^{1/2}=17.96\text{ rad/s}$ $f_{n\theta1}=17.96/2\pi=2.86\text{Hz}$	参照式(5-92)
22	y 向水平、绕 x 轴回转耦合振动第二振型固有频率	$\lambda_{\theta2}^2=1/2\{(\lambda_y^2+\lambda_\theta^2)+[(\lambda_y^2-\lambda_\theta^2)^2+(4mh_2^2/J_x)\times\lambda_y^4]^{1/2}\}$ $f_{n\theta2}=\lambda_{\theta2}/2\pi$	$\lambda_{\theta2}^2=1/2\{(430+986)+[(430-986)^2+(4\times126.2\times1.08^2/381.7)\times430^2]^{1/2}\}=1093\text{rad}^2/\text{s}^2$ $\lambda_{\theta2}=1093^{1/2}=33.06\text{ rad/s}$ $f_{n\theta2}=33.06/2\pi=5.26\text{Hz}$	参照式(5-92)

序号	计算内容	计算公式	计算结果	备注
23	第一振型耦合振动中心 $O_{\theta 1}$ 至基组质心的距离	$\rho_{\theta 1}=\lambda_{y}^{2}h_{2}/(\lambda_{y}^{2}-\lambda_{\theta 1}^{2})$	$\rho_{\theta 1}=430\times 1.08/(430-322.4)=4.321\mathrm{m}$	参照式(5-94)
24	第一振型耦合振动中心 $O_{\theta 2}$ 至基组质心的距离	$\rho_{\theta 2}=\lambda_{y}^{2}h_{2}/(\lambda_{\theta 2}^{2}-\lambda_{y}^{2})$	$\rho_{\theta 2}=430\times 1.08/(1093-430)=0.7\mathrm{m}$	参照式(5-94)
25	绕 x 轴回转耦合振动第一振型的总扰力矩	$M_{x\theta 1}=P_{y}(h_{1}+h_{0}+\rho_{\theta 1})+M_{x}$	$M_{x\theta 1}=26.53\times(1.87+4.321)+0=164.25\mathrm{kNm}$	参照式(5-85)
26	绕 x 轴回转耦合振动第二振型的总扰力矩	$M_{x\theta 2}=P_{y}(h_{1}+h_{0}-\rho_{\theta 2})+M_{x}$	$M_{x\theta 2}=26.53\times(1.87-0.7)+0=31.04\mathrm{kNm}$	参照式(5-85)
27	y 向水平、绕 x 轴回转耦合振动第一振型的回转角位移	$A_{y\theta 1}=\{M_{x\theta 1}/[(J_{x}+m\rho_{\theta 1}^{2})\lambda_{\theta 1}^{2}]\}\times 1/[(\omega/\lambda_{\theta 1})^{2}-1]$	$A_{y\theta 1}=\{164.25/[381.7+126.2\times 4.321^{2})\times 322.4]\}\times 1/[(102.6/17.96)^{2}-1]=0.0000058\mathrm{rad}$	
28	y 向水平、绕 x 轴回转耦合振动第二振型的回转角位移	$A_{y\theta 2}=\{M_{x\theta 2}/[(J_{x}+m\rho_{\theta 2}^{2})\lambda_{\theta 2}^{2}]\}\times 1/[(\omega/\lambda_{\theta 2})^{2}-1]$	$A_{y\theta 2}=\{31.04/[(381.7+126.2\times 0.7^{2})\times 1093]\}\times 1/[(102.6/33.06)^{2}-1]=0.0000074\mathrm{rad}$	
29	基础顶面角点，由于 y 向水平绕 x 轴回转耦合振动产生的竖向振动线位移	$A_{z\theta}=(A_{y\theta 1}+A_{y\theta 2})L_{y}$	$A_{z\theta}=(0.0000058+0.0000074)\times 3.12=0.0000412\mathrm{m}=41.2\mu\mathrm{m}$	
30	基础顶面角点，由于 y 向水平绕 x 轴回转耦合振动产生的 x 向水平振动线位移	$A_{y\theta}=A_{y\theta 1}(\rho_{\theta 1}+h_{1})+A_{y\theta 2}(h_{1}-\rho_{\theta 2})$	$A_{y\theta}=0.0000058\times(4.321+1.12)+0.0000074\times(1.12-0.7)=0.0000347\mathrm{m}=34.7\mu\mathrm{m}$	
31	基础顶面控制点，沿 x 轴方向的总振动线位移	$A_{x\max}=A_{x\psi}+A_{x\varphi}$	$A_{x\max}=11.7+4.3=16\mu\mathrm{m}$ $<[A_{x}]=100\mu\mathrm{m}$	

续表

序号	计算内容	计算公式	计算结果	备注
32	基础顶面控制点,沿 y 轴方向的总振动线位移	$A_{y\text{max}}=A_{y\psi}+A_{y\theta}$	$A_{y\text{max}}=13.1+34.7=47.8\mu m$ $<[A_y]=100\mu m$	
33	基础顶面控制点,沿 z 轴方向的总振动线位移	$A_{z\text{max}}=A_z+A_{z\varphi}+A_{z\theta}$	$A_{z\text{max}}=21+13.9+5.6=40.5\mu m$ $<[A_z]=100\mu m$	

5.7　动力机器基础的隔振及振动控制技术的新发展

5.7.1　振动基础在土中引起的波动

1. 土中的体波和面波

弹性半空间中的弹性波可以分为体波和面波两大类。其中体波是指通过土层内部进行传播的波,而面波则是指仅在地面(或土层界面)附近传播的波。

体波包括横波和纵波。质点的振动方向垂直于波的传播方向的波称为横波,而质点的振动方向与波的传播方向一致的波称为纵波。

面波是指在半空间自由表面或界面某个区域内传播的波,它会随着深度的增加而迅速的衰减,主要有瑞利波和乐夫波。瑞利波在传播时,介质质点在波的传播方向与自由面的法线组成的平面内运动,而在与该平面垂直的水平方向上没有振动。地面的质点运动呈滚动形式,运动轨迹为逆进椭圆,离波源较远处,轨迹椭圆的长轴垂直于地面,短轴平行于地面。乐夫波仅可能出现在层状介质中,当表层介质的横波传播速度低于下层介质的横波传播速度时,就会在表层中产生乐夫波。乐夫波只在与波的传播方向垂直的水平方向运动,即地面上的质点呈水平的蛇形运动。

2. 地面振动的衰减

从振源(如动力机器基础)所引起的振动波在土中传播时,会受到土的材料阻尼(使振动能量转化为热能而逐渐消失)和几何阻尼(使振动能量随距离的增大而衰减)的作用,使振动波的振幅随着离振源距离的增大而逐渐减小,这种现象叫做振动波的衰减,影响地面振动衰减的主要因素如下:

1) 与振源间的距离

地面振动的衰减是由于振源发生振动波的能量向半无限空间扩散,并且土体对振动能量的吸收所至。能量扩散是指单位面积上的振动能量随距离的增加而减少。可见与振源间的距离是影响地面振动衰减的主要因素。土体介质中的波分面波与体波,体波呈半球面扩散传播,它的单位体积能量密度与扩散球半径 R 的平方成反比。体波分纵波与横波两种(即压缩波与剪切波)。而面波呈环状扩散传播,它的单位面积能量密度与圆环半径 R 成反比。面波的成分较复杂,主要还是剪切波,其振动方向的所在平面与地面垂直的为瑞利波，与地面平行的叫乐夫波，两者振动方向皆与波传播方向垂直。

2）波动类型

地面振动的衰减与传播振动的波性质有关。如体波衰减比面波快，压缩波衰减比剪切波快，瑞利波衰减比乐夫波快。

3）振源特征

如冲击性振源比周期性振源衰减快，高频振源比低频振源衰减快，垂直振动一般比水平振动衰减快。

4）扰力作用方向

一般沿扰力的主作用方向的衰减要比其他方向慢。

5）土质条件

如松散土、砂类土比密实土、粉质黏土层衰减快，同类土干燥时比饱和时衰减快。

6）基础类型

如桩基、深基比天然地基、浅基在振源附近衰减快一些，地基作强化处理比不作处理衰减慢。

因此，在计算与处理有关地面振动的衰减问题时，必须针对不同情况作不同分析处理。

3. 地面振动衰减的计算

一般动力机器基础或交通车辆等，引起距该振源中心 r（m）处的竖向或水平向振幅，最好应由现场测试确定，当无条件或不可能预先测试时，可采用《动力机器基础设计规范》GB 50040—96 中给出的地面振动衰减的近似计算公式：

距振源中心 r 处地面上的振幅（m）为：

$$A_r = A_0 \left[\frac{r_0}{r} \xi_0 + \sqrt{\frac{r_0}{r}} (1 - \xi_0) \right] \exp[- f_0 \alpha_0 (r - r_0)] \tag{5-158}$$

$$r_0 = \mu_1 \sqrt{\frac{F}{r}} \tag{5-159}$$

式中　r_0——圆形基础的半径（r）或方形及矩形基础的当量半径；

f_0——基础上机器的扰力频率（Hz），一般为 50Hz 以下；对于冲击式机器基础，可采用基础的固有频率；

ξ_0——无量纲系数，与土性质、基底面积有关；

α_0——地基土能量吸收系数（s/m）；

μ_1——动力系数，与基底面积有关；

F——基础底面积。

4. 防振距离

由式（5-158）可知，地面振动随距离按指数函数递减，因此为了满足人类正常活动与生产科研精度需要，将振源远离在一定距离以外，这是最经济有效的办法，这个距离就称为"防振距离"。在国家标准《机械工业环境保护设计规范》GB 50894—2013 中，规定了各种振源对居民区的防振间距。

5. 7. 2　消极隔振体系的动力计算方法

1. 消极隔振设计方案形式的分类

常用的有支承式与悬挂式两类（图 5-28）。

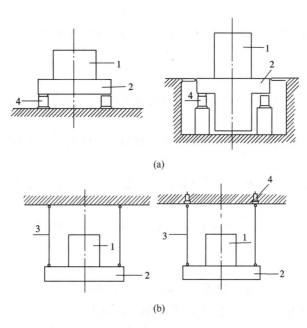

(a)

(b)

图 5-28　消极隔振形式

（a）支承式；（b）悬挂式

1—精密设备；2—隔振台座；3—吊杆；4—隔振器

1）支承式。其减振元件放置在设备台座下方，减振元件常处于受压状态，构造形式与积极隔振设计形式相似。它广泛应用于各种大小设备、仪器的隔振。它最大优点是构造简单、成本低、维修方便，但当体系的自频需要做得很低时，这种方案较难做到。

2）悬挂式。其减振元件常放置在设备台座上方，将设备台座悬挂在上方大梁上，减振元件常处于受拉状态。它的最大优点是可将体系的自频做得很低，因此适用于有特殊需要的仪器设备的隔振。但它的构造复杂、造价高、体系自身阻尼小，为防颤振需另加阻尼器。

2. 消极隔振体系的扰力

积极隔振体系的扰力来自体系内部的动力设备。而消极隔振体系的扰力主要来自体系外部的地面振动，有时自身也有少量不平衡动力作用，但与地面振动相比常常占很小的比例，因此一般情况下常略去不计。当内部扰力较大，又必须考虑地面振动时，必须两者都要考虑而作特殊处理了。

地面振动按理也应有六个自由度，即沿 X、Y、Z 轴方向的三个平移振动，绕 Z 轴的扭转振动，与绕 X、Y 轴的转旋转振动。但是到目前为止，人们还无法测得地面振动的转动分量，而且消极隔振的扰力常常是以测试数据为依据而作的简化假定，因此，目前在所有消极隔振体系的计算中，皆只考虑地面振动的三个平移分量产生的扰力。按其周期性特征可分为如下 4 种情况：

1) 周期性地面振动。一般由旋转式和往复式动力设备所产的地面振动皆为周期性的简谐振动，其值可用下式表示：

$$A_0(t) = A_0\sin\omega_0 t \tag{5-160}$$

相应扰力：

$$P(t) = KA_0(t) + C\dot{A}_0(t) \tag{5-161}$$

式中　A_0——地面振动幅值（m）；

　　　　ω_0——地面振动圆频率（rad/s）；

　　K、C——隔振体系相对振动方向的刚度（kN/m）与阻尼（kN·s/m）；

　$\dot{A}_0(t)$——地面振动的速度函数（即为位移的导数）（m/s）。

若为周期性的非简谐振动，也可用富氏级数将其分解为简谐振动和式：

$$A_0(t) = \Sigma A_{0n}\sin(\omega_n t + \beta_n) \tag{5-162}$$

计算中只要取几项就可满足工程需要。

2) 非周期性地面振动。由锻锤冲击下，地面产生的自由振动，其频率常不变而振幅随时间而衰减即为此类振动。若进行周期性的冲击，即为前述的周期性非简谐振动了。还有当动力设备在开机和关机时刻产生的地面振动，它常具有频率与振幅都可变的特性，其位移特征函数可表示为：

$$A_0(t) = A_0 e^{-\alpha t}\cos\omega_0(t)t \tag{5-163}$$

若为可变幅不变频的情况，只要将上式中 $\cos\omega_0(t)t$ 改为 $\cos\omega_0 t$ 即可。

3) 冲击性地面振动。由锻锤或打桩产生的地面强迫振动，即为此种形式的振动，它由一个独立的主要脉冲组成，持续时间很短，工程中常见的有半波正弦脉冲与矩形脉冲两种，它的计算式也可由式（5-163）表示。以上求解可用杜哈梅（Duhamel）积分式的数值积分方法求解。

4) 随机性地面振动。自然界的地震、风振与海浪等产生的地面振动皆属此类，它不是一种确定性的定量振动，按理不能用一个具体函数式来表示，而只能在统计基础上用概率来定义。但人们为了便于工程计算应用，统计了大量的如地震等引起的地面振动的数据，根据各种地区、地质条件归纳了不同的地震谱，因此在工程计算中也可直接利用这些谱值，进行工程数值计算。地震引起的地面振动扰力可分解成由无穷多个连续作用的微分脉冲，求得其作用下产生的微分位移反应，再将其在 $0 \rightarrow T$ 作用时间内积分，即可求得总位移幅值，此积分即为杜哈梅积分。一般地震谱常无法用一个简单的函数式来表示，因此常将它分解成每个时间段（$\triangle t$）的数值，用矩形法或辛普逊法（Simpson）求解。

3. 单自由度体系消极隔振的动力计算

前面给出的基本运动方程同样适用于单自由度体系消极隔振的计算，但有几点不同。第一，现在扰力是地面运动而不是动力设备自身，因此不计三个转动分量的直接作用影响，而只考虑三个平移分量及其偏心作用产生的扭矩与弯矩影响；第二，它的扰力与地面运动的位移、速度函数有关外，还与体系相应方向的刚度与阻尼有关；第三，在很多情况下其扰力不是周期函数，因此无法用解析法求解，而常用数值方法求解。

现在我们仅考虑一种最简单的情况，只有 Z 方向的地面振动影响，而隔振体系的质心又与基底形心重合，此时若在周期性地面振动的激励下，即以式（5-164）代入基本方程的荷载项 $P_z(t)$ 中，同样可求得，隔振体系质心处的振幅：

$$A_z = A_{0z}\eta \tag{5-164}$$

式中　η——振动传递率。

$$\eta = \sqrt{\frac{1 + 4\zeta_z^2 \dfrac{\omega_0^2}{\omega_z^2}}{\left(1 - \dfrac{\omega_0^2}{\omega_z^2}\right)^2 + 4\zeta_z^2 \dfrac{\omega_0^2}{\omega_z^2}}} \tag{5-165}$$

当不计阻尼时，式（5-165）可以简化为：

$$\eta = \frac{1}{\left| 1 - \dfrac{\omega_0^2}{\omega_z^2} \right|} \tag{5-166}$$

隔振体系的自振频率 ω_z 为：

$$\omega_z = \sqrt{\frac{K_z}{m}} \tag{5-167}$$

式中　ω_0——地面 Z 向振动圆频率（rad/s）；

ζ_z——隔振体系 Z 向阻尼比，即为体系 Z 向的实际阻尼 C_z 与临界阻尼 C_{cz} 之比；即 $\zeta_z = C_z/C_{cz}$（无量纲）；

C_{cz}——Z 向临界阻尼（kN·s/m），$C_{cz} = 2\sqrt{mk_z}$；

K_z——隔振体系 Z 向线刚度（kN/m）。

隔振效率：

$$T_z = (1 - \eta_z) \times 100\% \tag{5-168}$$

若为 x、y 向，将上述式中 z 改为 x、y 即可。

以上可见，隔振效率取决于阻尼比（C_z/C_{cz}）与频率比（ω_0/ω_z），但两者皆与体系的刚度、质量与阻尼有关，因此实质上隔振效率完全决定于体系的刚度、质量与阻尼，要设计一个完美的隔振体系，主要是计算确定其合理而可行的刚度、质量与阻尼的数值。

当地面运动为两个正弦叠加时：

$$A_z(t) = A_{0z1}\sin\omega_1 t + A_{0z2}\sin\omega_2 t \tag{5-169}$$

一般应取平方根和式：

$$A_z = \sqrt{(A_{0z1}\eta_{z1})^2 + (A_{0z2}\eta_{z2})^2} \tag{5-170}$$

若不计两者相位差，而取绝对值，则结果偏大，如下式：

$$A_z = A_{0z1}\eta_{z1} + A_{0z2}\eta_{z2} \tag{5-171}$$

当地面运动为多个正弦波叠加时：

$$A_z = \sqrt{\sum (A_{0zi}\eta_{zi})^2} \tag{5-172}$$

当地面运动为非周期振动时，可用杜哈梅积分式的数值积分方法求解，这里不作介绍了。

4. 双自由度耦连振动的消极隔振的动力计算

隔振体系如果受到地面水平 x 或 y 向振动扰力激励，并此水平力又不通过体系的质心，因此又产生绕 y 或 x 轴的旋转振动，此时就应考虑两者的耦联振动。这时仍可应用前述基本方程来求解，其扰力与扰力矩分别为：

$$P_x(t) = K_x A_{0x}(t) + C_x \dot{A}_{0x}(t)$$
$$M_y(t) = [K_x A_{0x}(t) + C_x \dot{A}_{0x}(t)]h_0 \tag{5-173}$$

$$P_y(t) = K_y A_{0y}(t) + C_y \dot{A}_{0y}(t)$$
$$M_x(t) = [K_y A_{0y}(t) + C_y \dot{A}_{0y}(t)]h_0 \tag{5-174}$$

式中　K_x、K_y——x、y 方向体系的线刚度（kN/m）；

　　　C_x、C_y——x、y 方向体系的阻尼（kN·s/m）；

$A_{0x}(t)$、$A_{0y}(t)$——x、y 方向的地面振动位移函数（m）；

$\dot{A}_{0x}(t)$、$\dot{A}_{0y}(t)$——x、y 方向的地面振动速度函数（m/s）；

　　　h_0——体系质心与地面间的距离（m）。

将式（5-173）、（5-174）分别代入相应基本运动方程，即可求解相应水平地面振动时隔振体系的解。

当 x 向水平振动与绕 y 轴旋转振动相耦联时在体系质心处有：

$$A_x = \rho_{1y} A_{\varphi 1} \eta_1 + \rho_{2y} A_{\varphi 2} \eta_2 \tag{5-175}$$

$$A_{0\varphi y} = A_{\varphi 1} \eta_1 + A_{\varphi 2} \eta_2 \tag{5-176}$$

$$A_{\varphi 1} = \frac{K_x(\rho_1 - z)A_{0x} + (K_{\varphi y} + K_x z^2 - \rho_{1y} K_x z)A_{0\varphi y}}{(m\rho_{1y}^2 + J_y)\omega_{n1}^2} \tag{5-177}$$

$$A_{\varphi 2} = \frac{K_x(\rho_2 - z)A_{0x} + (K_{\varphi y} + K_x z^2 - \rho_{2y} K_x z)A_{0\varphi y}}{(m\rho_{2y}^2 + J_y)\omega_{n2}^2} \tag{5-178}$$

式中　η_1、η_2——分别为第一、第二振型消极隔振的传递率（无量纲）：

$$\eta_1 = \frac{\sqrt{1 + \left(2\zeta_1 \frac{\omega_0}{\omega_{n1}}\right)^2}}{\sqrt{\left(1 - \frac{\omega_0^2}{\omega_{n1}^2}\right)^2 + \left(2\zeta_1 \frac{\omega_0}{\omega_{n1}}\right)^2}} \tag{5-179}$$

$$\eta_2 = \frac{\sqrt{1 + \left(2\zeta_2 \frac{\omega_0}{\omega_{n2}}\right)^2}}{\sqrt{\left(1 - \frac{\omega_0^2}{\omega_{n2}^2}\right)^2 + \left(2\zeta_2 \frac{\omega_0}{\omega_{n2}}\right)^2}} \tag{5-180}$$

$$\rho_{1y} = \frac{K_x z}{K_x - m\omega_{n1}^2} \tag{5-181}$$

$$\rho_{2y} = \frac{K_x z}{K_x - m\omega_{n2}^2} \tag{5-182}$$

当略去阻尼影响时有：

$$\eta_1 = \frac{1}{\left(1 - \frac{\omega_0^2}{\omega_{n1}^2}\right)} \tag{5-183}$$

$$\eta_2 = \frac{1}{\left(1 - \frac{\omega_0^2}{\omega_{n2}^2}\right)} \tag{5-184}$$

式中　A_{0x}、$A_{0\varphi y}$——地面振动产生的 x 向振幅及绕 y 轴角位移，当隔振器不是直接支承在地面时，则指支承结构处的相应值（m，1/m）。

ρ_{1y}、ρ_{2y}—— 绕 y 转动时相应第一、第二振型时的回转半径（m）。

当 y 向水平振动与绕 x 轴旋转振动相耦联时，与上述完全相似，可将以上公式中的 x、y 对换即可。当受多个地面振动干扰时，仍可应用式（5-169）～式（5-174）合成求解。

5.7.3　基础消极隔振的设计要点与步骤

1. 设计要点

1）了解干扰源。消极隔振的干扰力来自地面，因此首先必须对此进行调研与测试，弄清干扰源的性质、地位、距离、数量，并对隔振设备地点的实际地面振动进行测试，以弄清实际地面振动情况。

2）了解仪器设备的性能、构造与使用要求、工作原理。以便有针对性地选择最经济合理的隔振方案，与隔振器类型。

3）仔细研究地面振动的实测报告。寻找在频域上超出容许振动值的频率或频段所对应的振幅值，由此确定计算隔振体系的传递率更为可靠。一般附近设有大型动力设备时，测得的环境振动皆不是简谐振动，也不是周期振动和非周期的冲击性振动，而常常为随机振动，因此应对环境振动进行频域分析来确定有关计算参数。

4）应有足够的阻尼。干扰源在启动和止动过程中，自频常由低到高，和由高到低变化，当体系自频低于干扰频率时，容易激发体系共振。有时为了使冲击扰力尽快衰减，或尽量减少设备内部扰力影响，体系应设置足够的阻尼器、阻尼垫，以加大体系的阻尼耗能。

5）选择合理的隔振方式。若主要隔离水平振动扰力，并且扰力频率很低时，可考虑采用悬挂式体系；若主要隔离垂直振动扰力或扰频较高时，可采用支承式（图 5-28）。

6）台座形式与布局。应尽量减少隔振体系质心与隔振器支座作用点的垂直距离，以减少体系的旋转耦联振动。应力求使设备台座的质心与隔振器的垂直力合力作用点在一条垂线上，以避免水平振动时产生扭转耦联振动，或垂直振动时产生旋转耦联振动。

7）台座布局应当有安装和维修所需的空间。

2. 设计步骤

1）收集前述的必需资料。特别应掌握仪器设备的结构、工作机理、用途、外形尺寸、质量、质心位置、内扰力性质大小及作用点、固定方法、连接件位置、允许振幅和加速度等等，以及干扰源情况。最好应有干扰源的地面环境振动测试报告，这样可用前述方法分析求得合理参数。当缺乏地面干扰振动源的资料时，也可按式（5-158）的规范公式，根据干扰源的情况与距离估算有关参数值。

2）比较确定隔振方案。

3）求体系的振动传递率。

$$\eta_0 \leqslant \frac{[A]}{A_0} \tag{5-185}$$

式中　$[A]$——仪器设备的容许振动线位移。

4）由 η_0 求隔振体系的固有圆频率 ω_n：（略去阻尼影响）

$$\omega_n = \omega_0 \sqrt{\frac{\eta_0}{1 + \eta_0}} \tag{5-186}$$

式中 ω_0——地面干扰振动的圆频率（rad/s）。

5）根据实际结构情况，初算体系总参振质量 m。其中应包括：仪器设备机座、台座与隔振器质量之和。

$$m = \frac{W}{g} \text{（t）} \tag{5-187}$$

式中 W——隔振体系总重（kN）；

g——重力加速度（9.8m/s²）。

6）计算隔振体系总刚度 K：

$$K = m\omega_n^2 \text{（kN/m）} \tag{5-188}$$

7）选择隔振器、并计算用量 N：

$$N = K/K_i \tag{5-189}$$

式中 K_i——所选用隔振器单个线刚度（kN/m）。

8）核算隔振器总承载力：

$$N_{P_i} \geqslant W + 1.5P_a \tag{5-190}$$

式中 P_i——单个隔振器容许承载力（kN）；

P_a——作用在隔振器上的总干扰力（kN）。

9）验算隔振体系上控制点的振幅使满足：

$$A_{\max} \leqslant [A] \tag{5-191}$$

$A_{\max}$ 根据地面振动情况由式（5-164）～式（5-172）等公式求得。

10）调整 m_1、k 等参数，重复上述计算，使其达到最经济合理的结果。

5.7.4 精密设备基础消极隔振实例

1. 设计原始资料

某厂有一台精密设备，质量为 3.5t，允许振动速度 $[V] = 0.03$mm/s。测得的地面振动最大振幅 $A_0 = 3$um，最大速度 $V_0 = 0.2$mm/s，地面扰力引起的地面振动基本属于等频、变幅的振动，其主频为 7Hz，地面脉动频率以 2Hz 为主。试对其进行隔振设计。

2. 隔振方案

根据工艺要求与设备质量等因素，采用下陷式的支承式台座隔振方案（图 5-29）。

3. 计算隔振体系的传递率与固有圆频率

由式（5-185）可得：

$$\eta_0 \leqslant \frac{0.03}{0.2} = 0.15$$

由式（5-186）可得：

$$\omega_n = \omega_0\sqrt{\frac{\eta_0}{1+\eta_0}} = \frac{7}{2\pi}\sqrt{\frac{0.15}{1+0.15}} = \frac{2.5}{2\pi}\text{rad/s}$$

$$f_n = 2\pi\omega_n = 2.5\text{Hz}$$

4. 台座设计

如图 5-29 所示，台座取用 3.0m×1.6m×0.25m 的钢筋混凝土平板，重 3t。

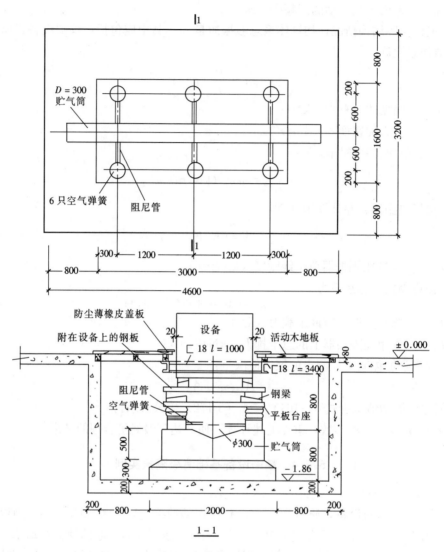

图 5-29　隔振方案示意图

5．隔振器选用

因考虑体系的自频 f_n＝2.5Hz，已与地面脉动频率 2Hz 十分接近，若采用金属或橡胶隔振器，因其固有频率皆在 10Hz 左右，所以皆无法满足要求。故采用了频率最低的空气弹簧（其固有频率在 1Hz 左右），共选用六个空气弹簧，并附加气筒容积 270L。台座和设备总质量 6500kg，其垂直频率 1.1Hz，水平频率 0.8Hz，为了增加阻尼，另加月牙形阻尼管，使体系阻尼比达 0.1 以上。

6．水平振动

因水平自振频率只有 0.8Hz，所以不会有影响，故不必验算。

7．实测结果

本工程建成后进行了响应实测，结果显示台座上振动以 1.1Hz、2.0Hz 为主，其中 1.1Hz 振幅为 2μm，2.0Hz 振幅为 1μm，其他频率振动已被隔离。

5.7.5 振动控制的目的与方法

振动的来源分两类。一类是自然振源，如地震、风振、海浪等其复合的环境振动等；另一类是人工振源，如机器设备运转、交通工具运行、建筑施工、人工爆破和人类活动产生的振动等。广义的振动控制包括振动利用与振动抑制，这里仅讨论后者，即指采取人为措施使振源的振动对人类的活动有害影响控制到最小的程度，其中包括对设备、设施、建筑物的影响与对人体的生理、心理影响。这就是振动控制的目的。

振动控制的基本方法包括三个方面：振源控制、振动传递过程控制与受振对象的减振控制。

1. 振源控制

一般有下列一些方法，它仅适用于人工振源的条件下：

1）采用振动影响较小的工艺

如采用静压加工代替冲击加工，用焊接代替铆接，用滚轧、静压代替锤击等。

2）减少振动源的扰动力

如改善动力设备设计，用设备自身结构平衡来减少扰动力；改善设备加工与安装以减少偏心误差；减轻动力设备振动部件自重以减少振动惯性力等。

3）改变设备的自振频率

如改变设备的转速、机构刚度与质量都可以改变其自振频率，使其避开支承它的地基基础或结构和自振频率。这种方法较简易可行，以往对一般动力机器都采用大块式的基础，其目的就是增加质量，以降低频率，使达到避开地基与结构自振频率范围，避免产生共振现象，以达到减少对周围环境影响的目的，并且加大重量还可使振动动能与位能转换时减少振幅。

4）增加设备的阻尼

对一般有较薄的外壁与组合件的设备，这是一个十分有效的办法。它可使振动功能，不但消耗在位能上，而且也消耗在不可逆转的热能上，这使振动能更有效地衰减和抑制。

2. 振动传递过程控制

1）加大振源与受振保护对象间的距离

因为振动在土中传布随距离增大而衰减，所以离振源越远自然就受影响越小。这可以从厂房选址、车间布局、设备位置等方面着手，这是最经济有效的办法。但当这一切都无法改变时，只好改用其他办法。

2）设置隔振沟

对冲击振动和频率大于30Hz的振动，有一定效果，但对低频振动效果甚微。隔振沟的效果取决于沟深 H 与表面波波长 λ 之比，当振源距沟一个波长 λ 时，H/λ 至少应为0.6时才有效，对环境振动则应大于1.2才有效。另外隔振沟中的填充料也直接影响其效果，在沟中设置钢丝网管笼或塑料网管笼效果大大优于填充砂子。

3）采取隔振措施。

隔振分为两类：一类为积极隔振，一类为消极隔振。所谓积极隔振就是对人工振源采取振动隔离与吸收措施，以减少它的振动能量输出，使周围环境、设备、建筑物与人少受其振动的有害影响。所谓消极隔振就是对振源输出的振动的影响对象，进行隔振保护措施，使其尽可能较少地输入外界的振动能量。对一般动力机器设备的隔振常属于前者，对一般自身无振源的精密仪器设备的隔振皆属于后者，当然为防治一切自然振源影响而采取的隔振措施也属于消极隔振范畴。

3. 受振对象的减振控制

1）增大设备基础的刚度与质量

这样既可提高激振需要的能量量级，也可减少振幅。

2）采用高阻尼材料或附加阻尼材料

对于一些具有薄壁机体的仪器、设备，可在其壁上粘贴高阻尼材料，或在基底上设置阻尼垫层。

3）改变设备自振周期

可根据主要影响振动的振源不同，如地震、火车振动、冲击设备振动，分别采用不同的对策、不同的自振周期，避免引起共振，以减少振动影响。

4）尽量使设备自重直接传递到基础

如设备是在楼层，则应尽量放置在主梁上和柱墙的附近，不宜放置在次梁上，特别不应放置在板中央。如设备是在地面层，则尽可能用桩基来承重。

5.7.6　振动控制新技术应用与展望

1. 隔振机器基础的广泛应用

以往设计机器基础时，常常采用改变基础自频，以避开设备扰力自频，以避免共振和减少响应量；还有采用增加质量的办法以增加激振位能的消耗，以减少激振响应量；也有采用增加地基刚度的办法以减少振动位移与地基变形。这些措施的确在以往设计中取得重要作用，但有时难免会出现很不经济和无法满足规范限值的情况，例如上述有的措施是互相制约的。现在已开始广泛使用隔振技术，实际上在消极隔振技术的应用方面也许比积极隔振技术的应用更早、更普及，如精密仪器设备的隔振，与工程设施与建筑的隔风振、地震等。积极隔振在交通工具上应用较多、较早，而现在它已较多地应用到一般动力机器基础的设计中。

2. 阻尼的应用

以往隔振器大多采用金属材料制作，它们的阻尼比常常小于 0.05，有的用橡胶制作的隔振器阻尼比也常常只有 0.10 左右。实践证明加大隔振器与振动体系的阻尼，会带来经济高效的减振效果。因为阻尼很小时系统的隔振，主要通过将振动功能转换成势能与弹性变形能来消耗激振能，并通过改变系统频率的办法来避开共振区。但系统内的阻尼可使振动动能转换成热能，而热能可以耗散在周围介质中，使其不可逆转，因此增加阻尼是减振的一个最佳途径之一。特别对于基础基频低于设备基频时，增加系统阻尼可使设备起动、关闭时避免与基础产生共振。对锻锤基础增加阻尼后，可使冲击扰力产生的自由振动时间大大缩短，还可避免锤击时的砧座回跳。在很多振动系统中加入阻尼可减少设备的噪声。

3. 新型阻尼隔振器的应用

以往隔振器常用单一材料制作，故性能单一，如金属制作的各种弹簧，橡胶制作的各种隔振垫（图 5-30），液压机械制作的各种阻尼器等。它们常常不能同时具有较大的阻尼，和较大的弹性承力范围。现在很多隔振器都把两种以上性能的材料组合在一起，使其既有较大的阻尼又具有很大弹性承力范围。如一种隔振器，它用一层钢板一层橡胶叠合组成，在竖向荷载作用下，钢板受拉，橡胶垫为三向受压，因此具有很大的弹性承载力，有的中心还设铅柱，因此可大大提高阻尼比。这类隔振垫已得到较广泛应用。另一种隔振器，它用一种高强纤维材料在其两面涂上高阻尼材料，同样在竖向荷载作用下，纤维材料受拉，高阻尼材料三向受压，因此有很大阻尼比，并也有较大的弹性承载力，它还可叠合成多层使用，并与其他隔振器组合成高阻尼隔振器。

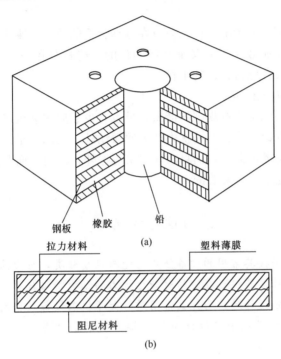

钢板　橡胶　　　铅

(a)

拉力材料　　　　　塑料薄膜

阻尼材料

(b)

图 5-30　新型隔振垫图
(a) 叠层橡胶隔震垫；(b) 改性沥青阻尼隔振垫

4. 振动测试技术的普遍应用

以往设计计算动力机器基础时，所需的一系列振动特征参数值，大多由经验所定，或查资料而得。因为这些参数是否符合实际，直接影响到计算结果的可靠性与设计成果是否经济，所以现在大多重要的工程，都从现场直接测试求得这些设计必需的动参数。而且对很多已建成的动力机器基础本身也都进行了测试，以检验以往设计的准确性，有的还在建成后，再进行调整改变参数，这样就更能保证设计质量，以满足使用要求。

5. 材料非线性理论的实际应用

以往设计计算隔振体系时，常在振动方程中略去了阻尼项，即可不计材料非线性的影响。这样将使方程求解大大简化。因为以前大多使用的隔振器常常主要由金属弹簧组成，其阻尼比往往很小（仅 0.03 左右），所以这样的简化计算不会带来太大误差。但现在新的隔振元件中阻尼比已大大增加，有的已超过 0.20，再采用这种简化计算将会带来较大误差。因此现在很多资料中已介绍了考虑阻尼的材料非线性振动方程的求解方法，但由于计算较复杂，还未广泛应用到工程设计中。

6. 多次耦联振动影响的考虑

以上介绍的所有机器基础设计计算中，都是从块体六个自由度的振动方程中简化求解的，即将垂直扰力与扭转扰力作用不与其他作用扰力耦联，而独立求解，水平 x、y 两向间也不互相耦联求解，仅对结果作了振型耦联，因此也可大大简化求解过程。当各扰力的偏心较小时，这种解法是可行的，但当偏心较大，必然会带来较大误差，这时应考虑六个方程间的耦联问题，当然这求解是较困难的。

7. 优化设计问题

我们从计算中知道，一个隔振体系只有在选择合适的质量、刚度与阻尼时，才能得到最佳的效果，即达到隔振效率最好又最经济的目的。这就存在一个最优设计参数选择问题，现在已经有不少人在做这方面的工作。

8. 随机振动源的隔振研究

一般积极隔振时振源常为有规则的谐振，虽也有少数如球磨机之类的例外。但对于消极隔振的振源，除了少数由设备谐振扰力产生的振动外，大部分是由风振、地震和交通工具产生的振动，大多属随机振动，而目前除建筑隔振外，其他方面对此较少研究，以后加强对此方面的试验研究是十分必要的。

习题与思考题

5-1　动力机器基础按其常用的设备使用功能与性质分类，可分为哪几类？

5-2　动力机器基础按其机器在运转时产生扰力的动力特征分类，可分为哪几类？

5-3　动力机器基础设计时，为什么常用质量大于机器设备数倍的大块式基础？

5-4　大块式动力机器基础在设计时除了按常规的静力验算外，还需进行哪些动力验算？

5-5　动力机器基础设计时，常常采用一些什么措施，来减轻机器扰力对基础的振动影响？为什么？

5-6　动力机器基础设计布局时为什么要尽量使设备扰力作用点与机组、基础的质量中心成一垂线或与此垂线相交？当水平扰力较大时，为什么要降低总质心标高，做成中承式？

5-7　对动力机器基础在设计中进行振动控制的目的是什么？一般有哪些振动控制的方法？

5-8　振动对天然地基的承载力及其他计算参数有哪些影响？如何进行量化计算？

5-9　地面振动的衰减与哪些因素有关？

5-10　大块式的不隔振的动力机器基础与隔振的动力机器基础，两者的动力方程是基本相同的，其中仅什么参数作了变化？

5-11　何谓积极隔振？它的扰力有哪些特点与类型？

5-12　何谓消极隔振？它的扰力有哪些特点与类型？

5-13　积极隔振与消极隔振两者的动力方程是基本相同的？其中仅哪一项参数作了变化？

5-14　锻锤基础设计计算时，一般按几个自由度考虑？

5-15　活塞式机器基础设计计算时，一般按几个自由度考虑？它的扰力是如何产生的？有何特点？

5-16　旋转式机器基础设计计算时的扰力大小，主要与机器转动部件的哪些参数有关？

5-17　动力机器基础设计时，考虑阻尼影响后，有什么好处？有什么问题？

5-18　消极隔振常用哪些设计方案？各适用于什么情况？

5-19　大块式基础一般有六个自由度，现只考虑在 y 向水平扰力与绕 x 轴回转的扰力矩作用下，产生耦联振动的情况，试求有关频率与线振动位移、角振动位移的计算公式。

5-20　设计、验算动力机器基础一般需要收集哪些资料？并写出设计、验算动力机器基础的一般步骤。

5-21　试对下列 5t 自由锻的机器基础进行动力验算。设计原始资料如下：

(1) 锤下落部分重：$W_0 = 5 \times 9.81 = 49$kN；

(2) 落下部分最大行程：$H = 1.728$m；

(3) 气缸直径：$D = 0.635$m；

(4) 汽缸面积：$A_0 = 0.315$m^2；

(5) 最大进气压力：$P_0 = 7$kg/cm$^2 = 700$kPa；

(6) 砧座重：$W_p = 680$kN；

(7) 机架重：$W_q = 850$kN；

(8) 砧座底面积：$A_1 = 1.98 \times 2.75 = 5.45$m^2；

(9) 橡胶垫承压强度计算值：$f_c = 2500$kPa，弹性模量：$E_1 = 3.8 \times 10^4$kPa；

(10) 地基为较松散的粉土，属四类土：$f_{ak} = 100$kPa；

(11) 采用桩基，预制桩长 18.5m，截面为 400mm×400mm，桩周当量抗剪刚度系数 $C_{p\tau} = 1000$kN/m^3，桩尖土当量抗压刚度系数 $C_{pz} = 1.1 \times 10^6$kN/m^3，地下水位为 −4.0m；

(12) 控制条件：锤基竖向振动线位移 $[A_z] < 0.4$mm，锤基振动加速度 $[a] < 0.45g$，砧座竖向振动线位移 $[A_{z1}] < 4.0$mm；

(13) 锤头冲击速度：
$$V_0 = 0.65\sqrt{2gH\left(\frac{P_0 A_0 + W_0}{W_0}\right)}$$
$$= 0.65\sqrt{2 \times 9.81 \times 1.728\left(\frac{700 \times 0.315 + 49}{49}\right)}$$
$$= 8.88 \text{m/s}$$

5-22　试求下列三级卧式压缩机的扰力。原始资料如下：

(1) 压缩机排气量：$Q = 5$m^3/min；

(2) 排气压力：$P = 550$N/cm^2；

(3) 活塞行程：$S = 300$mm；

(4) 气缸直径：Ⅰ级 340mm，Ⅱ级 230mm，Ⅲ级 115mm；

(5) 转速：$n = 165$r/min；

(6) 曲柄半径：$r_0 = 150$mm；

(7) 连杆长度：$l_0 = 1125$mm，$\lambda = r_0/l_0 = 0.133$；

(8) 连杆质心至曲柄销距离：$l_c = 375mm$；

(9) 十字头组件总重：$W_{c1} = 85kg \cdot m/S^2$（N）；

(10) Ⅰ、Ⅱ、Ⅲ级气缸活塞重：$W_{c2} = 270kg \cdot m/S^2$（N），$W_c = W_{c1} + W_{c2} = 85 + 270 = 355kg \cdot m/S^2$（N）；

(11) 电动机 AM6-155-6，无平衡量：$W_4 = 0$（无 r_2 值）；

(12) 曲柄销重：$W_1 = 11.1kg \cdot m/S^2$（N）；

(13) 曲柄臂重：$W_2 = 54.8kg \cdot m/S^2$（N）；

(14) 连杆组件重：$W_3 = 68.4kg \cdot m/S^2$（N）；

(15) 曲柄质心至主轴中心线距离：$r_c = 115mm$。

5-23   试进行下列水泵隔振设计：选用隔振器数量、验算频率比。原始资料如下：

(1) 水泵型号 IS100-65-200；重量 $W_1 = 740N$；

(2) 电机型号 Y180M-2；重量 $W_2 = 1800N$；

(3) 转速 $n = 2900r/min$；功率 22kW；

(4) 机组底盘尺寸：1290mm×540mm；

(5) 机组底盘重量：$W_3 = 960N$；

(6) 要求振动传递比 $T_a \leqslant 0.2$，隔振效率 $\eta \geqslant 80\%$，频率比 $f/f_0 > 2.5$；

(7) 机座重量比取 2.5，以此确定底盘下台座尺寸与重量；

(8) 选用 JG3-4 型橡胶隔振器，单个隔振器在竖向荷载 2300N 时，$f_0 = 7.7Hz$，$\delta_{st} = 9.5mm$。

第6章 高层建筑桩箱、桩筏基础设计理论

6.1 概 述

当高层建筑箱形与筏形基础下天然地基承载力或变形不能满足设计要求时,可采用桩箱或桩筏基础。桩箱与桩筏基础就是置于桩上的箱形基础和筏形基础,其受力与变形状态既不同于天然基础上的箱形基础和筏形基础,也不同于单纯的桩基础。它是由箱形或筏形基础与桩以及地基土三者组成的、相互作用的一个受力共同体,共同承受上部结构传来的各种荷载。上部结构荷载的一部分通过桩传递到更深处的土体,另一部分在一定条件下有可能由箱基或筏基底板下的土体承受。因此其设计计算比较复杂。

桩箱及桩筏基础具有如下特点:

1. 能充分发挥地基承载力

由于箱形基础和筏形基础都是满堂基础,与独立柱基、条形基础或十字交叉梁基础等相比,基础的底面积比较大,有利于充分发挥地基的承载力;而且箱形和筏形基础都要求有一定的埋置深度。基础底宽度越大,埋深越深,地基承载力的利用就越充分。

2. 基础沉降量较小,调整地基不均匀沉降的能力较强

同样,由于箱形和筏形基础本身所占的体积很大,挖去的土方重量往往大于箱形和筏形基础本身的重量,使之成为一种补偿基础,相应的基底附加应力也会减小。因此在相同的上部结构荷载下,箱形和筏形基础的沉降量比其他类型天然地基上的基础小。

箱形基础和带地下室的筏形基础整体性很好,具有较大的整体刚度(尤其是箱形基础),都处于整体受力状态。因此当上部结构存在偏心荷载或地基土层分布有所不均匀时,箱形和筏形基础都可以起到调整不均匀沉降的作用。

3. 具有良好的抗震能力

由于箱形基础和筏形基础的整体刚度较大,其抗震性较好,这在地震灾害的宏观调查资料中可以得到证明。在软弱地基中由于桩基础的存在,地震引起的沉降很小,在可液化的地基中采用桩基可显著地减轻液化引起的震害。

4. 可以充分利用地下空间

随着城市建设的现代化,地下空间的利用日益显得重要。地下停车场、地铁车站、地下商业设施以及防空袭设施,所需要的面积和空间都非常大。许多高层建筑的地下既是地铁车站又是地下商场,特别适合采用筏形基础。而箱形基础由于内隔墙较多、整体刚度较大,特别适合作为防空地下室,可大大节约工程造价。

6.2 上部结构、基础与地基共同作用的概念

建筑物的上部结构一般以墙或柱与下部基础相联系,而基础底面直接与地基相接触,

三者组成一个完整的体系，在接触处既传递荷载又互相约束、相互作用，即三者都按各自的刚度，对相互的变形产生制约作用，因而制约着整个体系的内力、基底反力、结构变形以及地基沉降，三者之间同时满足静力平衡和变形协调两个条件。

1. 基础与上部结构的共同作用

如果不考虑地基的影响，认为地基是变形体且基底反力均匀分布。当上部结构为柔性结构（例如以屋架、柱、基础为承重体系的木结构和土堤、土坝等填土工程），同时基础刚度也较小，这时上部结构对基础的变形没有或仅有很小的约束作用。即基础的变形与上部柔性结构的变形一致，基础随结构的变形而产生整体弯曲，如图6-1（a）所示。

当上部结构为绝对刚性结构（如刚度很大的现浇剪力墙结构），基础为刚度较小的条基时，因上部结构不发生弯曲，故地基变形时各柱只能均匀下沉，基础受到约束不能发生整体弯曲，因此上部刚性结构具有调整地基不均匀沉降的作用，如图6-1（b）所示。

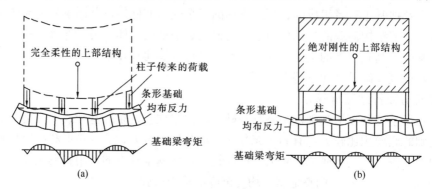

图6-1　结构刚度对基础变形的影响
（a）结构完全柔性；（b）结构绝对刚性

当上部结构刚度介于上述两种极端情况之间时，在荷载、地基和基础不变的情况下，随着上部结构刚度的增加，基础挠曲和内力将减小。以框架结构为例，如按支座固定且不考虑梁柱轴向变形的假设进行常规分析，则不能考虑在柱顶荷载作用下发生的柱基沉降差所引起主体结构的附加应力，传给基础的柱荷载也不会发生变化。然而事实上，框架结构的构件之间为刚性联结，如图6-2所示，在荷载作用下，当中柱基础沉降比两侧边柱沉降大时，框架按其整体刚度的强弱对基础不均匀沉降进行调整，但同时也使中柱部分荷载向边柱转移、基础转动、梁柱挠曲而出现次应力。若考虑条形基础的抗弯刚度对框架结构调整各柱不均匀沉降能力的加强，则框架结构的变形和次应力都将得到改善。由此可知，基础与上部结构通过各自的刚度在体系的共同作用中发挥作用。

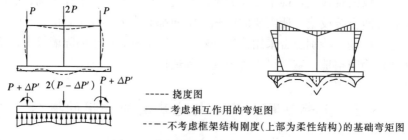

-------- 挠度图
———— 考虑相互作用的弯矩图
-------- 不考虑框架结构刚度（上部为柔性结构）的基础弯矩图

图6-2　框架结构与基础的相互作用

2. 地基与基础的共同作用

土的软硬或压缩性表现了地基抵抗变形的能力，称为地基的刚度。当地基刚度很大，可近似看作不可压缩时，基础不会产生挠曲，上部结构也不会因基础不均匀沉降而产生附加应力。这时，共同作用的相互影响很小。而实际上，地基土通常都有一定的压缩性，在上部结构与基础刚度不变的情况下，地基土越软弱，基础的相对挠曲和内力就越大，相应对上部结构就会引起较大的次应力。

基础作为上部结构与地基之间承上启下的结构，其自身刚度对建筑物基础的内力、基底反力大小与分布以及地基沉降量起着重要作用。假设不考虑上部结构的作用，当基础为完全柔性时，荷载传递不受基础的约束，基底反力分布与作用在基础上的荷载分布相同，基础可随地基的变形而任意弯曲。如图 6-3 （a）所示，均布荷载下柔性基础的基底反力均匀分布，而沉降中部大、边缘小。若要基础沉降均匀，则荷载与地基反力必须按中间小、边缘大抛物线形分布，如图 6-3 （b）所示。由此可见，柔性基础无力调整基底的不均匀变形，不能使传至基底的荷载改变原来的分布情况。

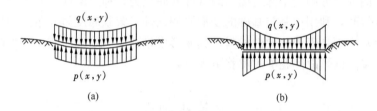

图 6-3　柔性基础基底反力

(a) 荷载均布时，p $(x,\ y)$ ＝常数；(b) 沉降均布时，p $(x,\ y)$ ≠常数

当基础为绝对刚性时，其具有极大的抗弯刚度，在荷载作用下不产生挠曲，因此基础对荷载的传递和地基的变形要起约束和调整作用。当上部荷载均匀分布时，刚性基础基底平面沉降后仍保持平面，而基底反力将向两侧边缘集中，迫使地基表面变形均匀以适应基础的沉降。若把地基土视为完全弹性体，则基底反力分布为如图 6-4 （a）的分布形式。但实际中地基土仅具有有限强度，基础边缘处应力过大，土将屈服以至发生破坏，部分应力将向中间转移，故反力分布呈如图 6-4 （b）马鞍形分布。随着上部荷载的增大，基底边

缘土体的破坏范围不断扩大，反力进一步从边缘向中间转移，其分布形式成为如图 6-4 （c）所示的钟形分布。如果地基为无黏性土，没有粘结强度，且基础埋深很浅，则边缘处土体就不能承受任何荷载，因此反力的分布就可能成为如图 6-4 （d）所示的抛物线分布。

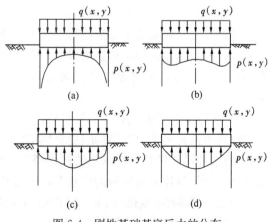

一般基础都不是绝对刚性体而是有限刚性体，在上部结构传来荷载与地基反力的共同作用下，基础将产生一定的挠曲，地基土在基底反力的作用下产生相应的变形。根据地基与基础的变形协

图 6-4　刚性基础基底反力的分布

调原则，理论上可依据两者的刚度求出基底反力分布曲线，曲线的形式为图 6-4 中的某一种。实际分布曲线的形状决定于基础与地基的相对刚度。基础刚度相对地基土刚度越大，则基底反力向边缘集中的程度越高。

3. 地基、基础与上部结构的共同作用

由上述分析可知，地基、基础与上部结构通过各自的刚度在三者组成的共同工作体系中发挥着作用。它们之间的相互作用效果主要取决于它们的刚度大小。设想将上部结构等价成一定刚度，叠加在基础上，然后用叠加后的总刚度与地基进行共同作用分析，求出基底反力分布曲线，这就是考虑地基、基础与上部结构共同作用后的反力分布曲线。把反力分布曲线作用于地基上就可以用土力学的方法计算地基的变形。因此，原则上考虑地基、基础与上部结构共同作用是可能的，其问题关键在于求出共同作用后的基底反力分布。

但实际上，求解基底反力的分布是一个非常复杂的问题，因为真正的反力分布受地基与基础的变形协调条件所制约。其中，基础的挠曲决定于作用在其上的荷载和自身的刚度，而地基表面的变形则受全部地面荷载（即基底反力）和土的性质的影响。假设地基土为理想弹性材料时，利用地基与基础的变形协调条件求解基底反力分布已相当复杂。实际工程当中，地基土不是理想的弹性材料，其变形模量随应力水平而变化，当产生塑性破坏后模量将进一步降低，故问题的求解将更为复杂。

6.3 桩箱、桩筏基础设计计算方法

高层建筑的发展带动了桩箱、桩筏基础计算技术的发展，其计算方法的发展大体经历了以下三个阶段：

1. 不考虑共同作用的计算方法

其特点是将上部结构和基础分割为二个完整的静力平衡体系，进行独立求解，同时不考虑地基反力的作用。以桩筏基础上的高层框架结构为例，这一计算方法是沿框架底层柱脚切断，将上部结构视为柱底固端约束的独立结构，用结构力学方法求出外荷载作用下柱底的轴力、弯矩和剪力；然后将求出的这些力反作用于基础，并假定外荷载全部由桩承担，由外荷载和单桩承载力确定桩数，再按材料力学要求或构造要求确定承台基础尺寸和配筋。

这种计算方法仅满足了总荷载与总反力的静力平衡条件，未能考虑上部结构与基础之间以及基础与地基之间的位移连续条件，因而各支座反力、桩顶反力的分配和地基反力的分布均与实际不符，从而导致结构内力与变形和基础内力与变形的计算值和实际发生偏离。

2. 考虑基础-地基共同作用的计算方法

该计算方法是考虑上部结构刚度对结构的影响（仅在绝对柔性与绝对刚性之间作定性估计），将上述第一阶段方法求出的柱底固端力作为作用于基础上的外荷载，在基础底面与地基土之间位移连续与协调的原则下，进行基础与地基两者的共同作用分析。

3. 考虑上部结构-基础-地基共同作用的计算方法

这一阶段的计算方法主要是从 20 世纪 80 年代开始，伴随着结构分析的有限元法（特

别是子结构分析技术）的发展和计算手段的极大改善，在力求从理论上解答工程实际中提出的各种问题的艰苦研究过程中逐步发展起来的。其主要特点是将建筑物上部结构、基础和地基三者作为一个共同作用的整体进行研究，上部结构与基础、基础与地基连接界面处变形是协调的，同时整个系统也是满足静力平衡条件的，因此能比较真实地反映建筑物的实际工作状态。

应该说，最为合理的假定是"上部结构-基础-地基"三者共同作用分析，这也是《高层建筑箱形与筏形基础技术规范》（JGJ 6—2011）所确定的分析方法。但由于上部结构、箱基或筏基及桩三部分各自存在多种计算模型，尤其是箱、筏或桩与土的共同作用尚无较好的符合实际的计算模型，因此，共同作用理论分析方法应用于实际工程时较为困难。限于目前的设计计算水平，设计人员还须根据自己的设计经验和计算能力，按照规范所提的基本设计计算原则进行设计。

以下分别具体阐述上述三种计算方法。

6.3.1 不考虑共同作用的计算方法

该方法不考虑板底地基土对荷载的分担作用，认为上部结构荷载全部由桩来承担且各桩分配的荷载相等；同时也不考虑各接触点的变形协调。

内力计算的刚性板法即属于不考虑共同作用的计算方法。该法采用截取多跨连续梁法来计算筏板内力：计算时从纵横两个方向分别截取跨中到跨中或跨中到板边的板带，将板带简化为以板下的桩作为支座的多跨连续梁，以板带上的墙、柱脚荷载作为连续梁的荷载，按结构力学方法近似计算各板带的内力。

该方法存在以下几方面问题：

1) 基础下桩顶实际反力并非均布，而是角桩、边桩大，内部桩小，桩顶反力存在较大的差异，而这种差异将导致基础内力、特别是板的弯矩增加。因而刚性板法的计算结构偏于不安全。

2) 刚性板法忽略了（也无法考虑）各板带之间的变形协调和内力，其计算结果是相当粗糙的，有时可能会导致严重的失真。

3) 各纵横板带交点处的墙、柱脚荷载由该处纵横板带共同承担并在该处产生相同的竖向变位，因而，各纵横板带上的计算荷载应按竖向变位协调条件由各节点处荷载在纵横两个方向上的分配得到。但实际上由于桩反力分布和桩筏（箱）基础竖向刚度无法获得，因而无法对板带进行纵横向荷载分配，设计中大部分计算还是直接将纵横板带交点处的墙、柱荷载分别作用在纵横板带上。这种荷载的不合理分配势必造成筏板内力（特别是板中部内力）的人为夸大，这就是以前桩筏（箱）基础设计中底板厚度和配筋量居高不下的重要原因之一。

4) 刚性板法算得的是各板带的平均内力，不能反映内力沿板带宽度上的分布。

5) 刚性板法计算的内力没有计及筏板整体弯曲的影响。

尽管该方法存在这些缺点，但目前仍在大量使用，其原因在于它简单、方便，而且力学概念大致清楚。在实际应用中，设计人员还会根据工程实践经验采取一些调整措施来保证基础的安全和正常使用。

6.3.2　考虑桩筏（箱）基础–地基共同作用的计算方法

1. 桩与土和基础结构共同作用的基本方程

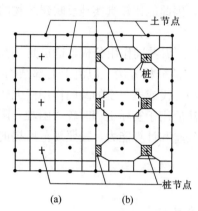

图 6-5　基础结构基底分割方式
（a）方式之一：桩周基底面积忽略不计
（b）方式之二：桩周基底面积分配至土节点

1）基底的分割方式和桩土体系的支承刚度矩阵

将基础结构进行有限元分割，并将桩顶节点作为节点的一部分，基础结构底面上与结构分割节点相对应的点作为桩土支承体系的节点，见图 6-5，其中桩顶节点 m 个，基底土节点（简称土节点）n 个，共 $N=m+n$ 个节点。基底面积按 N 个节点的具体位置进行分割。分割方式之一是柱顶周围的局部基底面积忽略不计，即该区域只考虑桩的支承作用，因为在该区域的总支承作用中，桩的支承占绝大部分。显然，当基底分割较细时，这个假定是可以接受的，但当分割较粗时，可能带来一定的误差，见图 6-5（a）。考虑到这种误差，将该区域的面积减去桩的截面积后，分配到周围土节点上去，这就是分割方式之二，见图 6-5（b）。由于部分土节点分配到的面积形状已不是矩形，可能给进一步的计算带来困难，可用等面积矩形（如图 6-5 中虚线所示）来代替。

桩与桩、桩与土、土与桩和土与土之间相互作用如图 6-6 所示。第 j 桩的桩顶作用单位力 $P_j=1$ 时，桩顶产生位移 $\delta_{\mathrm{pp},jj}$，但桩周摩阻力（剪应力）τ 和桩端反力 p_b 的大小和分布是未知的，见图 6-6（a）。与此同时第 i 桩的桩顶产生由 P_j 引起的位移 $\delta_{\mathrm{pp},ij}$，第 i 土节点则产生由 P_j 引起的位移 $\delta_{\mathrm{sp},ij}$，见图 6-6（b）。如图 6-6（d），第 j 土节点所分配到的基底面积 F_j 上作用均布荷载 $p_j=1/F_j$ 时，土节点 j 产生位移 $\delta_{\mathrm{ss},jj}$，而土节点 i 则产生位移 $\delta_{\mathrm{ss},ij}$；$\delta_{\mathrm{ss},jj}$ 和 $\delta_{\mathrm{ss},ij}$ 即为地基柔度矩阵诸系数。与此同时，在 P_j 作用下，第 i 桩桩顶亦产生位移 $\delta_{\mathrm{pp},ij}$；由位移互等定理，$\delta_{\mathrm{ps},ij}=\delta_{\mathrm{sp},ji}$。

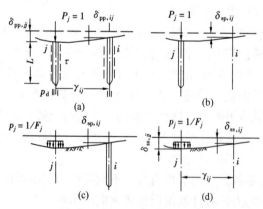

图 6-6　桩-土相互作用示意图
（a）桩与桩；（b）桩与土；（c）土与桩；（d）土与土

如记 N 阶向量 $\{W\}=[W_1\cdots W_m W_{m+1}\cdots W_{m+n}]^\mathrm{T}$ 为桩土支承体系的节点竖向位移向量，N 阶向量 $\{R\}=[R_1\cdots R_m R_{m+1}\cdots R_{m+n}]^\mathrm{T}$ 为相应的节点反力向量（对土节点为分布反力

的合力），可写出桩土支承体系的离散化特征函数：

$$\begin{Bmatrix} W_1 \\ \vdots \\ W_m \\ W_{m+1} \\ \vdots \\ W_{m+n} \end{Bmatrix} = \begin{bmatrix} \delta_{pp,11} & \cdots & \delta_{pp,1m} & \delta_{ps,1m+1} & \cdots & \delta_{ps,1m+n} \\ \vdots & \ddots & \vdots & \vdots & \ddots & \vdots \\ \delta_{pp,m1} & \cdots & \delta_{pp,mm} & \delta_{ps,mm+1} & \cdots & \delta_{ps,mm+n} \\ \delta_{sp,m+11} & \cdots & \delta_{sp,m+1m} & \delta_{ss,m+1m+1} & \cdots & \delta_{ss,m+1m+n} \\ \vdots & \ddots & \vdots & \vdots & \ddots & \vdots \\ \delta_{sp,m+n1} & \cdots & \delta_{sp,m+nm} & \delta_{ss,m+nm+1} & \cdots & \delta_{ss,m+nm+n} \end{bmatrix} \begin{Bmatrix} R \\ \vdots \\ R_m \\ R_{m+1} \\ \vdots \\ R_{m+n} \end{Bmatrix} \tag{6-1}$$

或简写为：

$$\{W\} = [\delta]\{R\} \tag{6-2}$$

式中 $[\delta]$ 为桩土支承体系的柔度矩阵，也可以分块矩阵形式写出：

$$[\delta] = \begin{bmatrix} \delta_{pp,ij} & \delta_{ps,ij} \\ (i,j=1,2\cdots m) & (i=1,2,\cdots m, j=m+1,\cdots m+n) \\ \delta_{sp,ij} & \delta_{ss,ij} \\ (i=m+1,\cdots m+n, j=m+1,\cdots m+n) & (i,j=m+1,\cdots m+n) \end{bmatrix}$$

$$= \begin{bmatrix} \delta_{pp} & \delta_{ps} \\ \delta_{sp} & \delta_{ss} \end{bmatrix} \tag{6-3}$$

对柔度矩阵 $[\delta]$ 求逆即得到桩土体系的支承刚度矩阵 $[K_{sp}] = [\delta]^{-1}$，于是式（6-2）亦可写为：

$$\{R\} = [K_{sp}]\{W\} \tag{6-4}$$

如以零元素将式（6-4）中各向量和矩阵的阶数扩大到与承台结构节点自由度总数相同，则有：

$$\{\overline{R}\} = [\overline{K}_{sp}]\{\overline{W}\} \tag{6-5}$$

2）共同作用的基本方程

如基础结构的节点位移向量和荷载向量分别记为 $\{U\}$ 和 $\{Q\}$，其刚度矩阵为 $[K]$，则平衡方程为：

$$[K]\{U\} = \{Q\} - \{\overline{R}\} \tag{6-6}$$

将式（6-5）代入，并注意到竖向位移的连续性，则得到桩与土和承台结构共同作用的基本方程：

$$[K + \overline{K}_{sp}]\{U\} = \{Q\} \tag{6-7}$$

3）基础结构与土脱离时的处理

由于孔隙水压力的消散，基底土发生固结，承台结构底部与土可能完全脱离接触，形成高承台桩基。这时的柔度矩阵 $[\delta]$ 退化为 $[\delta_{pp}]$，相应地刚度矩阵 $[K_{sp}]$ 也退化为 $[K_{pp}] = [\delta_{pp}]^{-1}$，式（6-7）亦相应变为：

$$[K + \overline{K}_{pp}]\{U\} = \{Q\} \tag{6-8}$$

2. 桩土支承体系柔度矩阵的建立

由式（6-3），分块矩阵 $[\delta_{ps}] = [\delta_{sp}]^T$，而 $[\delta_{ss}]$ 的计算方法可按 Boussinesq 解确定，故只需解决 $[\delta_{pp}]$ 和 $[\delta_{sp}]$ 两分块矩阵各元素的计算问题。可应用弹性理论法对桩与桩和桩与土的相互作用进行分析。

1) 基本假定

弹性理论法的基本假定认为桩插入均匀、各向同性的弹性半空间内，其连续性和物理参数不因桩的存在而改变；桩的周边粗糙，桩底平直、光滑；桩土之间保持连续性接触，即桩身位移与毗邻土的位移保持相等；桩身横截面的径向变形不计，只考虑桩身在荷载下的竖向变形，对刚性桩该变形也不考虑。

Mindlin 给出了均质弹性半空间作用单位竖向荷载时的位移与应力解答，分别以位移基本解或应力基本解为出发点，就形成不同的分析方法。

2) 以位移解为基础的计算方法（位移法）

Poulos 和 Davis 由 Mindlin 的位移基本解推导出积分形式的竖向位移影响系数，引入桩身的微分方程，在桩与土位移连续的条件下，求解差分方程，或用矩阵位移法求解，从而得到未知的桩周剪应力 τ 和桩端阻力 P_b 的大小和分布。由此，在假定群桩中各桩桩周、桩端的摩阻力、桩端阻力分布相同的条件下，给出了 $[\delta_{pp}]$ 和 $[\delta_{sp}]$ 各元素的计算公式，由于位移影响系数需进行数值积分，并需求解差分方程，故该方法使用起来比较复杂，不能给出计算公式的显式。

3) 以应力解为基础的计算方法（应力法）

桩土共同作用分析的难点在于桩周摩阻力（剪应力）τ 和桩端阻力 P_b 的大小和分布形式是未知的。Geddes 假定桩周摩阻力 τ 为梯形分布，桩端阻力 P_b 为均布，并将梯形分解为矩形和三角形之和；数值的大小则由 α 和 β 两个未知数来控制。按 Mindlin 的应力基本解，对此三种荷载分别进行积分，可得到半空间任一点处引起的竖向应力的显式，详见6.6.1节。

桩端沉降 S_b 和桩周相接触任一点 a 处的沉降 S_a，均可按上述竖向应力由分层总和法求出。特别是对刚性桩，桩顶、桩周各点沉降均为 S_b，而由位移连续条件应有 $S_b = S_a$。选择 a_1 和 a_2 两个不同点，则有方程 $S_b = S_{a1}$ 和 $S_b = S_{a2}$，于是可解出 α 和 β 的数值。与前类似，假定群桩中各单桩性状相同，则利用竖向应力公式和分层总和法即可求得矩阵 $[\delta_{pp}]$ 和 $[\delta_{sp}]$ 中各元素的结果。

6.3.3 考虑上部结构-桩筏（箱）基础-地基共同作用的计算分析方法

考虑上部结构-桩筏（箱）-地基共同作用的计算方法可在式（6-7）左右两边分别叠加上部结构的边界刚度矩阵及边界荷载矩阵后应用数值解求得。由于欲求解的未知数数量很大，直接求解是很困难的。在计算机高度发达的今天，也需克服存储量不足的困难，需采用"子结构"等能减少未知数、节省存储量的方法。以下简要介绍子结构法的分析过程。

考虑如图6-7所示高层建筑。将其按串联顺序以边界1-1、2-2……N-N 分割为子结构 1～N+1，其中子结构 N+1 为基础子结构，并以 N+1-N+1边界面与地基接触。每个子结构的大小以不超过计算机的容量为限。然后由上至下逐步将子结构的刚度和荷载全部凝聚到基础子结构 N+1 上，此时基础子结构为已考虑上部结构效应的基础，其静力平衡方程式可用下式表示：

$$[K_B + K]\{U\} = \{Q\} + \{S_B\} - \{\overline{R}\} \tag{6-9}$$

式中 $[K]$、$\{Q\}$、$\{U\}$——分别为基础子结构的刚度矩阵、荷载向量和位移向量；

$[K_B]$、$\{S_B\}$——分别为上部结构关于边界 N-N 的等效边界刚度矩阵和等效荷载列向量;

$\{\overline{R}\}$——地基反力列向量,已考虑桩的支承作用。

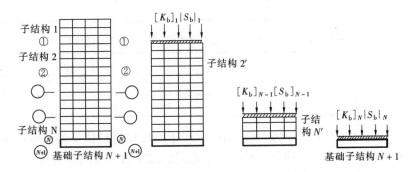

图 6-7　子结构法实现高层建筑刚度与荷载凝聚过程示意

将式 (6-5) 代入上式,并注意到位移连续条件 $\{U\} = \{\overline{W}\}$,可得:

$$[K_B + K + \overline{K}_{sp}]\{U\} = \{Q\} + \{S_B\} \tag{6-10}$$

上式即为考虑上部结构-桩筏(箱)基础-地基共同作用的基本方程。该式与式 (6-7) 类似,不同之处在于左端刚度矩阵中叠加了上部结构的边界刚度矩阵 $[K_B]$,而在右端叠加了上部结构的边界荷载向量 $\{S_B\}$。求解此方程,可得到考虑上部结构刚度后的基础位移 $\{U\}$。然后从第 N 个子结构开始向上逐个回代,就得到上部结构各节点的位移,遂可进行内力分析。

6.3.4　共同作用的工作性状

用各种数值方法求得共同工作性状具有如下特点:

1. 桩顶反力的分布

桩顶反力的分布形式与上部结构的刚度密切相关。角桩、边桩和内部桩的桩顶反力 P_c、P_e 和 P_i 之间的差别随上部结构刚度的增加(亦即层数的增加)而加大,不仅保持 $P_c > P_e > P_i$,而且 P_c 越来越大,而 P_i 越来越小,其分布形式类似于弹性地基上的刚性基础的反力分布形式。对桩距为 3~4 倍桩径的满堂均匀布置的桩箱和桩筏基础,一些实测资料给出了如下关系:

$$P_c/\overline{P} = 1.32 \sim 1.50$$
$$P_e/\overline{P} = 1.05 \sim 1.42$$
$$P_i/\overline{P} = 0.40 \sim 0.86 \tag{6-11}$$

式中　$\overline{P}$——桩顶平均反力。

某 30 层的高层建筑采用桩筏基础,平面尺寸为 22.0m×17.5m,筏厚 2.5m;筏下 42 根桩,桩径 d 为 0.9m,桩长 20.0m,桩间距为 (3.0~3.5) d。用前述半解析半数值方法进行了共同作用分析,并与实测结果作了对比,有较好的一致性,见表 6-1。此外,表 6-2 还给出了上部结构刚度对桩顶反力的影响。当结构仅为两层时,桩顶反力分布的形式即已确定,且随层数的增加,角、边桩的荷载上升得更快。

理论计算与实测结果的对比　　　　　　　　　　　　　　　表 6-1

对比内容	筏基沉降（cm）	筏基分担荷载比（%）	$P_c : P_e : P_i$
理论计算	4.53	24.9	3.10：1.95：1.0
实测结果	4.50	26.0	3.08：2.25：1.0

上部结构层数和刚度对基础变形和桩顶反力分布的影响　　　表 6-2

上部结构层数	2	10	30
平均沉降（cm）	0.73	1.80	4.47
$P_c : P_e : P_i$	3.11：1.96：1	3.28：2.09：1	3.35：2.12：1

此外，分析表明，当桩间距为 $4d$ 左右时，间距的变化对桩顶反力分布影响较大；当桩距大于 $10d$ 后，各桩反力已均匀。桩的长细比对桩顶反力分布的影响尚不显著。

根据以上分析可知，满堂均布的群桩中，各桩顶反力并不如常规分析中所假定的那样彼此相等，而是显示了明显的不均匀性。为安全起见，按 1.5 倍桩的平均反力作为单桩的冲切荷载，以确定底板的厚度是合理的。因角桩和边桩的桩顶反力较大，布桩中适当提出边、角区域的布桩密度亦有其合理性。但由此导致桩底反力更向边、角区域集中，对承台受力则是不利的，设计中应注意这个问题的优化求解。通常将桩位在可能情况下置于柱下、剪力墙下和核心筒下最为合理。

2. 基底回弹与沉降

由于桩群的存在，桩筏或桩箱基础的基坑开挖引起的回弹，比之纯箱基的开挖回弹量要小，但仍很可观。影响的因素有：基坑的平面尺度与深度、基坑底的地质条件、打桩引起的土体扰动程度、降水时间的长短、挖土的方法与开挖顺序、基坑暴露时间的长短等。

某工程曾就回弹与沉降作了较详细的观测，开挖过程中降水引起的沉降 20.4mm，开挖回弹 40.6mm，相对于天然标高零点，有效回弹量 20.22mm。开挖结束后暴露 62 天，又回弹 12.5mm，故总回弹量 53.1mm，有效回弹量 32.7mm。总沉降 36.0mm，略大于有效回弹量，相对于原天然标高零点仅沉降 3.3mm。可见回弹量的大小对再压缩的沉降量影响很大，应尽量减少回弹，并尽早浇筑底板混凝土。

总的说来，桩筏或桩箱基础的沉降量较小，相应的整体倾斜亦较小。

3. 承台（筏或箱基）的挠曲和底板钢筋应力

桩筏或桩箱基础的挠曲一般较小，而且由于上部结构的参与工作，往往至第 4～6 层后，整体挠曲或弯矩几乎不再增加。实测结果也表明，底板钢筋整体挠曲应力在第 4～6 层达到最大值，但一般只在 15～25MPa（按常规配筋时）；层数进一步增加时，几乎保持不变或略有增减。

6.4　桩箱、桩筏基底土分担荷载规律

桩土共同作用的性状可分为几个阶段来描述：基底与地基保持接触——桩筏（箱）共同承担荷载的阶段、基底与地基脱离——桩承担荷载的阶段、基底与地基再度接触——桩筏（箱）再度共同承担荷载的阶段、基底与地基再度脱离——桩承担荷载的阶段，此过程可能循环发生，直到建筑物沉降稳定为止。筏（箱）基础底部的土反力即为板分担的荷载，

其产生主要是由于桩端产生刺入变形，桩间土出现相对位移等因素，桩身弹性压缩也对此有一定的贡献。

6.4.1 基底土分担荷载的实测资料分析

国内外部分高层建筑桩筏和桩箱基础实测结果　　　　　　　　　　表 6-3

	序号	上部结构层数	基础形式总压力（kPa）	基础尺寸（m）/基础埋深（m）	桩长（m）/桩径、宽（cm）	桩数/桩距（m）	实测沉降（cm）/计算沉降（cm）	荷载分担比（%）筏或箱	桩	桩的种类/建筑物名称
国内	1	框剪 22	桩箱 310	42.7×24.7 / 5.0	28.0 / φ55.0	344 / 1.7~2.0	2.5 / <7.0	20	80	预制 RC 湖北外贸
	2	框剪 16	桩箱 240	44.2×12.3 / 4.5	2.70 / 45×45	203 / 1.65~3.30	2.0 / 5.6	17	83	预制 RC 黄物大楼
	3	剪力墙 32	桩箱 500	27.5×24.5 / 4.5	54.0 / 50×50	108 / 1.60~2.25	2.4 / 3.5	10	90	预制 RC 某公寓
	4	筒仓	桩筏 288	69.4×35.2 / 1.0	30.7 / 45×45	604 / 1.9	5.2 / 14.5	10→0	90→100	预制 RC 某谷仓
	5	框筒 26	桩筏 320	38.7×36.4 / 7.6	53.0 / φ60.9×1.2	200 / 1.90~1.95	3.6 / 5.3	25	75	钢管桩 贸海宾馆
国外	6	剪力墙 22	桩筏 270	47.0×25.0 / 2.0	17.0 / 45×45	222 / 1.6	3.2	15→10	85→90	预制 RC 罗特顿公寓
	7	剪力墙 16	桩筏 190	43.3×19.2 / 2.5	13.0 / φ45	351 / 1.6	1.6	45→25	55→75	灌注 RC 石桥大楼
	8	框筒 31	桩筏 368	25×25 / 9.0	25.0 / φ9.0	51 / 1.9	2.2	40	60	灌注 RC 海德公园
	9	框架 11	桩筏 235	56×31 / 13.65	16.75 / φ180	29 / 6.9~10.0	2.0	70	80	灌注 RC 伊丽莎白

注：1. RC 表示钢筋混凝土桩。

　　2. 序号 2~5 建在上海。

表 6-3 列出的若干实测结果说明了一些重要的规律。当采用灌注桩时，桩底承担的荷载比例要比采用预制钢筋混凝土桩时大，特别是伊丽莎白二世会议中心，采用大直径、大间距的灌注桩，使筏基承担了 70% 的荷载，充分利用了天然地基的承载力，是一个典型和成功的例子。其次，对于软土中常规桩距的预制混凝土桩，桩与筏或箱基的分担作用往往是暂时的，打桩引起的超孔隙水压力消散使桩间土发生固结，最终基底可能与土脱离，荷载全部由桩承担。例如表 6-3 中序号 4 所示某谷仓，打桩中心区的孔隙水压力的最大值为相应覆盖压力的 1.4 倍，施工结束时固结度达 70%~80%。施工 3 年后筏底接触压力 P 下降到零，实际开挖检查证明筏底与土确已脱离。但是，如桩长较短，桩距较大，合理安排打桩顺序以尽量减少孔隙水压力，仍可使板底与土保持接触，从而分担一部分荷载。另外，软土中的开口钢管桩因管内有近 2/3 桩长的土塞，显著降低了打桩隆起和孔隙水压

力，结果承台仍有可能分担约 25％的荷载。

何颐华（1990）进行了某 22 层框剪结构高层建筑桩箱基础基底反力分布观测。该建筑底地基土层自桩顶起依次为粉质黏土、粉细砂夹粉土，桩端持力层为粗砂及中细砂层，箱式承台底面积为 42.7m×24.7m，钢筋混凝土管桩，直径为 550mm，桩长 22m，平均桩距 3.3d，总桩数 344 根。同一轴线上的实测土反力均值如图 6-8 所示（相应沉降 26.3mm）。

从图 6-8 可见，桩箱基础基底土反力分布图式呈抛物线形，基础中部较小，由中部向边角逐步增大。底板混凝土浇筑结束尚未凝固时，土反力达 15kPa，这表明板重的大部分由桩间土承担。随着建筑物建造层数的增加，整体刚度增大，边部与中部土反力的差异有所增加。最终中、边部反力的比值约为 1∶1.4。

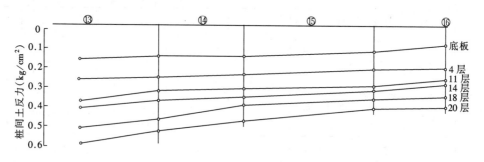

图 6-8　某大楼桩箱基础土反力分布实测

图 6-9 为某 26 层框筒结构带裙房高层大楼桩筏基础基底反力沿东-西（E-W）向和南-北（S-N）向的分布。高层部分基础采用直径为 609mm 的钢管桩，桩长 53m，平均桩距 4.26m，总桩数 230 根，承台为厚 2.3m 的片筏，筏底埋深为 7.6m。地基条件由承台底起依次为粉土、淤泥质黏土和粉质黏土、粉质黏土与粉土互层，桩端持力层为粉土、粉细砂。

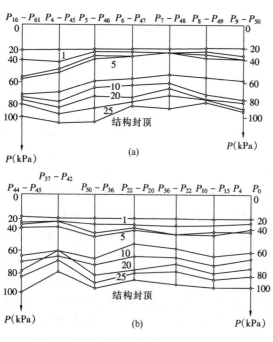

图 6-9　某大楼桩筏基础土反力分布实测
（a）沿 E-W 方向筏底反力随层数变化的关系；
（b）沿 S-N 方向筏底反力随层数变化的关系

从图 6-9 中可看出：①当只有筏板自重时，筏底土压力分布均匀，随着建筑层数的增加，逐步呈现变化较小的抛物线形。施工超过五层后，其分布形式趋于不变，说明其整体刚度已形成，再增加层数对整体刚度的贡献不再显示出来。中、边部土反力的比值约为 1∶1.2。②当施工超过五层后，土反力增长迅速，这主要是建筑物西部停止抽水，地下水位升高，浮力增加（土压力量测值包含静水压力）；当地下水位趋于稳定，土反力增加也趋缓。

6.4.2　影响基底土分担荷载的主要因素

1. 桩端持力层性质。若桩端持力层较硬，桩的刺入变形小，基底上反力则较小。

2. 基底以下土层的性质。桩间土越软，筏板对荷载的分担比越小，若筏底存在适当厚度的硬土层，即使硬土层下面的桩间土很软，筏板也可具有一定的分担作用。实践已证明在筏板下铺一定厚度的碎石层并经碾压，可大大提高筏板的分担作用。

3. 桩距大小。试验和理论分析表明，桩距是影响桩间土发挥作用的重要因素，筏板分担比随着桩距增大而上升，而基底中部与边缘的土反力的差异随桩距增大而明显减小。一般当桩距大于 5 倍桩径时，筏板对荷载便有明显的分担，且有桩距为 6 倍桩径时，筏板分担比为 65% 的实例。因此过密的布桩不利于充分发挥桩间土的承载作用。

4. 沉管挤土效应。对饱和黏性土中的打入式群桩，若桩距小、桩数多，则超孔隙水压力和土体上涌量随之增大。筏板浇筑后，处于欠固结状态的重塑土体逐渐再固结，致使基土与筏板脱离，并将原来分担的荷载转移到桩上，甚至可能出现负摩擦力。

5. 荷载水平。筏板对荷载的分担比随着荷载水平的提高而上升，但存在极限值。在上部土层较好、桩距较大、建筑物整体性好的情况下，可考虑大幅度提高单桩荷载使其接近单桩极限承载力，以充分发挥筏板分担荷载的作用。但这种方法尚未进入现行规范，而且必须进行整体承载力和沉降的双重校核。

6. 桩土应力比。桩土应力比是影响基底土分担荷载比例的重要因素之一，当桩间距、桩径确定时，随着上部结构层数（荷载）的增加，桩长也随之增大，单桩承载力提高，相应的桩土应力比也随之提高，基底土分担上部结构荷载比例也减小。

6.4.3　基底土分担荷载计算

1. 复合桩基承载力计算公式

为方便计算，将桩数超过 3 根的非端承桩复合桩基的承载力计算表示为复合基桩的承载力计算，复合基桩的竖向承载力设计值为：

$$R = \frac{\eta_s Q_{sk}}{\gamma_s} + \frac{\eta_p Q_{pk}}{\gamma_p} + \frac{\eta_c Q_{ck}}{\gamma_c} \tag{6-12a}$$

当根据静载试验确定单桩竖向极限承载力标准值时，其复合基桩的竖向承载力设计值为：

$$R = \frac{\eta_{sp} Q_{uk}}{\gamma_{sp}} + \frac{\eta_c Q_{ck}}{\gamma_c} \tag{6-12b}$$

$$Q_{ck} = \frac{q_{ck} \cdot A_c}{n}$$

式中　Q_{sk}、Q_{pk} ——单桩总极限侧阻力和总极限端阻力标准值；

　　　Q_{uk} ——单桩竖向极限承载力标准值；

　　　Q_{ck} ——相应于任一复合基桩的基底地基土总极限阻力标准值；

　　　q_{ck} ——基底 1/2 基础宽度深度范围（≤5m）内地基土极限阻力标准值；

　　　A_c ——基底地基土净面积；

η_s、η_p、η_{sp}、η_c——分别为桩侧阻群桩效应系数、桩端阻群桩效应系数、桩侧阻端阻综合群桩效应系数、基底土阻力群桩效应系数。

γ_s、γ_p、γ_{sp}、γ_c——分别为桩侧阻抗力分项系数、桩端阻抗力分项系数、桩侧阻端阻综合抗力分项系数、基底土阻抗力分项系数，可按表 6-4 采用。

当基础底面以下存在可液化土、湿陷性黄土、高灵敏度软土、欠固结土、新填土，或可能出现震陷、降水、沉桩过程产生高孔隙水压力和土体隆起时，不考虑基底土阻力。

桩基竖向承载力抗力分项系数　　　表 6-4

桩型与工艺	$\gamma_s = \gamma_p = \gamma_{sp}$		γ_c
	静载试验法	经验参数法	
预制桩、钢管桩	1.60	1.65	1.70
大直径灌注桩（清底干净）	1.60	1.65	1.65
泥浆护壁钻（冲）孔灌注桩	1.62	1.67	1.65
干作业钻孔灌注桩（$d>0.8$m）	1.65	1.70	1.65
沉管灌注桩	1.70	1.75	1.70

注：1. 根据静力触探方法确定预制桩、钢管桩承载力时，取 $\gamma_s = \gamma_p = \gamma_{sp} = 1.60$；
　　2. 抗拔桩底侧阻抗力分项系数 γ_s 可取表列数值。

式（6-12）的表达方式使设计人员在实用上较为困难，设计人员习惯于用群桩总效率系数 η_e 表示群桩-基础共同作用后的承载力与单桩承载力之比，亦即：

$$\eta_e = \frac{Q_{ug}}{n Q_{uk}} \tag{6-13}$$

式中　Q_{ug}——群桩基础极限承载力；

　　　Q_{uk}——单桩基础极限承载力标准值；

　　　n——总桩数。

当 $\gamma_{sp} = \gamma_c$ 时，群桩极限承载力 Q_{ug} 可表示为：

$$Q_{ug} = \eta_{sp} n Q_{uk} + \eta_c q_{ck} A_c \tag{6-14}$$

将式（6-14）带入式（6-13）得：

$$\eta_e = \frac{n \cdot \eta_{sp} \cdot Q_{uk} + \eta_c \cdot q_{ck} \cdot A_c}{n \cdot Q_{uk}} \tag{6-15}$$

设桩间距 $s_a = kd$，d 为桩的直径，k 表示桩间距与桩径关系的无因次系数，可得：$\frac{A_c}{n} = s_a^2 - \frac{\pi d^2}{4} = (kd)^2 - \frac{\pi d^2}{4}$。

令 $Q_{uk} = \sigma_{puk} \cdot \frac{\pi d^2}{4}$，式中 σ_{puk} 为桩顶平均极限压应力标准值，则式（6-15）转化为：

$$\eta_e = \frac{\eta_{sp} + \eta_c \cdot \left(\frac{4k^2}{\pi} - 1\right) \cdot q_{ck}}{\sigma_{puk}}。$$

令桩土极限应力比 $\lambda_{pc} = \sigma_{puk}/q_{ck}$，则：

$$\eta_e = \eta_{sp} + \frac{\eta_c(1.273k^2 - 1)}{\lambda_{pc}} \tag{6-16}$$

记 $\eta_{cd} = \eta_c(1.273k^2 - 1)$，则上式可写为：

$$\eta_e = \eta_{sp} + \eta_{cd}/\lambda_{pc} \tag{6-17}$$

基底土阻力群桩效应系数：

$$\eta_c = \eta_c^i \frac{A_c^i}{A_c} + \eta_c^e \frac{A_c^e}{A_c} \tag{6-18}$$

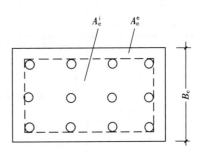

图 6-10 基底分区图

式中 A_c^i、A_c^e——基础内区（外围桩边包络区）、外区的净面积，$A_c = A_c^i + A_c^e$，见图 6-10；

η_c^i、η_c^e——基础内、外区土阻力群桩效应系数，按表 6-5 取值。当基础下存在高压缩性土层时，η_c^i 均按 $B_c/l \leqslant 0.2$ 取值。

基础内外区土阻力群桩效应系数　　　　　　表 6-5

B_c/l \ S_a/d	η_c^i				η_c^e			
	3	4	5	6	3	4	5	6
$\leqslant 0.2$	0.11	0.14	0.18	0.21				
0.4	0.15	0.20	0.25	0.30				
0.6	0.19	0.25	0.31	0.37	0.63	0.75	0.88	1.00
0.8	0.21	0.29	0.36	0.43				
$\geqslant 1.0$	0.24	0.32	0.40	0.48				

为方便也偏于安全角度考虑，可将 η_{cd} 表达式中的 η_c 以内区土阻力群桩效应系数 η_c^i 表示，则 η_{cd} 的数值如表 6-6 所示。

系数 η_{cd} 表　　　　　　表 6-6

B_c/l \ k	3	4	5	6
$\leqslant 0.2$	1.15	2.71	6.55	9.41
0.4	1.57	3.87	7.71	13.45
0.6	1.99	4.84	9.56	16.59
0.8	2.20	6.62	11.10	19.28
$\geqslant 1.0$	2.51	6.20	12.33	21.51

另由式（6-12a）和式（6-12b），令 a_s 为桩的总侧阻力与总承载力之比值，可得：

$$\eta_{sp} = a_s(\eta_s - \eta_p) + \eta_p \tag{6-19}$$

令桩总侧阻与总承载力之比 $a_s = 60\% \sim 100\%$，得出 η_{sp}，见表 6-7。

桩侧阻端阻综合群桩效应系数 η_{sp} 表

表 6-7

桩侧土		黏性土				粉土、砂土				黏性土			
桩端土		黏性土				粉土、砂土				粉土、砂土			
a_s	B_c/l ＼ S_a/d	3	4	5	6	3	4	5	6	3	4	5	6
1.00	≤0.2	0.80	0.90	0.96	1.00	1.20	1.10	1.05	1.00	0.80	0.90	0.96	1.00
	0.4	0.80	0.90	0.96	1.00	1.20	1.10	1.05	1.00	0.80	0.90	0.96	1.00
	0.6	0.79	0.90	0.96	1.00	1.09	1.10	1.05	1.00	0.79	0.90	0.96	1.00
	0.8	0.73	0.85	0.94	1.00	0.93	0.97	1.03	1.00	0.73	0.85	0.94	1.00
	≥1.0	0.67	0.78	0.86	0.93	0.78	0.82	0.89	0.95	0.67	0.78	0.86	0.93
0.95	≤0.2	0.84	0.92	0.97	1.00	1.20	1.10	1.05	1.00	0.82	0.91	0.97	1.00
	0.4	0.84	0.92	0.97	1.01	1.21	1.11	1.06	1.01	0.83	0.92	0.97	1.01
	0.6	0.84	0.93	0.98	1.01	1.10	1.11	1.06	1.01	0.72	0.92	0.97	1.01
	0.8	0.78	0.88	0.96	1.01	0.95	0.99	1.04	1.01	0.75	0.88	0.96	1.01
	≥1.0	0.73	0.82	0.88	0.95	0.81	0.85	1.01	0.97	0.71	0.81	0.88	0.95
0.90	≤0.2	0.88	0.94	0.98	1.01	1.21	1.11	1.06	1.01	0.85	0.93	0.97	1.01
	0.4	0.89	0.95	0.99	1.01	1.21	1.12	1.06	1.01	0.85	0.94	0.98	1.01
	0.6	0.88	0.95	0.99	1.02	1.12	1.12	1.07	1.02	0.85	0.94	0.99	1.02
	0.8	0.83	0.91	0.98	1.02	0.98	1.01	1.06	1.03	0.80	0.90	0.98	1.03
	≥1.0	0.78	0.85	0.91	0.96	0.85	0.88	0.94	0.99	0.75	0.84	0.91	0.97
0.85	≤0.2	0.93	0.7	0.99	1.01	1.21	1.11	1.06	1.01	0.87	0.94	0.98	1.01
	0.4	0.93	0.97	1.00	1.02	1.22	1.12	1.07	1.02	0.88	0.95	1.00	1.02
	0.6	0.93	0.98	1.01	1.03	1.13	1.13	1.08	1.03	0.88	0.95	1.01	1.03
	0.8	0.88	0.94	1.00	1.03	1.00	1.03	1.07	1.04	0.83	0.93	1.00	1.04
	≥1.0	0.84	0.89	0.93	0.98	0.88	0.91	0.96	1.01	0.79	0.87	0.94	0.99
0.80	≤0.2	0.97	0.99	1.00	1.01	1.21	1.12	1.06	1.01	0.89	0.96	0.99	1.01
	0.4	0.98	1.00	1.01	1.02	1.22	1.13	1.08	1.03	0.90	0.97	1.01	1.03
	0.6	0.98	1.01	1.02	1.03	1.15	1.14	1.09	1.04	0.91	0.98	1.02	1.04
	0.8	0.93	0.98	1.01	1.04	1.03	1.05	1.09	1.06	0.87	0.95	1.02	1.06
	≥1.0	0.89	0.93	0.96	0.99	0.91	0.94	0.98	1.03	0.82	0.90	0.96	1.01
0.75	≤0.2	1.01	1.01	1.01	1.01	1.22	1.12	1.06	1.01	0.92	0.97	1.00	1.01
	0.4	1.02	1.02	1.03	1.03	1.23	1.14	1.09	1.04	0.93	0.99	1.02	1.04
	0.6	1.02	1.03	1.04	1.04	1.16	1.15	1.10	1.05	0.94	1.00	1.03	1.06
	0.8	0.99	1.01	1.03	1.05	1.05	1.07	1.10	1.07	0.90	0.98	1.03	1.07
	≥1.0	0.95	0.96	0.98	1.10	0.94	0.96	1.01	1.04	0.86	0.93	0.99	1.03
0.70	≤0.2	1.05	1.03	1.03	1.02	1.22	1.12	1.07	1.02	0.94	0.98	1.00	1.02
	0.4	1.06	1.05	1.04	1.03	1.24	1.14	1.10	1.04	0.96	1.00	1.03	1.04
	0.6	1.07	1.06	1.05	1.05	1.17	1.16	1.1	1.07	0.96	1.02	1.05	1.07
	0.8	1.04	1.04	1.05	1.06	1.07	1.09	1.12	1.08	0.93	1.00	1.05	1.08
	≥1.0	1.01	1.00	1.01	1.02	0.99	0.99	1.03	1.06	0.90	0.98	1.01	1.05
0.65	≤0.2	1.09	1.06	1.05	1.02	1.22	1.13	1.07	1.02	0.96	1.00	1.01	1.02
	0.4	1.11	1.08	1.07	1.04	1.24	1.15	1.10	1.05	0.98	1.02	1.04	1.05
	0.6	1.12	1.09	1.08	1.06	1.19	1.17	1.12	1.08	0.99	1.04	1.06	1.08
	0.8	1.09	1.07	1.09	1.07	1.10	1.11	1.13	1.10	0.97	1.03	1.07	1.10
	≥1.0	1.06	1.04	1.06	0.94	1.01	1.02	1.05	1.08	0.94	1.00	1.04	1.07

a_s	B_c/l S_a/d	黏性土				粉土、砂土				黏性土			
	桩端土	黏性土				粉土、砂土				粉土、砂土			
		3	4	5	6	3	4	5	6	3	4	5	6
0.60	≤0.2	1.14	1.08	1.05	1.02	1.22	1.13	1.07	1.02	0.96	1.01	1.02	1.02
	0.4	1.15	1.10	1.07	1.04	1.25	1.16	1.11	1.06	1.01	1.04	1.06	1.06
	0.6	1.16	1.12	1.08	1.06	1.20	1.18	1.13	1.09	1.02	1.06	1.08	1.09
	0.8	1.14	1.10	1.09	1.08	1.12	1.13	1.15	1.11	1.00	1.05	1.09	1.11
	≥1.0	1.12	1.08	1.06	1.05	1.04	1.05	1.08	1.10	0.98	1.03	1.06	1.09

注：B_c——承台宽度；l——桩长。

从式（6-17）可见，在基底土极限抗力一定的条件下，等式右边第 2 项土分担荷载的比值，随单桩极限承载力 Q_{uk} 的提高而降低，即对于一般多层住宅设计中考虑土分担荷载显示了较高的经济效益。而对于高层住宅或高、重建筑，由于其单桩承载力 Q_{uk} 值较大，等式右边第 2 项土分担荷载比例也较小，因此，考虑承台土分担荷载的群桩基础设计方法较传统桩基设计方法的经济效益收效较小。

根据前述推导，复合基桩承载力设计值可简单表达为：

$$R = \frac{\eta_e \cdot Q_{uk}}{\gamma_{sp}} \tag{6-20}$$

【例 6-1】 某群桩基础桩径为 600mm，桩长 25m，桩侧主要土层为黏性土，桩端土为砂土，测得单桩竖向极限承载力标准值为 $Q_{uk}=1200kN$，基底土 $q_{uk}=250kPa$，6 桩承台，承台尺寸为 4.8m×7.2m，均匀布桩，桩侧摩阻力与桩承载力之比 $a_s=0.8$，试计算群桩总效率系数 η_e。

【解】
$$k = s_a/d = \sqrt{A_c/n}/d = \sqrt{4.8 \times 7.2/6}/0.6 = 4$$

$$\sigma_{puk} = Q_{uk} \Big/ \left(\frac{\pi d^2}{4}\right) = 1200 \Big/ \left(\frac{3.14 \times 0.6^2}{4}\right) = 4246kPa$$

$$\lambda_{pc} = \sigma_{puk}/q_{ck} = 4246/250 = 17$$

$$B_c/l = 4.8/25 = 0.192 \leqslant 0.2$$

查表得：$\eta_{sp}=0.96$，$\eta_{cd}=2.71$。

$$\eta_e = \eta_{sp} + \eta_{cd}/\lambda_{pc} = 0.96 + 2.71/17 = 1.12$$

2. 基底土分担荷载比例

设计人员在基础分担上部结构荷载问题上往往以分担荷载比例来判别基底土的作用效果。为了简单地说明基底土分担荷载的比例，可令式（6-17）中的 $\eta_{sp}=1$，而得到承台土分担比 k_s 的公式：

$$k_s = \frac{\eta_{cd}/\lambda_{pc}}{\eta_e} \tag{6-21}$$

根据上式可计算得基底土分担荷载比例如表 6-8 所示。

基底土分担荷载比例表（%）　　　　　　表 6-8

λ_{pc}	B_c/l ＼ s_a/d	3	4	5	6
5	≤0.2	18.70	35.15	52.61	65.30
	0.4	23.90	43.63	60.66	72.90
	0.6	28.47	49.19	65.66	76.84
	0.8	30.56	52.92	68.94	79.41
	≥1.0	33.42	55.36	71.16	81.15
25	≤0.2	4.40	9.78	18.17	27.35
	0.4	5.91	13.40	23.57	34.98
	0.6	7.37	16.22	27.66	39.89
	0.8	8.09	18.35	30.75	43.54
	≥1.0	9.12	19.87	33.03	46.26
45	≤0.2	2.49	5.68	10.98	17.29
	0.4	3.37	7.92	14.63	23.01
	0.6	4.23	9.71	17.52	26.94
	0.8	4.66	11.10	19.79	29.99
	≥1.0	3.28	12.11	21.51	32.35
65	≤0.2	1.74	4.00	7.87	12.65
	0.4	2.36	5.62	10.60	17.14
	0.6	2.97	6.93	12.82	20.33
	0.8	3.27	7.96	14.59	22.88
	≥1.0	3.72	8.71	15.94	24.87
85	≤0.2	1.33	3.09	6.13	9.97
	0.4	1.81	4.35	8.32	13.66·
	0.6	2.29	5.39	10.11	16.33
	0.8	2.52	6.20	11.55	18.49
	≥1.0	2.87	6.80	12.67	20.20

从表 6-8 可见，基底土分担荷载具有如下特性：

(1) 随桩距比 s_a/d 增加而增大（桩距越大，土分担荷载比例越大）；

(2) 随承台宽与桩长比 B_c/l 增加而增大（桩越长、基础越窄，土分担比例越小）；

(3) 随桩土极限承载应力之比 λ_{pc} 增加而减小（单桩承载力越高，土分担比例越小）。

6.5　桩 基 的 布 置

桩基的布置包括桩长、桩径、持力层的选择、桩的平面布置及桩距的确定等内容。

6.5.1　总 桩 数 的 确 定

桩基作用效应分析从理论上说应是考虑桩-基础-土共同作用，上部结构荷载通过基础分配于每根桩，这种计算方法从理论上考虑较为合理。但基于计算方法本身的复杂与计算参数的不确定性，而采用较为简单而实用的桩顶作用效应计算公式。

轴心竖向力作用下：

$$N = \frac{F+G}{n} \tag{6-22}$$

偏心竖向力作用下：

$$N_i = \frac{F+G}{n} \pm \frac{M_x y_i}{\sum y_i^2} \pm \frac{M_y x_i}{\sum x_i^2} \tag{6-23}$$

在水平力作用下：

$$H_1 = \frac{H}{n} \tag{6-24}$$

式中　F——作用于桩基承台顶面的竖向力设计值；

　　　G——桩基承台和承台上土自重设计值（自重荷载分项系数当其效应对结构不利时取 1.2；有利时取 1.0）；并应对地下水位以下部分扣除水的浮力；

　　　N——轴心竖向力作用下任一复合基桩或基桩的竖向力设计值；

　　　N_i——偏心竖向力作用下第 i 复合基桩或基桩的竖向力设计值；

M_x、M_y——作用于承台底面通过桩群形心的 x、y 轴的弯矩设计值；

　x_i、y_i——作用于承台底面第 i 复合基桩或基桩通过桩群形心的 x、y 轴的距离；

　　　H——作用于桩基承台底面的水平力设计值；

　　　H_1——作用于任意复合基桩或基桩的水平力设计值；

　　　n——桩基中的桩数。

　　式（6-22）～式（6-24）是沿用已久的桩顶作用效应计算公式，其假定为：①承台为绝对刚性，受弯矩作用时成平面转动，不产生挠曲；②桩与承台为铰接相连，只传递轴力和水平力，不传递弯矩；③各桩身的刚度相等。

　　除少数上部结构刚度很小的大片筏基和柱下条基外，一般承台本身的刚度较大（如独立柱基），或由于承台与上部结构协同作用而使承台的刚度增大，近似视为绝对刚性是可以的。桩与承台的连接一般都是设计成近似刚接的。各桩的刚度相等，与一般情况相符。因此，按上述简化公式计算只能得到桩顶作用效应的近似值，但这种近似对于所规定的对象是容许的。

　　对于按承载力控制设计布桩而言，根据式（6-22）～式（6-24）及相关规定，桩筏及桩箱基础下总桩数 n 有下列规定：

　　1. 按轴心竖向荷载控制

$$n \geqslant \frac{\gamma_0 (F+G)}{R} \tag{6-25}$$

式中　R——复合基桩竖向承载力设计值；

　　　γ_0——建筑桩基重要性参数，根据建筑桩基安全等级，分别取 1.1、1.0 及 0.9。

　　2. 按水平荷载控制

$$n \geqslant \frac{\gamma_0 H}{H_{Rd}} \tag{6-26}$$

式中　H_{Rd}——复合基桩水平承载力设计值。

　　3. 按偏心竖向荷载控制

$$n \geqslant \frac{\gamma_0 (F+G)}{1.2R - \dfrac{M_x y_i}{\sum y_i^2} - \dfrac{M_y x_i}{\sum x_i^2}} \tag{6-27}$$

　　4. 按地震作用控制

按地震作用组合计算桩数时，可将上述公式中承载力设计值相应提高 25% 进行设计。

6.5.2　桩 型 选 择

桩型选择的主要依据是上部结构的形式、荷载、地质条件和环境条件以及当地的桩基施工技术能力和经验等。例如，一般高层建筑荷载大而集中，对沉降控制要求较严，水平荷载（风荷载或地震荷载）较大，故应采用大直径桩，可根据环境条件和技术条件选用钢筋混凝土预制桩、大直径预应力管桩、钻孔桩或人工挖孔桩。又如多层建筑一般选用较短的小直径桩，且宜选用廉价的桩型，如小桩、沉管灌注桩等。当浅层有较好持力层时，夯扩桩则更优越。对于基岩面起伏变化的地质条件，各种灌注桩则应是首先考虑的桩型。

6.5.3　桩 径 确 定

桩径应综合考虑以下因素确定，力求做到既满足使用要求又能最有效的利用和发挥地基土和桩身材料的承载性能，既符合成桩技术的现实水平又能满足施工工期要求和降低造价。

1. 考虑荷载大小——单桩承载力要求

上部结构传递给基础的荷载大小是控制单桩承载力设计的主要因素。单桩承载力需求值则还要考虑布桩的构造要求和合理性，如条基要考虑不致形成过大的桩距而使承台梁跨度过大，独立柱基不致形成大桩群而使承台板平面尺寸过大，满堂筏基、箱基要使桩能在有限的平面范围内布置合理。

2. 考虑施工要求

要考虑各类桩型的最小直径要求（不包括微型桩），如：打入式预制桩不小于 25cm×25cm，干作业钻孔桩不小于 30cm，泥浆护壁钻孔桩和冲孔桩不小于 50cm，人工挖孔桩不小于 80cm 等。

3. 考虑桩基承载特性

对于摩擦桩，宜选择具有较大比表面尺寸（表面积与体积之比），即宜采用细长桩。这是由于桩侧表面积为桩径的一次函数，而桩体积（材料消耗）为桩径的二次函数。对于端承桩，持力层强度低于桩身材料强度的情况下，一般应优先考虑采用扩底灌注桩。

4. 考虑长径比

桩的长径比（l/d）主要根据桩身不产生压屈失稳和施工条件而确定。一般说来，仅在高承台桩基露出地面的桩长较大，或桩侧土为可液化土、超软土的情况下才考虑桩身压屈失稳。长桩施工质量较短桩难以控制，在应用长桩时应注意施工质量能否保证设计要求。

6.5.4　桩端持力层选择

桩端持力层的选择原则及桩端进入持力层的最小深度，主要是考虑在各类持力层中成桩的可能性和尽量提高桩端阻力的要求。一般应选择较硬土层为桩端持力层。桩端全断面进入持力层的深度，对于黏性土、粉土不宜小于 $2d$，砂土不宜小于 $1.5d$，碎石类土不宜小于 $1d$。当存在软弱下卧层时，桩基以下硬持力层厚度不宜小于 $4d$。对于薄持力层，当桩端持力层有下卧软弱土层时，若桩端进入持力层过深，反而会降低桩的承载力。

按刚塑性理论求得的桩端阻力公式，其埋深对于端阻力的影响是随深度线性增加的。

按有效应力原理，桩侧阻力随桩的入土深度 h 增加而线性增大。室内模型试验和原型试验研究表明，端阻力、侧阻力并不符合上述一直随深度线性增大的规律，而是随有关因素成特定规律变化，称此为"深度效应"。

1. 端阻力和深度效应

当桩端进入均匀持力层的深度 h 小于某一深度时，其极限端阻力一直随深度线性增大；当进入深度大于该深度后，极限端阻力基本保持不变。该深度称为端阻力的临界深度 h_{cp}，该恒定极限端阻力为端阻稳值 q_{pl}，见图 6-11。

根据模型和原型试验结果，端阻临界深度和端阻稳值具有如下特性：

（1）端阻临界深度 h_{cp} 和端阻稳值 q_{pl} 均随砂持力层相对密度 D_r 增大而增大。因此，端阻临界深度随端阻稳值增大而增大。

（2）端阻临界深度受上覆压力 P_0（包括持力层上覆土层自重和地面荷载）影响而随端阻稳值呈不同关系变化。当 $P_0 = 0$ 时，h_{cp} 随 q_{pl} 增大而线性增大；$P_0 > 0$ 时，h_{cp} 与 q_{pl} 呈非线性关系，P_0 越大，其增大率越小；在 q_{pl} 一定的条件下，其 h_{cp} 随 P_0 增大而减小，即随上覆土层厚度增加反而减小，见图 6-12。

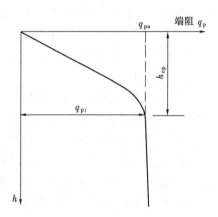

图 6-11 端阻临界深度示意图

（3）端阻临界深度随桩径增大而增大，见图 6-13。

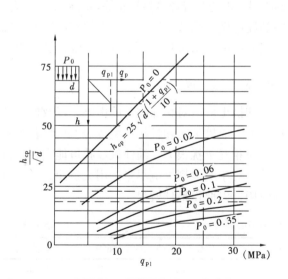

图 6-12 临界深度、端阻稳值及覆盖压力的关系

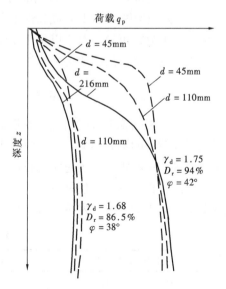

图 6-13 端阻值与砂的相对密度和桩径的关系

（4）端阻稳值 q_{pl} 的大小仅与持力层砂的相对密度 D_r 有关，而与桩的尺寸无关。由图 6-14 可以看出，同一相对密度 D_r 砂土中不同截面尺寸的桩，其端阻稳值 q_{pl} 基本相等。

当硬持力层较厚且施工条件许可时，桩端进入持力层的深度宜尽可能达到该土层桩端阻力的临界深度，有利于充分发挥桩的承载力。砂与碎石类土的临界深度为 $(3 \sim 10)d$，随密度提高而增大；粉土、黏性土的临界深度为 $(2 \sim 6)d$，并随土的孔隙比和液性指数的减小而增大。

2. 桩侧阻力的深度效应

当桩入土深度超过一定深度后，侧阻不再随深度增加而增大。该深度即侧阻的临界深度 h_{cs}。

目前根据砂土中模型桩试验所得的侧阻临界深度 h_{cs} 不尽相同，Vesic（1967）得到侧阻临界深度 h_{cs} 与端阻临界深度 h_{cp} 的关系为 $h_{cs} = (0.5 \sim 0.7)h_{cp}$；Meyerhof（1978）得到：$h_{cs} = (0.3 \sim 0.5)h_{cp}$；现场试验得到：$h_{cs} = h_{cp}$（Tavenas，1971；Meyerhof，1976）。关于黏性土中侧阻的深度效应，由于试验研究尚少，其机理和变化规律还有待进一步探讨。

3. 端阻的临界厚度

当桩端持力层下存在软下卧层，且桩端与软下卧层的距离小于某一厚度时，端阻力将受软下卧层的影响而降低。该厚度称为端阻的临界厚度 t_c。

软下卧层对端阻产生影响的机理是：由于桩端应力沿一扩散角 α（α 角是砂土相对密度 D_r 的函数并受软下卧层强度和压缩性的影响，其值为 $10° \sim 20°$。对于砂层下有很软土层时，可取 $\alpha = 10°$）向下扩散至软下卧层顶面，引起软下卧层出现较大压缩变形，桩端连同扩散锥体一起向下位移，从而降低了端阻力。若桩端荷载超过该端阻极限值，软下卧层将出现更大的压缩和挤出，导致冲剪破坏。

临界厚度 t_c 主要随砂的相对密度 D_r 和桩径 d 的增大而加大。对于松砂 $t_c \approx 1.5d$，密砂 $t_c = (5 \sim 10)d$，砾砂 $t_c = 12d$。根据淮河边夹于软黏性土层之间的硬黏性土中的原型预制桩载荷试验（陈强华等，1981），硬黏性土中的临界深度与临界厚度接近相等，$h_{cp} \approx t_c \approx 7d$。

根据以上分析可见，对于以夹于软层中的硬层做桩端持力层时，要根据夹层厚度，综合考虑桩端进入持力层的深度和桩端下硬土层的厚度，不可只顾一个方面而降低端阻力。

6.5.5　桩中心距选择

为了避免桩基施工可能引起土的松弛效应和挤土效应对相邻桩基的影响，以及群桩效应对桩基承载力的不利影响，布桩时应根据土类、成桩工艺和桩端类型按表 6-9 和表 6-10 确定桩的最小中心距。布置过密的桩群，施工时相互干扰很大，灌注桩成孔可能会相互打通，锤击法打预制桩时会使邻近桩上抬。另外，对于摩擦型桩应尽量选用大桩距，在充分发挥单桩承载力的同时，发挥基底土反力的作用，以取得最佳效果。

桩的最小中心距　　　　　　　　　　　　　　　　表 6-9

土类与成桩工艺		排数不少于 3 排且桩数不少于 9 根的摩擦型桩基	其他情况
非挤土和部分挤土灌注桩		$3.0d$	$2.5d$
挤土桩	穿越非饱和土	$3.5d$	$3.0d$
	穿越饱和土	$4.0d$	$3.5d$
挤土预制桩		$3.5d$	$3.0d$
打入式敞口管桩和 H 型钢桩		$3.5d$	$3.0d$

注：d 为圆桩直径或方桩边长。

灌注桩扩底端的最小中心距　　　　　　　　　表 6-10

成孔方法	最小中心距
钻、挖孔灌注桩	$1.5D$ 或 $D+1$m（当 $D>2$m 时）
沉管夯扩灌注桩	$2.0D$

注：D 为扩大端设计直径。

6.5.6 桩 的 平 面 布 置

桩在平面内可以布置成等边三角形、方形或梅花形等，也可采用不等距排列。实践表明，桩的合理布置对保证结构的稳定性，充分发挥桩基的承载能力，减少沉降量，特别是不均匀沉降具有相当重要的作用。

为了使桩基中各桩受力比较均匀，应尽量使桩群承载力合力点与长期荷载重心重合，且在最不利荷载组合时满足要求。在排列桩位时，应考虑使桩基受水平力和力矩较大方向有较大的截面模量。为了增强建筑物短边方向的整体稳定性，可考虑将横墙下的承台梁挑出外纵墙以外，并布置 1～2 根"探头"桩。位于纵横墙交接处的桩同时承受两个方向传来的荷载，受力较为集中，因此与其相邻桩的距离应按最小间距考虑，必要时可适当提高交接处基桩的承载力，如采用沉管灌注桩，该处桩可以复打扩大，也可以采取将桩对称地布置在两轴线交点的四角。墙下桩基可在分别对纵横墙确定桩数和间距后，取一个结构单元（如一个开间）复核所取桩数和布置是否合适。

应尽量避免在墙体门洞等洞口下布桩。布桩时应注意使梁、板中的弯矩尽量减小，即尽量在柱、墙下布桩，以减少板跨中的桩数。在可能情况下应通过提高单桩承载力尽量使墙下采用单排桩基，柱下的桩数也应尽量减少。一般说来，采用桩数少而桩身长的桩基，无论在基础的设计和施工方面，还是在提高群桩承载力、减小桩基沉降等方面，都比桩数多而桩身短的桩基优越。但桩基施工总会有一定的误差，设计时也需考虑施工可能形成的桩位偏差所造成的桩群合力中心的变化，这种偏差可能影响承台和其上部结构的稳定性。从这一方面考虑，墙下双排布桩和柱下三根布桩形式就相应比墙下单排布桩和柱下单根或两根布桩形式更合理，即使桩位略有偏差，其影响也较小。

6.5.7 基 础 构 造

桩筏和桩箱基础的构造除满足一般筏形和箱形基础的要求外，当桩布置在墙下或基础梁下时，基础底板的厚度不得小于 300mm，且不宜小于板跨的 1/20。

桩与筏基或箱基的连接应符合：

（1）桩顶嵌入筏基或箱基底板内的长度，对于大直径桩不宜小于 100mm；对于中小直径桩不宜小于 50mm；

（2）桩的纵向钢筋锚入筏基或箱基底板内的长度不宜小于钢筋直径的 35 倍，对于抗拔桩基不应少于钢筋直径的 45 倍。

6.6　桩箱、桩筏基础沉降计算

桩箱、桩筏基础下群桩的沉降与少桩基础（例如柱下的 3～4 根桩的基础）的沉降有着根本的区别，这是因为群桩的应力叠加使其影响深度比少桩基础大得多，更大范围的土体包括软弱下卧层的应力状态都发生了显著的变化而产生压缩。群桩的沉降与桩距、桩长、桩数、桩底土和桩间土的刚度比、承台刚度以及荷载水平等许多因素有关，实质上是桩-土-基础共同作用的问题。目前的计算方法是以某种假定将问题加以简化，同时按实际经验，特别是地区性经验对计算结果加以适当的修正，以求较好地符合实际。现有的群桩沉降计算方法主要有半经验实体深基础法和以 Mindlin 解为基础的分层总和法两类。

6.6.1　半经验实体深基础法

这种方法的思路是借鉴浅基础沉降计算方法，将桩群连同桩间土与基础一起作为一个深基础，作用于桩端平面的荷载为均匀分布，桩端以下土中附加应力按集中力作用于半无限弹性体表面的 Boussinesq 解计算，以分层总和法按式（6-28）计算桩基沉降量。由此可见，本法不考虑桩间土变形对桩基沉降的影响，即假想实体基础底面在桩端平面处。

群桩基础的最终沉降量按下式计算：

$$s = \psi_s \sum_{i=1}^{n} \frac{\sigma_{zi} H_i}{E_{si}} \tag{6-28}$$

式中　σ_{zi}——地基第 i 分层的平均附加应力；

　　　E_{si}——地基第 i 分层的压缩模量，相应于该分层从平均自重应力变化到平均总应力（自重应力与附加应力之和，包括相邻桩基的影响）的应力状态下的压缩模量，可由固结试验的 $e-p$ 曲线求算；

　　　n——地基压缩层范围内的计算分层数，压缩层厚度计算到附加应力等于土自重应力的 20% 处；

　　　H_i——地基第 i 分层的厚度，按分层总和法的规定划取；

　　　ψ_s——桩基沉降计算的经验修正系数，以当地的规范或经验为准。

计算附加应力时，根据经验可以采取下列不同的简化计算图式：

（1）假定荷载沿桩群外侧面扩散，扩散角等于桩所穿过土层的内摩擦角 φ 的加权平均值 φ_m 的 1/4，桩端平面的荷载面积 A_k 为扩散角锥面所包范围；桩端平面处的附加压力 σ_0 可按下式计算：

$$\sigma_0 = \frac{N+G}{A_k} - \sigma_c \tag{6-29}$$

式中　N——上部结构的竖直荷载；

　　　G——实体基础自重，包括基础自重、基础上土体自重以及基础底面至实体基础底面范围内的桩重和土重；

　　　σ_c——土体自重应力。

然后采用 Boussinesq 应力解计算沿深度分布的土中附加应力 σ_{zi}，见图 6-14。

（2）假定荷载不沿桩群外侧面扩散，用上述方法计算桩端平面处的附加压力 σ_0，也采用 Boussinesq 应力解结果得到沿深度分布的土中附加应力 σ_{zi}，见图 6-15。

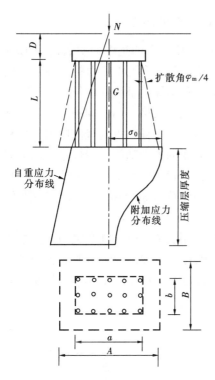 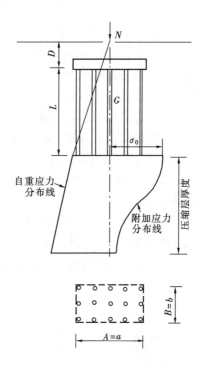

图 6-14 考虑扩散作用的计算模式　　图 6-15 不考虑扩散作用的计算模式

　　桩基沉降计算的经验修正系数 ψ_s 是根据建筑物沉降观测得到的实测平均沉降与计算中点沉降的比值，经统计方法得到的。上海市地基基础设计规范规定的桩基沉降计算经验修正系数如表 6-11 所示。从表中的数据可以看出，桩长越长，实测沉降比计算沉降小得越多。桩基计算沉降量偏大的原因很多，按实体基础假定计算沉降的方法是一种经验的简化，与实际情况有比较大的出入。其中计算土中附加应力采用 Boussinesq 应力解方法与桩基下土体应力条件有比较大差异，桩越长，差异越大。这是因为 Boussinesq 课题是假定荷载作用于半无限体的表面，而桩已将荷载传至土体的深部，荷载并不是作用于土体的表面。桩越长，这一假定与实际的偏离就越大。为了减少计算的误差，人们进行了各方面的研究工作，其中包括采用 Mindlin 解计算土中应力，以减少应力计算的误差。

上海地区桩基沉降计算经验修正系数　　表 6-11

桩端入土深度（m）	<20	30	40	50
修正系数	0.80	0.65	0.50	0.30

　　基于 Mindlin 解估计土中应力的方法大致可分为两种。一种是以 Mindlin 应力公式为基础的方法，它是根据 Gedds 对 Mindlin 公式积分而导出的应力解，用叠加原理求得单桩和群桩荷载作用下的地基土附加应力。另一种是以 Mindlin 位移公式为基础的方法，该法通过均质土中群桩沉降的 Mindlin 解与均布荷载下矩形基础沉降的 Boussinesq 解的对比来估计假想实体基础的等效基底附加应力，称为等效作用法。现分述这两种方法，并结合后者介绍《建筑桩基技术规范》JGJ 94—94 采用的桩基沉降计算方法。

6.6.2　Mindlin——Geddes 法

Mindlin（1952）给出了作用于半无限体内部任一点的集中力引起的应力与变形的解析解，Geddes（1966）根据 Mindlin 解导得了单桩荷载下土中应力的三种解：桩底压力引起的竖向应力、均匀分布摩阻力引起的竖向应力和随深度呈线性增长分布摩阻力引起的竖向应力，给出了计算这些竖向应力的计算系数公式及表格。当已知桩的端阻力和侧摩阻力的分配关系及摩阻力沿桩身的分布规律时，可计算土中任一点的竖向应力与位移。桩端阻力作为集中力，桩侧摩阻力分解为沿深度均匀分布的力和随深度线性增大的分布力两种基本形式（可根据实际情况组构成各种分布图式）。我国学者利用 Geddes 解，通过叠加法计算桩群下土体中的应力，而后以分层总和法计算群桩沉降。暂且将这种方法称之为 Mindlin-Geddes 法。

Geddes 将单桩顶上的总荷载 Q 分解为桩端阻力 Q_p 和桩侧摩阻力 Q_s 之和，即 $Q = Q_p + Q_s$。假设桩端阻力占总荷载的比例为 α，则 $Q_p = \alpha Q$；桩侧摩阻力 Q_s 分解为均匀分布的摩阻力 $Q_w = \beta Q$，和随深度线性增长的摩阻力 $Q_v = (1-\alpha-\beta)Q$，β 为均布摩阻力占总荷载之比，见图 6-16。

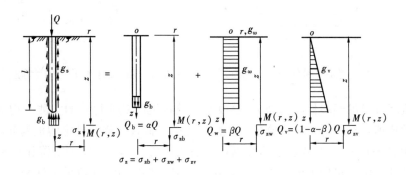

图 6-16　桩侧摩阻力分布假定

Geddes 对图 6-16 所示的 Q_p、Q_w 和 Q_v 三种荷载分别进行积分，给出了单桩荷载下土中任一点竖向应力的显式。

土中任一点 $M(r,z)$ 的竖向应力 Q_z 可表示为：

$$\sigma_z = \sigma_{zp} + \sigma_{zw} + \sigma_{zv} \tag{6-30}$$

式中　σ_{zp}——由桩端阻力 Q_p 引起的竖向应力，$\sigma_{zp} = \dfrac{I_p Q_p}{L^2}$；

　　　σ_{zw}——由均匀分布摩阻力 Q_w 引起的竖向应力，$\sigma_{zw} = \dfrac{I_{s1} Q_w}{L^2}$；

　　　σ_{zv}——由三角形分布摩阻力 Q_v 引起的竖向应力，$\sigma_{zv} = \dfrac{I_{s2} Q_v}{L^2}$；

　　　L——桩入土深度。

I_p、I_{s1}、I_{s2} 分别为相应的竖向应力影响系数。它们的表达式各为：

$$I_{\mathrm{p}} = \frac{1}{8\pi(1-\mu)}\left\{ -\frac{(1-2\mu)(m-1)}{A^3} + \frac{(1-2\mu)(m-1)}{B^3} - 3\frac{(m-1)^3}{A^5} \right.$$

$$\left. -\frac{3(3-4\mu)m(m+1)^2 - 3(m+1)(5m-1)}{B^5} - \frac{30m(m+1)^3}{B^7} \right\}$$

$$I_{\mathrm{s}1} = \frac{1}{8\pi(1-\mu)}\left\{ \frac{2(2-\mu)}{A} + \frac{2(2-\mu) + 2(1-2\mu)\dfrac{m}{n}\left(\dfrac{m}{n}+\dfrac{1}{n}\right)}{B} - \frac{2(1-2\mu)\left(\dfrac{m}{n}\right)^2}{F} + \right.$$

$$\frac{n^2}{A^3} + \frac{4m^2 - 4(1+\mu)\left(\dfrac{m}{n}\right)^2 m^2}{F^3} + \frac{4m(1+\mu)(m+1)\left(\dfrac{m}{n}+\dfrac{1}{n}\right)^2 - (4m^2+n^2)}{B^3} +$$

$$\left. \frac{6m^2\left(\dfrac{m^4-n^4}{n^2}\right)}{F^5} + \frac{6m\left[mn^2 - \dfrac{1}{n^2}(m+1)^5\right]}{B^5} \right\}$$

$$I_{\mathrm{s}2} = \frac{1}{4\pi(1-\mu)}\left\{ -\frac{2(1-\mu)}{A} + \frac{2(2-\mu)(4m+1) - 2(1-2\mu)\left(\dfrac{m}{n}\right)^2(m+1)}{B} + \right.$$

$$\frac{2(1-2\mu)\dfrac{m^3}{n^2} - 8(2-\mu)m}{F} + \frac{mn^2 + (m-1)^3}{A^3} + \frac{4\mu n^2 m + 4m^3 - 15n^2 m}{B^3} -$$

$$\frac{2(5+2\mu)\left(\dfrac{m}{n}\right)^2(m+1)^3 + (m+1)^3}{B^3} + \frac{2(7-2\mu)nm^2 - 6m^3 + 2(5+2\mu)\left(\dfrac{m}{n}\right)^2 m^3}{F^3} +$$

$$\frac{6nm^2(n^2-m^2) + 12\left(\dfrac{m}{n}\right)(m+1)^5}{B^5} - \frac{12\left(\dfrac{m}{n}\right)^2 m^5 + 6nm^2(n^2-m^2)}{F^5} -$$

$$2(2-\mu)\ln\left(\frac{A+m+1}{F+m} \times \frac{B+m+1}{F+m}\right) \right\}$$

式中，$n = r/L$；$m = z/L$；$F = m^2 + n^2$；$A = n^2 + (m-1)^2$；$B = n^2 + (m+1)^2$。

z 和 r 表示土中任意点 M 的位置，参见图 6-16，μ 为土的泊松比。

应当指出，在根据式（6-30）求土中沿着桩轴线（$n=0$）的竖向应力时，宜采 $n=0.002$，以免用 $n=0$ 导致计算中出现不连续现象。

根据上述单桩荷载下土中应力的计算公式，利用叠加原理可求出群桩中所有各桩在土体中任一点所产生的竖向附加应力，然后可以分层总和法计算群桩沉降。另外，为了运用式（6-30），还需对群桩中各桩荷载的分配、桩端荷载比 α 以及桩侧摩阻力沿深度的图式等方面作出假定。

采用 Mindlin-Geddes 法计算桩基沉降一般需要用计算机计算，在计算机已经普及的今天，计算的难度已经不是一个主要的问题，普及 Mindlin-Geddes 法计算桩基沉降已具备了客观条件。

由于 Geddes 应力解比 Boussinesq 解更符合桩基础的实际，因此按 Mindlin-Geddes 法计算桩基沉降较为合理。图 6-17 给出了 69 个工程分别按实体深基础法和 Mindlin-Geddes 法计算的沉降与实测的比较，图中纵坐标是实测沉降量，横坐标是计算沉降量，Mindlin-

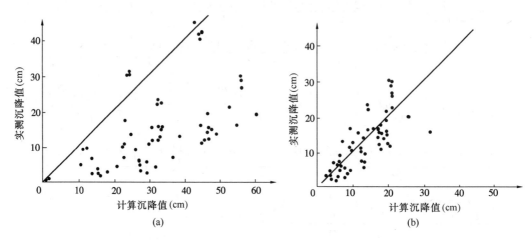

图 6-17　计算沉降量与实测沉降量的比较

（a）实体深基础法；（b）Mindlin-Geddes 法

Geddes 法计算的结果分布于 45°线的两侧，表明从总体上两者是吻合的；而实体深基础法的计算结果均偏离于 45°线，说明计算值普遍偏大。

6.6.3　建筑桩基技术规范的方法

考虑到 Mindlin-Geddes 法计算桩基沉降在技术上的合理性和具体计算时的复杂性，《建筑桩基技术规范》JGJ 94—94 提出了一种等效的方法，以便可以采用手算的方法按 Mindlin-Geddes 法计算桩基沉降。

规范方法的思路是经过大量试算求得实体基础法与 Mindlin-Geddes 法的经验关系，编制一些系数表可供查用，在工程计算时仍采用已经熟悉的实体基础方法，将计算的结果乘以等效系数就得到 Mindlin-Geddes 法计算桩基沉降的结果。

1. 桩基沉降计算公式

规范规定对于桩中心距小于或等于 6 倍桩径的桩基，其最终沉降量计算可采用等效作用分层总和法。等效作用面位于桩端平面，等效作用面积为桩承台投影面积，等效作用附加压力近似取承台底平均附加压力。

等效作用面以下的应力分布采用各向同性均质直线变形体理论的 Boussinesq 应力解。计算图如图 6-18 所示，桩基内任意点的最终沉降量可用角点法按下式计算：

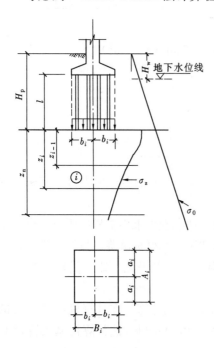

图 6-18　规范法沉降计算模式

$$s = \psi\psi_e s' = \psi\psi_e \sum_{j=1}^{m} p_{0j} \sum_{i=1}^{n} \frac{z_{ij}\alpha_{ij} - z_{(i-1)j}\alpha_{(i-1)j}}{E_{si}} \tag{6-31}$$

式中　s——桩基最终沉降量（mm）；

　　　　s'——按分层总和法计算的桩基沉降量（mm）；

　　　　ψ——桩基沉降计算经验系数；

　　　　ψ_e——桩基等效沉降系数；

　　　　m——角点法计算点对应的矩形荷载分块数；

　　　　p_{0j}——角点法计算点对应的第 j 块矩形底面长期效应组合的附加应力（kPa）；

　　　　n——桩基沉降计算深度范围内所划分的土层数；

　　　　E_{si}——等效作用底面以下第 i 层土的压缩模量（MPa）；采用地基土在自重压力至自重压力加附加压力作用时的压缩模量；

z_{ij}、$z_{(i-1)j}$——桩端平面第 j 块荷载至第 i 层土、第 $i-1$ 层土底面的距离（m）；

α_{ij}、$\alpha_{(i-1)j}$——桩端平面第 j 块荷载计算点至第 i 层土、第 $i-1$ 层土底面深度范围内平均附加应力系数。

2. 桩基等效沉降系数 ψ_e

桩基等效沉降系数 ψ_e 定义为：弹性半空间中刚性承台群桩基础按 Mindlin 解计算沉降量 s_M 与刚性承台下等代实体基础按 Boussinesq 解计算沉降量 s_B 之比，即：

$$\psi_e = \frac{s_M}{s_B} \tag{6-32}$$

s_M 系根据群桩基础的不同桩距与桩径之比 $s_a/d = 2、3、4、5、6$，桩的长径比 $L/d = 5、10、15、\cdots、80$ 及总桩数从 $1 \sim 600$ 根不同的长宽比布桩方式求解而得；s_B 则根据相应尺寸的等代实体基础按解求得。

根据不同桩数计算结果，经统计给出了桩基等效沉降系数的计算公式：

$$\psi_e = C_0 + \frac{n_b - 1}{C_1(n_b - 1) + C_2} \tag{6-33}$$

式中　n_b——矩形布桩时的短边布桩数；当桩布置不规则时，可按 $n_b = \sqrt{n\dfrac{B_c}{L_c}}$ 近似计算，当 n_b 小于 1 时，取 $n_b = 1$；

C_0、C_1、C_2——根据桩群不同的距径比（桩中心距与桩径之比）s_a/d、长径比 L/d 及基础长宽比 L_c/B_c，由表 6-12～表 6-16 取用；

L_c、B_c、n——基础的长、宽及总桩数。

当布桩不规则时，等效的距径比可按下式近似计算：

圆形桩：

$$\frac{S_a}{d} = \frac{\sqrt{A_e}}{\sqrt{n}d}$$

方形桩：

$$\frac{S_a}{d} = \frac{0.886\sqrt{A_e}}{\sqrt{n}b}$$

式中　A_e——桩基承台总面积；

　　　　b——方形桩截面边长。

桩基等效沉降系数计算参数表（$S_a/d=2$）　　　　表 6-12

l/d	L_c/B_c	1	2	3	4	5	6	7	8	9	10
5	C_0	0.203	0.282	0.329	0.363	0.389	0.410	0.428	0.443	0.456	0.468
	C_1	1.543	1.687	1.797	1.845	1.915	1.949	1.981	2.047	2.073	2.098
	C_2	5.563	5.356	5.086	5.020	4.878	4.843	4.817	4.704	4.690	4.681
10	C_0	0.125	0.188	0.228	0.258	0.282	0.301	0.318	0.333	0.346	0.357
	C_1	1.487	1.573	1.653	1.676	1.731	1.750	1.768	1.828	1.844	1.860
	C_2	7.000	6.260	5.737	5.535	5.292	5.191	5.114	4.949	4.903	4.865
15	C_0	0.093	0.146	0.180	0.207	0.228	0.246	0.262	0.275	0.287	0.298
	C_1	1.508	1.568	1.637	1.647	1.696	1.707	1.718	1.776	1.787	1.798
	C_2	8.413	7.252	6.520	6.208	5.878	5.722	5.604	5.393	5.320	5.259
20	C_0	0.075	0.120	0.151	0.175	0.194	0.211	0.225	0.238	0.249	0.231
	C_1	1.548	1.592	1.654	1.656	1.701	1.706	1.712	1.770	1.777	1.783
	C_2	9.783	8.236	7.310	6.879	6.486	6.280	6.123	5.870	5.771	5.683
25	C_0	0.068	0.103	0.131	0.152	0.170	0.186	0.199	0.211	0.221	0.231
	C_1	1.596	1.628	1.686	1.679	1.722	1.722	1.724	1.783	1.786	1.789
	C_2	11.12	9.205	8.094	7.583	7.095	6.841	6.647	5.353	6.230	6.128
30	C_0	0.055	0.090	0.116	0.135	0.152	0.166	0.179	0.190	0.200	0.209
	C_1	1.646	1.669	1.724	1.711	1.753	1.748	1.745	1.806	1.806	1.806
	C_2	12.43	10.16	8.868	8.264	7.700	7.400	7.170	6.836	6.689	6.568
40	C_0	0.044	0.073	0.095	0.112	0.126	0.139	0.150	0.160	0.169	0.177
	C_1	1.754	1.761	1.812	1.787	1.827	1.814	1.803	1.867	1.861	1.855
	C_2	14.98	12.04	10.40	9.610	8.900	8.509	8.211	7.797	7.605	7.446
50	C_0	0.036	0.062	0.081	0.096	0.108	0.120	0.129	0.138	0.147	0.154
	C_1	1.865	1.860	1.909	1.873	1.911	1.889	1.872	1.939	1.927	1.916
	C_2	17.49	13.89	11.91	10.95	10.09	9.613	9.247	8.755	8.519	8.323
60	C_0	0.031	0.054	0.070	0.084	0.095	0.105	0.114	0.122	0.130	0.137
	C_1	1.979	1.962	2.010	1.962	1.999	1.970	1.945	2.016	1.998	1.981
	C_2	19.97	15.72	13.41	12.27	11.28	10.72	10.28	9.173	9.433	9.200
70	C_0	0.028	0.048	0.063	0.075	0.085	0.094	0.102	0.110	0.117	0.123
	C_1	2.095	2.067	2.114	2.055	2.091	2.054	2.021	2.097	2.072	2.049
	C_2	22.42	17.55	14.90	13.60	12.47	11.82	11.32	10.67	10.35	10.08
80	C_0	0.025	0.043	0.056	0.067	0.077	0.085	0.093	0.100	0.106	0.112
	C_1	2.213	2.174	2.220	2.150	2.185	2.139	2.099	2.178	2.147	2.119
	C_2	24.87	19.37	16.40	14.93	13.66	12.93	12.34	11.64	11.27	10.96
90	C_0	0.022	0.039	0.051	0.061	0.070	0.078	0.085	0.091	0.097	0.103
	C_1	2.333	2.283	2.328	2.245	2.280	2.225	2.177	2.261	2.223	2.189
	C_2	27.31	21.20	1.90	1.627	14.85	14.04	13.41	12.60	12.19	11.85
100	C_0	0.021	0.036	0.047	0.057	0.065	0.072	0.078	0.084	0.090	0.095
	C_1	2.453	2.392	2.436	2.341	2.375	2.311	2.256	2.344	2.299	2.259
	C_2	29.74	23.02	19.40	17.61	16.05	15.15	14.46	13.58	13.12	12.75

桩基等效沉降系数计算参数表（$S_a/d=3$）　　　　　　表 6-13

l/d	L_c/B_c	1	2	3	4	5	6	7	8	9	10
5	C_0	0.203	0.318	0.377	0.416	0.445	0.468	0.486	0.520	0.516	0.528
	C_1	1.483	1.723	1.875	1.955	2.045	2.098	2.144	2.218	2.256	2.290
	C_2	3.679	4.036	4.006	4.053	3.995	4.007	4.014	3.938	3.944	3.948
10	C_0	0.125	0.213	0.263	0.298	0.324	0.346	0.364	0.380	0.394	0.406
	C_1	1.419	1.559	1.662	1.705	1.770	1.801	1.828	1.891	1.913	1.935
	C_2	4.861	4.723	4.460	4.384	4.237	4.193	4.158	4.038	4.107	4.000
15	C_0	0.093	0.166	0.209	0.240	0.265	0.285	0.302	0.317	0.330	0.342
	C_1	1.430	1.533	1.619	1.646	1.703	1.723	1.741	1.801	1.817	1.832
	C_2	5.900	5.435	5.010	4.855	4.641	4.559	4.496	4.340	4.300	4.267
20	C_0	0.075	0.138	0.176	0.205	0.227	0.246	0.262	0.276	0.288	0.299
	C_1	1.461	1.542	1.619	1.635	1.687	1.700	1.712	1.772	1.783	1.793
	C_2	6.879	6.137	5.010	5.346	5.073	4.958	4.869	4.679	4.623	4.577
25	C_0	0.063	0.118	0.153	0.179	0.200	0.218	0.233	0.246	0.258	0.268
	C_1	1.500	1.565	1.637	1.644	1.693	1.699	1.706	1.767	1.774	1.780
	C_2	7.822	6.826	6.127	5.839	5.511	5.364	5.252	5.030	4.958	4.899
30	C_0	0.055	0.104	0.136	0.160	0.180	0.196	0.210	0.223	0.234	0.244
	C_1	1.542	1.695	1.663	1.662	1.709	1.711	1.712	1.775	1.777	1.780
	C_2	8.741	7.506	6.680	6.331	5.949	5.772	5.683	5.383	5.297	5.226
40	C_0	0.044	0.085	0.112	0.133	0.150	0.165	0.178	0.189	0.199	0.208
	C_1	1.632	1.667	1.729	1.715	1.759	1.750	1.743	1.808	1.804	1.799
	C_2	10.54	8.845	7.774	7.309	6.822	6.588	6.410	6.093	5.978	5.883
50	C_0	0.036	0.072	0.096	0.114	0.130	0.143	0.155	0.165	0.174	0.182
	C_1	1.726	1.746	1.805	1.778	1.819	1.801	1.786	1.855	1.843	1.832
	C_2	12.29	10.17	8.860	8.284	7.694	7.045	7.185	6.805	6.662	6.543
60	C_0	0.031	0.063	0.084	0.101	0.115	0.127	0.137	0.146	0.155	0.163
	C_1	1.822	1.828	1.885	1.845	1.885	1.858	1.834	1.907	1.888	1.870
	C_2	14.03	11.49	9.944	9.259	8.568	8.224	7.962	7.520	7.348	7.206
70	C_0	0.028	0.056	0.075	0.090	0.103	0.114	0.123	0.132	0.140	0.147
	C_1	1.920	1.913	1.968	1.916	1.954	1.918	1.885	1.962	1.936	1.911
	C_2	15.76	12.80	11.03	10.24	9.444	9.047	8.742	8.238	8.038	7.871
80	C_0	0.025	0.050	0.068	0.081	0.093	0.103	0.112	0.120	0.127	0.134
	C_1	2.019	2.000	2.053	1.988	2.025	1.979	1.938	2.019	1.985	1.954
	C_2	17.48	14.12	12.12	11.22	10.33	9.874	9.527	8.959	8.731	8.540
90	C_0	0.022	0.045	0.062	0.074	0.085	0.095	0.103	0.110	0.117	0.123
	C_1	2.118	2.087	2.139	2.060	2.096	2.041	1.991	2.076	2.036	1.998
	C_2	19.20	15.44	13.21	12.21	11.21	10.71	10.32	9.684	9.427	9.211
100	C_0	0.021	0.042	0.057	0.069	0.079	0.087	0.095	0.102	0.108	0.114
	C_1	2.218	2.174	2.225	2.133	2.168	2.103	2.044	2.133	2.086	2.042
	C_2	20.93	16.77	14.31	13.20	12.10	11.54	11.11	10.41	10.13	9.886

桩基等效沉降系数计算参数表（$S_a/d=4$）　　　　表 6-14

l/d	L_c/B_c	1	2	3	4	5	6	7	8	9	10
5	C_0	0.203	0.354	0.422	0.464	0.495	0.519	0.538	0.555	0.568	0.580
	C_1	1.445	1.786	1.986	2.101	2.213	2.286	2.249	2.434	2.484	2.530
	C_2	2.633	3.243	3.340	3.444	3.431	3.466	3.488	3.433	3.447	3.457
10	C_0	0.125	0.237	0.294	0.332	0.361	0.384	0.403	0.419	0.443	0.445
	C_1	1.378	1.570	1.695	1.756	1.830	1.870	1.906	1.972	2.000	2.027
	C_2	3.707	3.873	3.743	3.729	3.630	3.612	3.579	3.500	3.490	3.482
15	C_0	0.093	0.185	0.234	0.269	0.296	0.317	0.335	0.351	0.364	0.376
	C_1	1.384	1.524	1.626	1.666	1.729	1.757	1.781	1.843	1.863	1.881
	C_2	4.571	4.458	4.188	4.107	3.951	3.904	3.866	3.736	3.712	3.693
20	C_0	0.075	0.153	0.198	0.230	0.254	0.275	0.291	0.306	0.319	0.331
	C_1	1.408	1.521	1.611	1.638	1.695	1.713	1.730	1.791	1.805	1.818
	C_2	5.361	5.024	4.636	4.502	4.297	4.225	4.169	4.009	3.973	3.944
25	C_0	0.063	0.132	0.173	0.202	0.225	0.244	0.260	0.274	0.286	0.297
	C_1	1.441	1.534	1.616	1.633	1.686	1.698	1.708	1.770	1.779	1.786
	C_2	6.114	5.578	5.081	4.900	4.650	4.555	4.482	4.293	4.246	4.208
30	C_0	0.055	0.117	0.154	0.181	0.203	0.221	0.236	0.249	0.261	0.271
	C_1	1.477	1.555	1.633	1.640	1.691	1.696	1.701	1.764	1.768	1.771
	C_2	6.843	6.122	5.524	5.298	5.004	4.887	4.799	4.581	4.524	4.477
40	C_0	0.044	0.095	0.127	0.151	0.170	0.186	0.200	0.212	0.223	0.233
	C_1	1.555	1.611	1.681	1.673	1.720	1.714	1.708	1.774	1.770	1.765
	C_2	8.261	7.195	6.402	6.093	5.713	5.556	5.436	5.163	5.085	5.021
50	C_0	0.036	0.081	0.109	0.130	0.148	0.162	0.175	0.186	0.196	0.205
	C_1	1.636	1.764	1.740	1.718	1.762	1.745	1.730	1.800	1.787	1.775
	C_2	9.648	8.258	7.277	6.887	6.424	6.227	6.077	5.749	5.650	5.569
60	C_0	0.031	0.071	0.096	0.115	0.131	0.144	0.156	0.166	0.175	0.183
	C_1	1.719	1.742	1.805	1.768	1.810	1.783	1.758	1.832	1.811	1.791
	C_2	11.02	9.319	8.152	7.684	7.138	6.902	6.721	6.338	6.219	6.120
70	C_0	0.028	0.063	0.086	0.103	0.117	0.130	0.140	0.150	0.158	0.166
	C_1	1.803	1.811	1.872	1.821	1.861	1.824	1.789	1.867	1.839	1.812
	C_2	12.39	10.38	9.029	8.485	7.856	7.580	7.369	6.929	6.789	6.672
80	C_0	0.025	0.057	0.077	0.093	0.107	0.118	0.128	0.137	0.145	0.153
	C_1	1.887	1.882	1.940	1.876	1.914	1.866	1.822	1.904	1.868	1.834
	C_2	13.75	11.45	9.911	9.291	8.578	8.262	8.020	7.524	7.362	7.226
90	C_0	0.022	0.051	0.071	0.085	0.098	0.108	0.117	0.126	0.133	0.140
	C_1	1.972	1.953	2.009	1.931	1.967	1.909	1.857	1.943	1.899	1.858
	C_2	15.12	12.52	10.80	10.10	9.305	8.949	8.674	8.122	7.938	7.782
100	C_0	0.021	0.047	0.065	0.079	0.090	0.100	0.109	0.117	0.123	0.130
	C_1	2.057	2.025	2.079	2.021	1.986	1.953	1.891	1.981	1.931	1.883
	C_2	16.49	13.60	11.69	10.92	10.04	9.639	9.331	8.515	8.515	8.339

桩基等效沉降系数计算参数表（$S_a/d=5$）　　表 6-15

l/d	L_c/B_c	1	2	3	4	5	6	7	8	9	10
5	C_0	0.203	0.389	0.464	0.510	0.543	0.567	0.587	0.603	0.617	0.628
	C_1	1.416	1.864	2.120	2.227	2.416	2.514	2.599	2.695	2.761	2.821
	C_2	1.941	2.652	2.824	2.957	2.973	3.018	3.045	3.008	3.023	3.033
10	C_0	0.125	0.260	0.323	0.364	0.394	0.417	0.437	0.453	0.467	0.480
	C_1	1.349	1.593	1.740	1.818	1.902	1.952	1.996	2.065	2.099	2.131
	C_2	2.959	3.301	3.255	3.278	3.208	3.206	3.201	3.120	3.116	3.112
15	C_0	0.093	0.202	0.257	0.295	0.323	0.345	0.364	0.379	0.393	0.405
	C_1	1.351	1.528	1.645	1.697	1.766	1.800	1.829	1.893	1.916	1.938
	C_2	3.724	3.825	3.649	3.614	3.492	3.465	3.442	3.329	3.314	3.301
20	C_0	0.075	0.168	0.218	0.252	0.278	0.299	0.317	0.332	0.345	0.357
	C_1	1.372	1.513	1.615	1.651	1.712	1.735	1.755	1.818	1.834	1.849
	C_2	4.407	4.316	4.036	3.957	3.792	3.745	3.708	3.566	3.542	3.522
25	C_0	0.063	0.145	0.190	0.222	0.246	0.267	0.283	0.298	0.310	0.322
	C_1	1.399	1.517	1.609	1.633	1.690	1.705	1.717	1.781	1.791	1.800
	C_2	5.049	4.792	4.418	4.301	4.096	4.031	3.982	3.812	3.780	3.754
30	C_0	0.055	0.128	0.170	0.199	0.222	0.241	0.257	0.271	0.283	0.294
	C_1	1.431	1.531	1.617	1.630	1.684	1.692	1.679	1.762	1.767	1.770
	C_2	5.668	5.258	4.796	4.644	4.401	4.320	4.259	4.063	4.022	3.990
40	C_0	0.044	0.105	0.141	0.167	0.188	0.205	0.219	0.232	0.243	0.253
	C_1	1.498	1.573	1.650	1.646	1.695	1.689	1.683	1.751	1.746	1.741
	C_2	6.865	6.176	5.547	5.331	5.013	4.902	4.817	4.568	4.512	4.467
50	C_0	0.036	0.089	0.121	0.114	0.163	0.179	0.192	0.204	0.214	0.224
	C_1	1.569	1.623	1.695	1.675	1.720	1.703	1.868	1.758	1.743	1.730
	C_2	8.034	7.085	6.296	6.018	5.628	5.486	5.379	5.078	5.006	4.948
60	C_0	0.031	0.078	0.106	0.128	0.145	0.159	0.171	0.182	0.192	0.201
	C_1	1.642	1.678	1.745	1.710	1.753	1.724	1.697	1.772	1.749	1.727
	C_2	9.192	7.994	7.046	6.709	6.246	6.074	5.943	5.590	5.502	4.429
70	C_0	0.028	0.069	0.095	0.114	0.130	0.143	0.155	0.165	0.174	0.182
	C_1	1.715	1.735	1.799	1.748	1.789	1.749	1.712	1.719	1.760	1.730
	C_2	10.35	8.905	7.800	7.403	6.868	6.664	6.509	6.104	5.999	5.911
80	C_0	0.025	0.063	0.086	0.104	0.118	0.131	0.141	0.151	0.159	0.167
	C_1	1.788	1.793	1.854	1.788	1.827	1.776	1.730	1.812	1.773	1.737
	C_2	11.50	9.820	8.558	8.102	7.493	7.258	7.077	6.620	6.497	6.393
90	C_0	0.022	0.057	0.079	0.095	0.109	0.120	0.130	0.139	0.147	0.154
	C_1	1.861	1.851	1.909	1.830	1.866	1.805	1.749	1.835	1.789	1.745
	C_2	12.65	10.74	9.321	8.805	8.123	7.854	7.647	7.138	6.996	6.876
100	C_0	0.021	0.052	0.072	0.088	0.100	0.111	0.120	0.129	0.136	0.143
	C_1	1.934	1.909	1.966	1.871	1.905	1.834	1.769	1.859	1.805	1.755
	C_2	13.81	11.67	10.09	9.512	8.755	8.453	8.218	7.657	7.495	7.358

桩基等效沉降系数计算参数表（$S_a/d=6$）

表 6-16

l/d	L_c/B_c	1	2	3	4	5	6	7	8	9	10
5	C_0	0.203	0.423	0.506	0.555	0.588	0.613	0.633	0.649	0.663	0.674
	C_1	1.393	1.956	2.277	2.485	2.658	2.789	2.902	3.021	3.099	3.179
	C_2	1.438	2.152	2.365	2.503	2.538	2.581	2.603	2.568	2.596	2.599
10	C_0	0.125	0.281	0.350	0.393	0.424	0.449	0.468	0.485	0.499	0.511
	C_1	1.328	1.623	1.793	1.899	1.983	2.044	2.096	2.169	2.210	2.247
	C_2	2.421	2.870	2.881	2.927	2.879	2.886	2.887	2.818	2.817	2.815
15	C_0	0.093	0.219	0.279	0.318	0.348	0.371	0.390	0.406	0.419	0.432
	C_1	1.327	1.540	1.671	1.733	1.809	1.848	1.882	1.949	1.975	1.999
	C_2	3.126	3.366	3.256	3.250	3.153	3.139	3.126	3.024	3.015	3.007
20	C_0	0.075	0.182	0.236	0.272	0.300	0.322	0.340	0.355	0.369	0.380
	C_1	1.344	1.513	1.625	1.669	1.735	1.762	1.785	1.850	1.868	1.884
	C_2	3.740	3.815	3.607	3.565	3.428	3.398	3.374	3.243	3.227	3.214
25	C_0	0.063	0.157	0.207	0.240	0.266	0.287	0.304	0.319	0.332	0.343
	C_1	1.368	1.509	1.610	1.640	1.700	1.717	1.731	1.796	1.807	1.816
	C_2	4.311	4.242	3.950	3.877	3.659	3.659	3.468	3.468	3.445	3.427
30	C_0	0.055	0.139	0.184	0.216	0.240	0.260	0.276	0.291	0.303	0.314
	C_1	1.395	1.516	1.608	1.627	1.683	1.692	1.699	1.765	1.769	1.773
	C_2	4.858	4.659	4.288	4.187	3.977	3.921	3.879	3.694	3.666	3.643
40	C_0	0.044	0.114	0.153	0.181	0.203	0.221	0.236	0.249	0.261	0.271
	C_1	1.455	1.545	1.627	1.626	1.676	1.671	1.664	1.733	1.727	1.721
	C_2	5.912	5.477	4.957	4.804	4.528	4.447	4.386	4.151	4.111	4.078
50	C_0	0.036	0.097	0.132	0.157	0.177	0.193	0.207	0.219	0.123	0.240
	C_1	1.517	1.584	1.659	1.640	1.687	1.669	1.650	1.723	1.707	1.691
	C_2	6.939	6.287	5.624	5.423	5.080	4.974	4.896	4.610	4.557	4.514
60	C_0	0.031	0.085	0.116	0.139	0.157	0.172	0.185	0.196	0.207	0.216
	C_1	1.581	1.627	1.698	1.662	1.706	1.675	1.645	1.722	1.697	1.672
	C_2	7.956	7.097	6.292	6.043	5.634	5.504	5.406	5.071	5.004	4.948
70	C_0	0.028	0.076	0.104	0.125	0.141	0.156	0.168	0.178	0.188	0.196
	C_1	1.645	1.673	1.740	1.688	1.728	1.686	1.646	1.726	1.692	1.660
	C_2	8.968	7.908	6.964	6.667	6.191	6.035	5.917	5.532	5.450	5.382
80	C_0	0.025	0.068	0.094	0.113	0.129	0.142	0.153	0.163	0.172	0.180
	C_1	1.708	1.720	1.783	1.716	1.754	1.700	1.650	1.734	1.692	1.652
	C_2	9.981	8.724	7.640	7.293	6.751	6.569	6.428	5.994	5.896	5.814
90	C_0	0.022	0.062	0.086	0.104	0.118	0.131	0.141	0.150	0.159	0.167
	C_1	1.772	1.768	1.827	1.745	1.780	1.716	1.657	1.744	1.694	1.648
	C_2	11.00	9.544	8.319	7.924	7.314	7.103	6.939	6.457	6.342	6.244
100	C_0	0.021	0.057	0.079	0.096	0.110	0.121	0.131	0.140	0.148	0.155
	C_1	1.835	1.815	1.827	1.775	1.808	1.733	1.665	1.755	1.698	1.646
	C_2	12.02	10.37	9.004	8.557	7.879	7.639	7.450	6.919	6.787	6.673

3. 桩基沉降计算经验系数 ψ

当无当地经验时，桩基沉降计算经验系数 ψ 按以下规定选用：

(1) 非软土地区和软土地区桩端有良好持力层时，ψ 取 1；

(2) 软土地区且桩端无良好持力层时，当桩长 $L \leqslant 25\text{m}$ 时，ψ 取 1.7，桩长 $L > 25\text{m}$ 时，ψ 取 $(5.9L - 20)/(7L - 100)$。

6.7　桩箱、桩筏基础设计验算

桩箱及桩筏基础的验算包括桩基抗水平滑移验算、底板的抗剪切验算、抗冲切验算以及局部受压验算。

6.7.1　桩基抗水平滑移验算

高层建筑由桩、基础侧面的土抗力以及基底与地基土的摩阻力三部分共同承受水平荷载的作用。其中基底与地基土的摩阻力一般作为安全储备，在验算中不予考虑。桩基抗水平滑移按下式验算：

$$H \leqslant \frac{\sum_{i=1}^{n} R_i}{K} + P_1 \tag{6-34}$$

式中　H——总水平力；

　　　R_i——单桩水平承载力；

　　　n——桩数；

　　　K——安全系数，一般取 3；

　　　P_1——由外墙侧面的土所提供的水平抗力；由于不允许高层建筑产生太大的水平位移，侧面的水平抗力不可能达到被动土压力状态，一般应按静止土压力计算水平抗力。

6.7.2　抗剪切验算

现行规范对一般承台结构的构造要求、抗冲切、剪切和正截面强度计算等都作了规定。对于桩筏（箱）基础底板，当桩顶弯矩 M 很大，底板相对又不是很厚实时，由弯矩引起的底板剪应力可能很大。此项由弯矩引起的剪应力与桩顶竖向力 N 引起的剪应力叠加后，受剪截面的强度校核应予以特别注意。

1. 桩顶弯矩在底板局部区域引起的剪应力

如图 6-19 所示，底板在桩顶竖向力 N 作用下（N 为扣除底板自重后的桩顶静荷载），可能的斜向破裂面为一环绕柱的棱柱体面，这种破坏一般作为冲切剪力来考虑。而破坏面也可假定垂直于板面，其周长为 u_m，每边距桩边线距离为 $h_0/2$，h_0 为底板的有效厚度。剪应力 τ_1 沿图 6-19（a）中截面Ⅰ和Ⅱ均布，见图 6-19(b)。

$$\tau_1 = \frac{N}{u_m h_0} \tag{6-35}$$

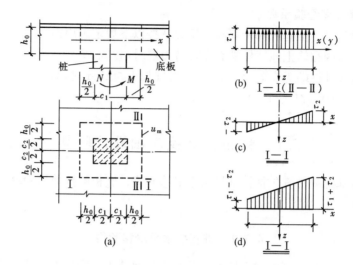

图 6-19 桩顶周围底板的剪应力计算简图

(a) 桩顶周围危险剪切面示意；(b) 竖向力引起的剪应力分布；

(c) 部分弯矩引起的剪应力；(d) 剪应力叠加后的结果

桩顶弯矩 M 的一部分由图 6-19(a) 中截面 II 以弯矩的形式作用于底板，另一部分 $\alpha_V M$ 则由截面 I 以剪应力的形式传给底板，剪应力在截面 I 中心线上的分布见图 6-19(c)，其大小为：

$$\tau_2 = \frac{\alpha_V \cdot M \cdot x}{0.85 J_p} \qquad (6\text{-}36)$$

$$a_V = 1 - \frac{1}{1 + \dfrac{2}{3}\sqrt{\dfrac{c_1 + h_0}{c_2 + h_0}}} \qquad (6\text{-}37)$$

式中 a_V ——通过剪力传递的弯矩比例系数；

c_1、c_2 ——顺弯矩方向和垂直于弯矩方向的短边长度，见图 6-19；

x ——剪切面（截面 I）上计算点距剪切面中心的距离，其最大值记为 c；

J_P ——剪切面对其形心的极惯性矩。

$\tau_2(x)$ 的最大值为：

$$\tau_2 = \frac{\alpha_V \cdot M \cdot c}{0.85 J_p} \qquad (6\text{-}38)$$

于是，截面 I 上中心轴处剪应力为（图 6-19d）：

$$\tau(x) = \tau_1 + \tau_2(x)$$

其最大值为：
$$\tau_{\max} = \tau_1 + \tau_2 \qquad (6\text{-}39)$$

极惯性矩 J_P 和周长 u_m 的计算，对于中间桩、边桩和角桩（图 6-20），分别按以下公式进行：

1) 中间桩

$$u_m = 2c_1 + 2c_2 + 4h_0 \qquad (6\text{-}40)$$

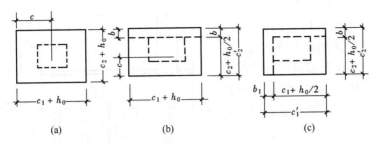

图 6-20 中间桩、边桩和角桩的计算简图

(a) 中间桩；(b) 边桩；(c) 角桩

$$J_P = J_x + J_y = 2\left\{\frac{h_0(c_1 + h_0)^3}{12} + \frac{h_0^3(c_1 + h_0)}{12} + h_0(c_2 + h_0)\left(\frac{c_1 + h_0}{2}\right)^2\right\} \tag{6-41}$$

$$c = \frac{1}{2}(c_1 + h_0) \tag{6-42}$$

对大多数不太厚的筏基，第二项对 J_P 的影响较小。如忽略，则：

$$\frac{J_P}{c} = \frac{h_0(c_1 + h_0)}{3}(c_1 + 3c_2 + 4h_0) \tag{6-43}$$

2）边桩

见图 6-20(b)，则有：

$$u_m = c_1 + 2c_2 + 2b + 2h_0 \tag{6-44}$$

如略去 b 值不计，则力矩作用平面平行于外边线时：

$$\frac{J_P}{c} = \frac{h_0(c_1 + h_0)}{6}(c_1 + 6c_2 + 4h_0) \tag{6-45}$$

垂直边线时：

$$\frac{J_P}{c} = \frac{h_0(c_1 + h_0)}{12}(2c_1 + 4c_2 + 5h_0) \tag{6-46}$$

3）角桩

$$u_m = c_1 + c_2 + h_0 + b + b_1 \tag{6-47}$$

见图 6-20（c），如略去 b、b_1 不计：

$$\frac{J_P}{c} = \frac{h_0}{6}(c_1 + h_0)(c_1 + c_2 + 2h_0) \tag{6-48}$$

2. 剪应力的校核

直接验算混凝土构件中某点的抗剪强度是否满足是很困难的。为简化并偏于安全，假定沿 $A = u_m h_0$ 面积上的剪应力都为 $\tau_{max} = \tau_1 + \tau_2$，则总剪力 $V = \tau_{max} A$。据此总剪力按下式即可验算截面的受剪承载力：

$$\tau_{max} \leqslant 0.07 f_c \tag{6-49}$$

式中 f_c——混凝土轴心抗压强度设计值。

6.7.3 抗冲切计算

桩筏和桩箱基础的底板抗冲切计算主要是板上结构柱和板下桩对底板的冲切计算。

冲切破坏锥体应采用自柱（墙）边
至相应桩顶边缘连线所构成的截锥体，
锥体斜面与底板底面的夹角不小于45°
（图6-21）。对于圆柱及圆桩，计算时应
将截面换算成方柱及方桩，即取换算柱
截面边宽 $b_c = 0.8d_c$，换算桩截面边宽
$b_p = 0.8d$。

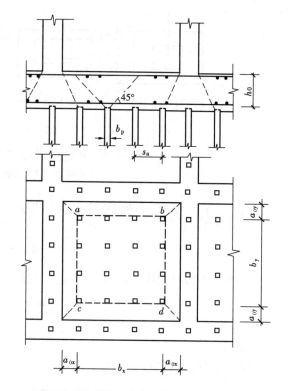

1. 柱（墙）对基础底板的冲切

考虑柱（墙）对底板冲切时，基础
底板抗冲切承载力验算公式为：

$$\gamma_0 F_l \leqslant \alpha f_t u_m h_0 \qquad (6\text{-}50)$$

$$F_l = F - \sum Q_i \qquad (6\text{-}51)$$

$$\alpha = \frac{0.72}{\lambda + 0.2} \qquad (6\text{-}52)$$

式中　γ_0——建筑桩基重要性系数；

F_l——作用于冲切破坏锥体上
的冲切力设计值；

f_t——基础混凝土抗拉强度设
计值；

u_m——冲切破坏锥体一般有效
高度处的周长；

图6-21　柱（墙）和柱下桩对底板冲切计算

h_0——基础冲切破坏锥体的有效高度；

α——冲切系数；

λ——冲跨比，$\lambda = a_0/h_0$，a_0 为冲跨，即柱（墙）边到桩边的水平距离；当 $a_0 < 0.20h_0$ 时，取 $a_0 = 0.20h_0$；当 $a_0 > h_0$ 时，取 $a_0 = h_0$；λ 满足 $0.2 \sim 1.0$；

F——作用于柱（墙）底的竖向荷载设计值；

$\sum Q_i$——冲切破坏锥体范围内各基桩的净反力（不计基础和基础上土自重）设计值
之和。

对于柱（墙）根部受弯矩较大的情况，应考虑其根部弯矩在冲切锥面产生的附加剪力
验算底板受柱（墙）的冲切承载力。

当柱荷载较大，等厚度底板的受冲切承载力不能满足要求时，可在底板上面增设柱墩
或底板局部增加厚度来提高底板的受冲切承载力。

2. 单桩对基础底板的冲切

单桩对基础底板的冲切可按下式计算：

$$\gamma_0 N_l \leqslant 2.4(b_p + h_0) f_t h_0 \qquad (6\text{-}53)$$

式中　N_l——单桩竖向净反力设计值。

3. 群桩对基础底板的冲切

群桩对基础底板的冲切可按下式计算：

$$\gamma_0 \sum N_{li} \leqslant 2[\alpha_{0x}(b_y + a_{0y}) + \alpha_{0y}(b_x + a_{0x})] f_t h_0 \qquad (6\text{-}54)$$

式中　$\sum N_{li}$——$abcd$ 冲切锥体范围内各桩的竖向净反力设计值之和；

α_{0x}、α_{0y}——由式（6-52）求得，$\lambda_{0x} = \dfrac{a_{0x}}{h_0}$，$\lambda_{0y} = \dfrac{a_{0y}}{h_0}$。

6.7.4　局部受压验算

对于柱（墙）下桩基，当板的混凝土强度等级低于柱（墙）的强度等级时，应按下式验算板的局部受压承载力：

$$F_1 \leqslant 1.35\beta_c\beta_l f_c A_{ln} \tag{6-55}$$

$$\beta_l = \sqrt{\dfrac{A_b}{A_l}} \tag{6-56}$$

式中　F_1——局部受压面上作用的局部荷载或局部压力设计值；

β_c——混凝土局部受压时的强度提高系数；当混凝土强度等级不超过 C50 时，取 $\beta_c = 1.0$；当混凝土强度等级为 C80 时，取 $\beta_c = 0.8$；其间按线性内插法确定；

A_l——混凝土局部受压面积；

A_{ln}——混凝土局部受压净面积；

A_b——局部受压时的计算底面积，可根据局部受压面积与计算底面积同心、对称的原则参照《混凝土结构设计规范》GB 50010—2010 的有关规定确定。

习题与思考题

6-1　上部结构、基础及地基三者之间相互关系如何？

6-2　简述桩箱（筏）基础设计计算方法的发展过程以及各种方法的求解思路。

6-3　影响基底土分担荷载的主要因素有哪些？

6-4　某群桩基础桩径为 700mm，桩长 30m，桩侧主要土层为粉土土，桩端土为砂土，测得单桩竖向极限承载力标准值为 $Q_{uk} = 1500$kN，基底土 $q_{uk} = 250$kPa，6 桩承台，承台尺寸为 6.0m×7.5m，均匀布桩，桩侧摩阻力与桩承载力之比 $a_s = 0.8$，试计算群桩总效率系数 η_e。

6-5　简述桩箱（筏）基础沉降计算中常用的实体深基础法、Mindlin-Geddes 法和规范法的计算思路并讨论计算结果的合理性。

6-6　桩箱（筏）基础设计中应进行哪些验算？具体采用何种方法？

参 考 文 献

[1] 袁聚云，梁发云，曾朝杰，等. 高层建筑基础分析与设计[M]. 北京：机械工业出版社，2011.

[2] 郭继武. 地基基础设计简明手册[M]. 北京：机械工业出版社，2008.

[3] (美)H·F·温特科恩(WINTERKORN H F)，方晓阳(FANG Hsai-Yang)主编；钱鸿缙，叶书麟等译校. 基础工程手册[M]. 北京：中国建筑工业出版社，1983.

[4] 滕延京，宫剑飞，李建民. 基础工程技术发展综述[J]. 土木工程学报，2012，45(5)：126-140＋161.

[5] 滕延京，王卫东，康景文，等. 基础工程技术的新进展[J]. 土木工程学报，2016，49(4)：1-21.

[6] 鞠建英. 特种结构地基基础工程手册[M]. 北京：中国建筑工业出版社，2000.

[7] 黄绍铭，高大钊. 软土地基与地下工程[M]. 北京：中国建筑工业出版社，2005.

[8] 张明义，时伟. 地基基础工程[M]. 北京：科学出版社，2017.

[9] 朱炳寅，娄宇，杨琦. 建筑地基基础设计方法及实例分析[M]. 北京：中国建筑工业出版社，2013.

[10] TOMLINSOM M J，BOORMAN R. Foundation Design and Construction[M]. Boston：Pearson Education，2001.

[11] 钱稼茹，赵作周，纪晓东. 高层建筑结构设计(第三版)[M]. 北京：中国建筑工业出版社，2018.

[12] 中华人民共和国建设部. 高层建筑箱形与筏形基础技术规范 JGJ 6—99[S]. 北京：中国建筑工业出版社，1999.

[13] 中华人民共和国住房和城乡建设部. 高层建筑箱形与筏形基础技术规范 JGJ 6—2011[S]. 北京：中国建筑工业出版社，2011.

[14] 中华人民共和国住房和城乡建设部，中华人民共和国国家质量监督检验检疫总局. 建筑地基基础设计规范 GB 50007—2011[S]. 北京：中国建筑工业出版社，2011.

[15] 中华人民共和国住房和城乡建设部. 高层建筑混凝土结构技术规程 JGJ 3—2010[S]. 北京：中国建筑工业出版社，2010.

[16] 中华人民共和国住房和城乡建设部，中华人民共和国国家质量监督检验检疫总局. 建筑地基基础工程施工质量验收规范 GB 50202—2018[S]. 北京：中国建筑工业出版社，2018.

[17] 中华人民共和国住房和城乡建设部. 建筑地基处理技术规范 JGJ 79—2002[S]. 北京：中国建筑工业出版社，2002.

[18] 中华人民共和国住房和城乡建设部. 建筑变形测量规范 JGJ 8—2016[S]. 北京：中国建筑工业出版社，2016.

[19] 戴自强，赵彤，谢剑. 钢筋混凝土房屋结构(第三版)[M]. 天津：天津大学出版社，2002.

[20] 钱力航. 高层建筑箱形与筏形基础的设计计算[M]. 北京：中国建筑工业出版社，2003.

[21] 王幼青. 高层建筑结构地基基础设计[M]. 黑龙江：哈尔滨工业大学出版社，2007.

[22] 李国胜. 多高层建筑基础及地下室结构设计——附实例[M]. 北京：中国建筑工业出版社，2011.

[23] 朱建群，李明东. 土力学与地基基础[M]. 北京：中国建筑工业出版社，2017.

[24] 住房和城乡建设部工程质量安全监管司，中国建筑标准设计研究院. 全国民用建筑工程设计技术措施：结构(结构体系)(2009 年版)[M]. 北京：中国计划出版社，2009.

[25] 刘军. 地下工程建造技术与管理[M]. 北京：中国建筑工业出版社，2019.

[26] 刘国彬，王卫东. 基坑工程手册[M]. 北京：中国建筑工业出版社，2009.

[27] 夏明耀，曾进伦. 地下工程设计施工手册[M]. 北京：中国建筑工业出版社，1999.

[28]　郑刚. 高等基础工程学[M]. 北京：机械工业出版社，2007.

[29]　中华人民共和国交通运输部. 公路桥涵施工技术规范 JTG/T F50—2011[S]. 北京：人民交通出版社，2011.

[30]　中国工程建设标准化协会. 给水排水工程钢筋混凝土沉井结构设计规程 CECS 137—2015[S]. 北京：中国计划出版社，2015.

[31]　中华人民共和国住房和城乡建设部，中华人民共和国国家质量监督检验检疫总局. 沉井与气压沉箱施工规范 GB/T 51130—2016[S]. 北京：中国计划出版社，2016.

[32]　中华人民共和国交通部. 公路桥涵地基与基础设计规范 JTG D63—2007[S]. 北京：人民交通出版社，2007.

[33]　国家技术监督局，中华人民共和国建设部. 动力机器基础设计规范 GB 50004—96[S]. 北京：中国计划出版社，1996.

[34]　中华人民共和国住房和城乡建设部，中华人民共和国国家质量监督检验检疫总局. 机械工业环境保护设计规范 GB 50894—2013[S]. 北京：中国计划出版社，2013.

[35]　国家机械工业局第七设计研究院. 机械工业职业安全卫生设计规范 JBJ 18—2000[S]. 北京：机械工业出版社，2000.

[36]　李著璟. 动力机器基础[M]. 北京：中国水利水电出版社，2007.

[37]　第一机械工业部设计研究总院. 动力机器基础设计手册[M]. 北京：中国建筑工业出版社，1983.

[38]　马大猷. 噪声与振动控制工程手册[M]. 北京：机械工业出版社，2002.

[39]　徐建. 建筑振动工程手册(第二版)[M]. 北京：中国建筑工业出版社，2016.

[40]　张有龄. 动力基础的设计原理[M]. 北京：科学出版社，1959.

[41]　李爱群，丁幼亮，高振世. 工程结构抗震设计(第三版)[M]. 北京：中国建筑工业出版社，2018.

[42]　丁洁民，吴宏磊. 减隔震建筑结构设计指南与工程应用[M]. 北京：中国建筑工业出版社，2018.

[43]　马智刚. 建筑结构隔震设计简明原理与工程应用[M]. 北京：中国建筑工业出版社，2017.

[44]　王亚勇，李爱群，崔杰. 现代地震工程进展[M]. 南京：东南大学出版社，2002.

[45]　钱国桢，许刚，宋新初. 一种新型的沥青阻尼隔震垫(BS垫)及其应用[J]. 浙江建筑，2001，1：24-26.

[46]　钱国桢，宋新初，丁根明，等. 沥青老化的防治及其在隔震垫中的应用[J]. 工程抗震，2001，4：44-47.

[47]　池毓蔚，钱国桢. 加层结构被动控制最优侧向刚度的试验研究[J]. 振动与冲击，1999，18(2)：35-38.

[48]　池毓蔚，钱国桢. 谐波激励下加层结构被动控制最优参数求解[J]. 上海力学，1997，18：210-214.

[49]　钱国桢. 地震波激励下加层结构被动控制的最优参数求解[J]. 工程抗震，1998，3：36-38.

[50]　(新西兰)SKINNER R I，ROBINSON W H，MCVERRY G H 著；谢礼立，周雍年，赵兴权译校. 工程隔震概论. 地震出版社，1996.

[51]　中华人民共和国住房和城乡建设部，中华人民共和国国家质量监督检验检疫总局. 隔振设计规范 GB 50463—2008[S]. 北京：中国计划出版社，2008.

[52]　中华人民共和国冶金工业部，中国有色金属工业总公司. 机器动荷载作用下建筑物承重结构的振动计算和隔振设计规程 YBJ 55—90/YSJ 009—90[S]. 北京：冶金工业出版社，1990.

[53]　华南理工大学，浙江大学，湖南大学. 基础工程(第三版)[M]. 北京：中国建筑工业出版社，2014.

[54]　中华人民共和国国家发展和改革委员会. 火力发电厂辅助机器基础隔振设计规程 DL/T 5188—2004[S]. 北京：中国电力出版社，2004.

[55]　中华人民共和国国家质量监督检验检疫总局. 在非旋转部件上测量和评价机器的机械振动　第6部分：功率大于100kW的往复式机器 GB/T 6075.6—2002[S]. 北京：中国标准出版社，2002.

［56］ 龚晓南. 桩基工程手册(第二版)［M］. 北京：中国建筑工业出版社，2016.

［57］ 高大钊，赵春风，徐斌. 桩基础的设计方法与施工技术［M］. 北京：机械工业出版社，2002.

［58］ 中华人民共和国建设部. 建筑桩基技术规范 JGJ 94—94［S］. 北京：中国建筑工业出版社，1994.

［59］ 中华人民共和国住房和城乡建设部. 建筑桩基技术规范 JGJ 94—2008［S］. 北京：中国建筑工业出版社，2008.

［60］ 中华人民共和国住房和城乡建设部，中华人民共和国国家质量监督检验检疫总局. 混凝土结构设计规范 GB 50010—2010［S］. 北京：中国建筑工业出版社，2010.

［61］ 中华人民共和国住房和城乡建设部，中华人民共和国国家质量监督检验检疫总局. 木结构设计规范 GB 50005—2017［S］. 北京：中国建筑工业出版社，2017.